최신판

전기자기

전기기사·산업기사 필기

enT
엔트미디어

전기 분야의 자격증 취득이나 공무원 시험 및 입사시험을 준비하는 수험생들이 가장 바라는 것은 단시간 내에 전기를 체계적으로 이해하고 합격의 영광을 얻고자 하는 바람일 것입니다.

따라서, 본 도서는 기초가 부족한 수험생 일지라도 단시간 내에 최대한의 성과를 얻을 수 있도록 다음과 같이 준비하였습니다.

> 첫째 : 기초가 부족한 수험생들을 위하여 분야별로 꼭 알아야 할 내용을 요약 정리하였습니다.
> 둘째 : 각 분야별로 예제 문제를 배치함으로써 본문내용을 완벽하게 이해할 수 있도록 하였습니다.

따라서 본 수험서를 충분히 이해한다면 단시간에 자격증 취득이 가능할 뿐만 아니라 현업에서 즉시 사용될 수 있으리라고 생각합니다.

끝으로 본 수험서로 필기시험을 준비하시는 여러분들에게 깊은 감사를 드리며 출판 과정에서 발생할 수 있는 오·탈자 및 오답이 발견될 경우 연락주시면 수정토록하여 보다 나은 수험서가 되도록 노력하겠습니다. 또한 본 수험서에 잘못된 내용은 인터넷 홈페이지 정오표에 게시할 예정이오니 많은 참고바랍니다.

▶ 인터넷 주소 : www.ent1.co.kr

저 자

차례 CONTENTS

PART. 1 　전기자기

PART. 2 　실전 모의고사

PART 1

전기자기

1 벡터(Vector)

1) 벡터의 내적

$$\boldsymbol{A} \cdot \boldsymbol{B} = AB\cos\theta = A_x B_x + A_y B_y + A_z B_z$$

2) 벡터의 외적

$$\boldsymbol{A} \times \boldsymbol{B} = AB\sin\theta = \begin{vmatrix} i & j & k \\ A_x & A_y & A_z \\ B_x & B_y & B_z \end{vmatrix}$$

$$= \begin{vmatrix} A_y & A_z \\ B_y & B_z \end{vmatrix} i + \begin{vmatrix} A_z & A_x \\ B_z & B_x \end{vmatrix} j + \begin{vmatrix} A_x & A_y \\ B_x & B_y \end{vmatrix} k$$

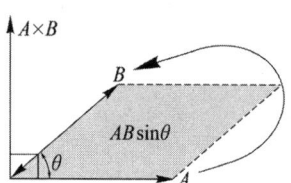

3) 미분연산자

$$\nabla = \left(\frac{\partial}{\partial x} i + \frac{\partial}{\partial y} j + \frac{\partial}{\partial z} k \right)$$

4) 전위경도

$$\nabla V = \text{grad } V = \frac{\partial V}{\partial x} i + \frac{\partial V}{\partial y} j + \frac{\partial V}{\partial z} k$$

5) 전계의 세기

$$\boldsymbol{E} = -\nabla V = -\text{grad } V$$

전계의 세기는 전위경도와 크기는 같고 방향은 반대

6) 가우스 법칙

$$\text{div } \boldsymbol{D} = \rho$$

전하가 존재하는 공간에서는 전속선이 발산(발생)한다.

7) $\text{div } \boldsymbol{E} = \nabla \cdot \boldsymbol{E} = \dfrac{\rho}{\epsilon_0}$

단위체적에서 발산하는 전기력선 수 = 단위체적당의 전하량 $\times \dfrac{1}{\epsilon_0}$

8) $\operatorname{div} \boldsymbol{E} = \nabla \cdot \boldsymbol{E} = 0$

전하가 존재하지 않는 점은 전기력선의 새로운 발생이나 소멸이 없는 연속을 의미한다.

9) 라플라시안

$$\nabla \cdot \nabla = \nabla^2 = \frac{\partial^2}{\partial x^2} + \frac{\partial^2}{\partial y^2} + \frac{\partial^2}{\partial z^2} = \operatorname{div} \operatorname{grad}$$

10) 푸아송 방정식

전하밀도가 공간적으로 분포하고 있을 때, 그 내부의 임의의 점에서 전위를 결정하는 식

$$\nabla^2 V = \frac{\partial^2 V}{\partial x^2} + \frac{\partial^2 V}{\partial y^2} + \frac{\partial^2 V}{\partial z^2} = -\frac{\rho}{\epsilon_0}$$

11) 라플라스 방정식

전하분포 영역 이외의 한 점의 전위 V를 생각할 때는 그 점에 전하가 없으므로 전위가 0이다.

$$\nabla^2 V = \frac{\partial^2 V}{\partial x^2} + \frac{\partial^2 V}{\partial y^2} + \frac{\partial^2 V}{\partial z^2} = 0$$

12) • 기울기 $\nabla V = \operatorname{grad} V$

　• 발산 $\nabla \cdot \boldsymbol{E} = \operatorname{div} E$

　• 회전 $\nabla \times \boldsymbol{H} = \operatorname{rot} \boldsymbol{H} = \operatorname{curl} \boldsymbol{H}$

출제예상문제

산기 25-2

01 두 벡터 $A = 2i + 4j$, $B = 6j - 4k$가 이루는 각은 약 몇 °인가?

① 36

② 42

③ 50

④ 61

풀이 $A \cdot B = A_x B_x + A_y B_y + A_z B_z = 4 \times 6 = 24$

$A = |A| = \sqrt{2^2 + 4^2} = \sqrt{20}$

$B = |B| = \sqrt{6^2 + 4^2} = \sqrt{52}$

$\cos\theta = \dfrac{A \cdot B}{AB} = \dfrac{24}{\sqrt{20} \times \sqrt{52}} = 0.744$

$\therefore \theta = \cos^{-1} 0.744 = 41.92°$

산기 24-3

02 벡터 $A = 2i - 6j - 3k$와 $B = 4i + 3j - k$에 수직한 단위 벡터는?

① $\pm\left(\dfrac{3}{7}i - \dfrac{2}{7}j + \dfrac{6}{7}k\right)$

② $\pm\left(\dfrac{3}{7}i + \dfrac{2}{7}j - \dfrac{6}{7}k\right)$

③ $\pm\left(\dfrac{3}{7}i - \dfrac{2}{7}j - \dfrac{6}{7}k\right)$

④ $\pm\left(\dfrac{3}{7}i + \dfrac{2}{7}j + \dfrac{6}{7}k\right)$

풀이 벡터적의 정의를 이용하면

$A \times B = |A \times B| n$

(n : 법선 벡터이므로 A와 B에 수직인 단위 벡터)

$n = \dfrac{A \times B}{|A \times B|} = \dfrac{\begin{vmatrix} i & j & k \\ 2 & -6 & -3 \\ 4 & 3 & -1 \end{vmatrix}}{|A \times B|} = \dfrac{15i - 10j + 30k}{\sqrt{15^2 + (-10)^2 + 30^2}}$

$= \dfrac{1}{35}(15i - 10j + 30k) = \dfrac{3}{7}i - \dfrac{2}{7}j + \dfrac{6}{7}k$

법선 벡터 n의 부(−)의 벡터도 벡터 A와 B에 수직이 되므로

$n = \pm\left(\dfrac{3}{7}i - \dfrac{2}{7}j + \dfrac{6}{7}k\right)$가 된다.

기 16-1

03 벡터 $A = 5e^{-r}\cos\phi\,a_r - 5\cos\phi\,a_z$ 가 원통좌표계로 주어졌다. 점$\left(2, \dfrac{3\pi}{2}, 0\right)$에서의 $\nabla \times A$ 를 구하였다. a_z방향의 계수는?

① 2.5

② -2.5

③ 0.34

④ -0.34

풀이 $A = 5e^{-r}\cos\phi\,a_r - 5\cos\phi\,a_z$

$$\nabla \times A = \frac{1}{r}\begin{vmatrix} a_r & a_\phi r & a_z \\ \dfrac{\partial}{\partial r} & \dfrac{\partial}{\partial \phi} & \dfrac{\partial}{\partial z} \\ A_r & rA_\phi & A_z \end{vmatrix} = \frac{1}{r}\begin{vmatrix} a_r & a_\phi r & a_z \\ \dfrac{\partial}{\partial r} & \dfrac{\partial}{\partial \phi} & \dfrac{\partial}{\partial z} \\ 5e^{-r}\cos\phi & 0 & -5\cos\phi \end{vmatrix}$$

$$= \frac{1}{r}\left\{\left(\frac{\partial}{\partial \phi}(-5\cos\phi) - 0\right)a_r + \left(\frac{\partial}{\partial z}(5e^{-r}\cos\phi)\right.\right.$$

$$\left.\left. - \frac{\partial}{\partial r}(-5\cos\phi)\right)ra_\phi + \left(0 - \frac{\partial}{\partial \phi}(5e^{-r}\cos\phi)\right)a_z\right\}$$

$$= \frac{1}{r}\left\{5\sin\phi\,a_r + 5e^{-r}\sin\phi\,a_z\right\}$$

a_z의 계수 : $\dfrac{1}{r}5e^{-r}\sin\phi = \dfrac{1}{2}5e^{-2}\sin\dfrac{3}{2}\pi = -0.338\cdots \approx -0.34$

기 19-3

04 원통 좌표계에서 일반적으로 벡터가 $A = 5r\sin\phi\,a_z$로 표현될 때 점$\left(2, \dfrac{\pi}{2}, 0\right)$에서 $\mathrm{curl}\,A$를 구하면?

① $5a_r$

② $5\pi a_\phi$

③ $-5a_\phi$

④ $-5\pi a_\phi$

풀이 $$\nabla \times A = \frac{1}{r}\begin{vmatrix} a_r & ra_\phi & a_z \\ \dfrac{\partial}{\partial r} & \dfrac{\partial}{\partial \phi} & \dfrac{\partial}{\partial z} \\ A_r & rA_\phi & A_z \end{vmatrix} = \frac{1}{r}\begin{vmatrix} a_r & ra_\phi & a_z \\ \dfrac{\partial}{\partial r} & \dfrac{\partial}{\partial \phi} & \dfrac{\partial}{\partial z} \\ 0 & 0 & 5r\sin\phi \end{vmatrix}$$

$$= \frac{1}{r}\left\{\frac{\partial}{\partial \phi}(5r\sin\phi)a_r - \frac{\partial}{\partial r}(5r\sin\phi)ra_\phi\right\}$$

$$= \frac{\partial}{\partial \phi}(5\sin\phi)a_r - \frac{\partial}{\partial r}(5r\sin\phi)a_\phi$$

$$= 5\cos\phi\,a_r - 5\sin\phi\,a_\phi \quad \left(2, \frac{\pi}{2}, 0\right)$$

$$= 5\cos\frac{\pi}{2}a_r - 5\sin\frac{\pi}{2}a_\phi = -5a_\phi$$

기 22-2

05 구좌표계에서 $\nabla^2 r$의 값은 얼마인가? (단, $r = \sqrt{x^2 + y^2 + z^2}$)

① $\dfrac{1}{r}$ ② $\dfrac{2}{r}$

③ r ④ $2r$

풀이 $r = (x^2 + y^2 + z^2)^{\frac{1}{2}}, \quad \nabla^2 r = \dfrac{\partial^2 r}{\partial x^2} + \dfrac{\partial^2 r}{\partial y^2} + \dfrac{\partial^2 r}{\partial z^2}$

이다. 먼저 우변의 제 1 항을 2계 미분하면

$$\frac{\partial}{\partial x}(x^2 + y^2 + z^2)^{\frac{1}{2}} = \frac{1}{2}(x^2 + y^2 + z^2)^{-\frac{1}{2}} \cdot 2x = x(x^2 + y^2 + z^2)^{-\frac{1}{2}}$$

$$\frac{\partial}{\partial x}x(x^2 + y^2 + z^2)^{-\frac{1}{2}} = (x^2 + y^2 + z^2)^{-\frac{1}{2}} - x^2(x^2 + y^2 + z^2)^{-\frac{3}{2}}$$

$$\therefore \ \frac{\partial^2 r}{\partial x^2} = (x^2 + y^2 + z^2)^{-\frac{1}{2}} - x^2(x^2 + y^2 + z^2)^{-\frac{3}{2}}$$

가 된다. 같은 방법으로 제 2, 3 항도 계산하면 각각

$$\frac{\partial^2 r}{\partial y^2} = (x^2 + y^2 + z^2)^{-\frac{1}{2}} - y^2(x^2 + y^2 + z^2)^{-\frac{3}{2}}$$

$$\frac{\partial^2 r}{\partial z^2} = (x^2 + y^2 + z^2)^{-\frac{1}{2}} - z^2(x^2 + y^2 + z^2)^{-\frac{3}{2}}$$

가 얻어진다.

$$\nabla^2 r = \frac{\partial^2 r}{\partial x^2} + \frac{\partial^2 r}{\partial y^2} + \frac{\partial^2 r}{\partial z^2} = 3(x^2 + y^2 + z^2)^{-\frac{1}{2}} - (x^2 + y^2 + z^2)(x^2 + y^2 + z^2)^{-\frac{3}{2}}$$

$$= 3(x^2 + y^2 + z^2)^{-\frac{1}{2}} - (x^2 + y^2 + z^2)^{-\frac{1}{2}}$$

$$= 2(x^2 + y^2 + z^2)^{-\frac{1}{2}}$$

$$\therefore \ \nabla^2 r = \frac{2}{\sqrt{x^2 + y^2 + z^2}} = \frac{2}{r}$$

참고 미분 공식

(1) $\dfrac{\partial}{\partial x}\{f(x)\}^n = n\{f(x)\}^{n-1} \cdot f'(x)$

(2) $\dfrac{\partial}{\partial x}\{f(x) \cdot g(x)\} = f'(x) \cdot g(x) + f(x) \cdot g'(x)$

산기 24-1

06 임의의 점의 전계가 $E = i E_x + j E_y + k E_z$로 표시되었을 때, $\dfrac{\partial E_x}{\partial x} + \dfrac{\partial E_y}{\partial y} + \dfrac{\partial E_z}{\partial z}$와 같은

의미를 갖는 것은?

① $\nabla \times \boldsymbol{E}$

② $\nabla^2 \boldsymbol{E}$

③ $\nabla \cdot \boldsymbol{E}$

④ $\text{grad}\,|\boldsymbol{E}|$

풀이 $\text{div}\,\boldsymbol{E} = \nabla \cdot \boldsymbol{E}$

$$= \left(i \frac{\partial}{\partial x} + j \frac{\partial}{\partial y} + k \frac{\partial}{\partial z} \right) \cdot (i E_x + j E_y + k E_z)$$

$$= \frac{\partial E_x}{\partial x} + \frac{\partial E_y}{\partial y} + \frac{\partial E_z}{\partial z}$$

기 18-3, 산기 22-1

07 전계 E의 x, y, z 성분을 E_x, E_y, E_z라 할 때 $\text{div}E$는?

① $\dfrac{\partial E_x}{\partial x} + \dfrac{\partial E_y}{\partial y} + \dfrac{\partial E_z}{\partial z}$

② $i \dfrac{\partial E_x}{\partial x} + j \dfrac{\partial E_y}{\partial y} + k \dfrac{\partial E_z}{\partial z}$

③ $\dfrac{\partial^2 E_x}{\partial x^2} + \dfrac{\partial^2 E_y}{\partial y^2} + \dfrac{\partial^2 E_z}{\partial z^2}$

④ $i \dfrac{\partial^2 E_x}{\partial x^2} + j \dfrac{\partial^2 E_y}{\partial y^2} + k \dfrac{\partial^2 E_z}{\partial z^2}$

풀이 벡터의 발산 (divergence)

$$\nabla \cdot \boldsymbol{E} = \left(\frac{\partial}{\partial x} i + \frac{\partial}{\partial y} j + \frac{\partial}{\partial z} k \right) \cdot (E_x i + E_y j + E_z k) = \frac{\partial E_x}{\partial x} + \frac{\partial E_y}{\partial y} + \frac{\partial E_z}{\partial z}$$

이 관계식은 벡터 $\boldsymbol{E}$방향으로 그려진 단위체적에서 발산(divergence)하는 선속수의 물리적 의미를 가지므로 즉, $\nabla \cdot \boldsymbol{E} = \text{div}\,\boldsymbol{E}$로 표시 ($\nabla \cdot$ 대신에 div를 사용)

기 19-2

08 다음 중 스토크스(stokes)의 정리는?

① $\oint H \cdot ds = \int\int_s (\triangledown \cdot H) \cdot ds$

② $\int B \cdot ds = \int_s (\triangledown \times H) \cdot ds$

③ $\oint_c H \cdot ds = \int (\triangledown \cdot H) \cdot dl$

④ $\oint_c H \cdot dl = \int_s (\triangledown \times H) \cdot ds$

풀이 스토크스(Stokes)의 정리는 선적분과 면적 적분의 관계식으로 "어떤 벡터의 폐곡선에 따른 선
적분은 그 벡터의 회전을 폐곡선이 만드는 면적에 대하여 면적 적분한 것과 같다."로 표현된다.
이를 수식으로 표시하면
$$\oint_c H \cdot dl = \int_s (\triangledown \times H) \cdot ds = \int_s \mathrm{rot}\ H \cdot ds \ \text{이다.}$$

2 진공 중의 정전계

1) 쿨롱의 법칙 : 두 점전하 사이에 작용하는 힘의 크기

$$F = \frac{Q_1 Q_2}{4\pi\epsilon_0 r^2} = 9 \times 10^9 \times \frac{Q_1 Q_2}{r^2}[\text{N}]$$

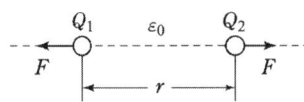

동종의 전하 : 반발력

두 전하 사이에 작용하는 힘
- 동종의 전하 : 반발력
- 이종의 전하 : 흡인력

여기서, Q : 전하량 [C]

r : 양 전하간의 거리 [m]

ϵ_0 : 진공중의 유전율($8.85 \times 10^{-12}[\text{F/m}]$)

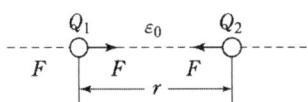

이종의 전하 : 흡인력

2) 점전하와 전계의 세기

(1) 힘과 전계의 세기

① $\boldsymbol{F} = Q\boldsymbol{E}$ [N]에서 $\boldsymbol{E} = \dfrac{\boldsymbol{F}}{Q}$ [V/m] (F : 힘[N], E : 전계의 세기[V/m])

② $\boldsymbol{F} = m\boldsymbol{a}$ [N] (m : 질량[kg], a : 가속도 [m/s^2])

③ $\boldsymbol{E} = \dfrac{V}{d}$[V/m] ($V$: 전위차[V], d : 전극간의 간격[m])

(2) 한 개의 점전하에 의한 전계의 세기

전계의 세기 : 전계 내의 임의의 한 점에 단위전하 +1[C]을 놓았을 때, 이에 작용하는 힘

$$F = E = \frac{1}{4\pi\epsilon_0}\frac{Q \times 1}{r^2} = \frac{1}{4\pi\epsilon_0}\frac{Q}{r^2}[\text{V/m}]$$

(3) 복수 개의 점전하에 의한 전계의 세기

각 점전하에 의한 전계를 구하여 벡터적으로 합성

$$\boldsymbol{E} = \boldsymbol{E}_1 + \boldsymbol{E}_2 = \frac{1}{4\pi\epsilon_0}\frac{Q_1}{r_1^2}\boldsymbol{r}_{01} + \frac{1}{4\pi\epsilon_0}\frac{Q_2}{r_2^2}\boldsymbol{r}_{02}$$

(4) 두 개의 점전하에 의해 전계의 세기가 0이 되는 점

① 두 개의 점전하의 극성이 동일한 경우

: 전계의 세기가 0이 되는 점은 두 점전하 사이에 존재

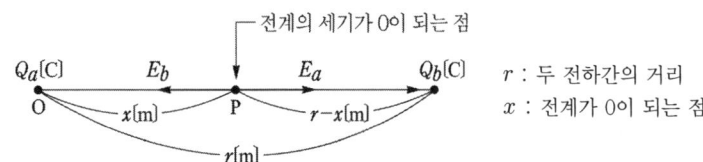

r : 두 전하간의 거리

x : 전계가 0이 되는 점

$$\frac{Q_a}{4\pi\epsilon_0 x^2} = \frac{Q_b}{4\pi\epsilon_0 (r-x)^2}$$

② 두 개의 점전하의 극성이 서로 다른 경우($|Q_a| > |Q_b|$인 경우)

: 전계의 세기가 0이 되는 점은 전하의 절대값이 작은 측의 외측에 존재

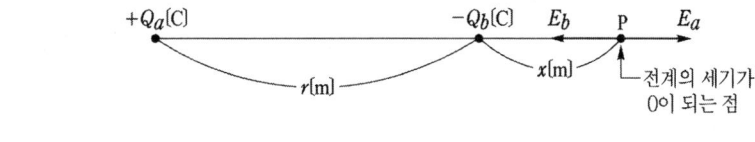

$$\frac{Q_a}{4\pi\epsilon_0 (r+x)^2} = \frac{Q_b}{4\pi\epsilon_0 x^2}$$

3) 전계 및 전위

(1) 반지름 a[m]인 구체상의 균일 전하분포에 의한 전계

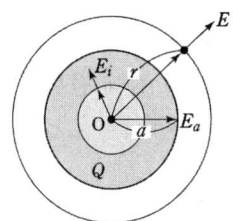

구체상 전하

	구체외부 ($r > a$)	구체 표면 ($r = a$)	구체내부 ($r < a$)
전계의 세기 [V/m]	$E = \dfrac{Q}{4\pi\epsilon_0 r^2}$	$E_a = \dfrac{Q}{4\pi\epsilon_0 a^2}$	$E_i = \dfrac{r}{4\pi\epsilon_0 a^3}Q$
전위 [V]	$V = \dfrac{Q}{4\pi\epsilon_0 r}$	$V_a = \dfrac{Q}{4\pi\epsilon_0 a}$	$V_i = \dfrac{Q}{4\pi\epsilon_0 a}\left(\dfrac{3}{2} - \dfrac{r^2}{2a^2}\right)$

(2) 무한장 직선

① 전계의 세기 $E = \dfrac{\lambda}{2\pi\epsilon_0 r}$ [V/m] (λ : 선전하 밀도[C/m])

② 전위차 (직선도체로부터 거리 $r_2 > r_1$) $V_{AB} = \dfrac{\lambda}{2\pi\epsilon_0} \ln \dfrac{r_2}{r_1}$[V]

(3) 반지름 a[m]인 무한장 원주형 대전체에서의 전계

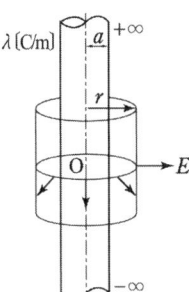

① 원주 외부에서의 전계의 세기($r > a$)

$E = \dfrac{\lambda}{2\pi\epsilon_0 r}$ [V/m]

② 원주 표면에서의 전계의 세기($r = a$)

$E_a = \dfrac{\lambda}{2\pi\epsilon_0 a}$ [V/m]

③ 원주 내부에서의 전계의 세기($r < a$)

$E_i = \dfrac{\lambda}{2\pi\epsilon_0 a^2} r$ [V/m]

만일 원주형 대전체 내부에 전하가 없다면 내부의 전계의 세기는 0 이 되어 완전도체와 같은 경우가 된다.

(4) 동심 도체구에서의 전계 및 전위

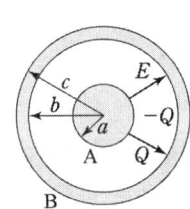

구　　분	도체 A, B 사이의 전계	도체 B의 외측 전계	도체A의 전위	도체B의 전위
도체 A에 전하 : Q 도체 B에 전하 : 0	$\dfrac{Q}{4\pi\epsilon_0 r^2}$	$\dfrac{Q}{4\pi\epsilon_0 r^2}$	$\dfrac{Q}{4\pi\epsilon_0}\left(\dfrac{1}{a} - \dfrac{1}{b} + \dfrac{1}{c}\right)$	$\dfrac{Q}{4\pi\epsilon_0 c}$
도체 A에 전하 : 0 도체 B에 전하 : Q	0	$\dfrac{Q}{4\pi\epsilon_0 r^2}$	$\dfrac{Q}{4\pi\epsilon_0 c}$	$\dfrac{Q}{4\pi\epsilon_0 c}$
도체 A에 전하 : Q 도체 B에 전하 : $-Q$	$\dfrac{Q}{4\pi\epsilon_0 r^2}$	0	$\dfrac{Q}{4\pi\epsilon_0}\left(\dfrac{1}{a} - \dfrac{1}{b}\right)$	0

(5) 무한 평면 도체에서의 전계 및 전위

① 한 장의 무한 평판 도체

• 전속밀도 $D = \dfrac{\sigma}{2}$ [C/m^2] (σ : 면전하밀도[C/m^2])

• 전계의 세기 $E = \dfrac{D}{\epsilon_0} = \dfrac{\sigma}{2\epsilon_0}$ [V/m]

② 두 장의 무한 평판 도체
- 평판 외측의 전계의 세기 $E = 0[\text{V/m}]$
- 평판 내측의 전계의 세기 $E = \dfrac{\sigma}{\epsilon_0}[\text{V/m}]$
- 두 평판 도체의 전위차 : $V = Ed[\text{V}]$

4) 전기력선의 성질

① 전기력선의 방향은 전계의 방향과 일치한다.

② 전기력선 밀도는 그 점에서의 전계의 세기와 같다.

(전기력선 밀도 $\dfrac{N}{S}[\text{lines/m}^2]$=전계의 세기 $E\,[\text{V/m}]$)

③ 단위전하 $(1\,[\text{C}])$에서는 $\dfrac{1}{\epsilon_0} = 36\pi \times 10^9$개의 전기력선이 발생한다.

④ 전기력선은 정전하$(+$ 전하$)$에서 출발하여 부전하$(-$전하$)$에서 멈추거나 무한원까지 퍼진다.

⑤ 전하가 없는 곳에서는 전기력선의 발생과 소멸이 없고 연속적이다.

⑥ 전기력선은 전위가 높은 곳에서 낮은 곳으로 향한다.$(E = - \text{grad } V)$

⑦ 전기력선은 자신만으로 폐곡선이 되는 일은 없다.$(\nabla \times E = 0)$

⑧ 2개의 전기력선은 서로 교차하지 않는다.

⑨ 전기력선은 등전위면과 직교한다(단, 전계가 0인 곳에서는 이 조건은 성립되지 않는다.)

⑩ 도체 내부에서 전기력선은 없다.(도체내부 전계의 세기가 0)

⑪ 전기력선은 도체 표면에서 수직으로 출입한다.

⑫ 전기력선은 무한원점에서 끝나거나, 무한원점에서 오는 것이 있다.

⑬ 무한원점에 있는 전하까지 합하면 전하의 총량은 0 이다.

5) 전기력선 방정식 $\dfrac{dx}{E_x} = \dfrac{dy}{E_y} = \dfrac{dz}{E_z}$

6) 전속과 전속밀도

(1) 전속 $\Psi =$전하 $Q\,[\text{C}]$: 매질에 관계없다.

(2) 전기력선수 $N = \dfrac{Q}{\epsilon_0}$: 매질에 따라 그 값이 달라진다.

(3) 진공 중에 점전하 $Q\,[\text{C}]$이 있고, 거리 $r\,[\text{m}]$ 떨어진 구면상에서의 전속밀도 D

$$D = \dfrac{Q}{S} = \dfrac{Q}{4\pi r^2}\,[\text{C/m}^2]$$

⑷ 전속밀도와 전계와의 관계

$$\boldsymbol{D} = \epsilon_0 \boldsymbol{E} \,[\mathrm{C/m^2}] \ \text{또는} \ E = \frac{D}{\epsilon_0} = \frac{Q}{S\epsilon_0} = \frac{\Psi}{S\epsilon_0}[\mathrm{V/m}]$$

7) 전속밀도 및 전계세기와 전하에 관한 법칙

(1) 전속밀도와 전하

① 적분형 : 폐곡면에서 나오는 전 전속선 수는 폐곡면 내에 있는 전 전하량과 같다.

$$\oint_S \boldsymbol{D} \cdot d\boldsymbol{S} = Q$$

② 미분형 : 전속선의 발산량은 그 점에서의 체적(공간) 전하밀도 크기와 같다.

$$\rho = \mathrm{div}\,\boldsymbol{D} = \nabla \cdot \boldsymbol{D} = \frac{\partial D_x}{\partial x} + \frac{\partial D_y}{\partial y} + \frac{\partial D_z}{\partial z}\,[\mathrm{C/m^3}]$$

(2) 전계세기와 전하

① 적분형 : 폐곡면에서 나오는 전 전기력선 수는 폐곡면 내에 있는 전 전하량의 $\frac{1}{\epsilon_0}$ 배

와 같다.

$$\oint_S \boldsymbol{E} \cdot d\boldsymbol{S} = \frac{Q}{\epsilon_0}$$

② 미분형 : 전기력선의 발산량은 그 점에서의 체적 전하밀도의 $\frac{1}{\epsilon_0}$ 배와 같다.

$$\mathrm{div}\,\boldsymbol{E} = \nabla \cdot \boldsymbol{E} = \frac{\rho}{\epsilon_0}$$

8) 전위 및 전위차

⑴ 전위 $V_P = -\displaystyle\int_\infty^P \boldsymbol{E} \cdot dl$

⑵ 한 개의 점전하에 의한 전위 $V = \dfrac{Q}{4\pi\epsilon_0 r} = 9 \times 10^9 \times \dfrac{Q}{r}[\mathrm{V}]$

⑶ 2개 이상의 점전하 Q에 의한 전위의 합 $V = V_1 + V_2$ (대수합)

(반면에 전계의 합은 벡터 합이 되어야 한다 $\boldsymbol{E} = \boldsymbol{E}_1 + \boldsymbol{E}_2$)

⑷ 점전하 Q로부터 A, B점 까지의 거리가 r_A, r_B일 때 두 점 사이의 전위차

$$V_{AB} = \frac{Q}{4\pi\epsilon_0}\left(\frac{1}{r_A} - \frac{1}{r_B}\right)[\mathrm{V}]$$

(5) 폐회로를 일주할 때 전계가 하는 일은 0이 된다.

$$\oint \boldsymbol{E} \cdot dl = 0 \ (\text{rot}\,\boldsymbol{E} = 0)$$

(6) 전위차 V_{AB}는 점 A(종점)와 점 B(시점)의 위치만으로 결정되며 그 값은 경로에 관계없이 일정하다.

9) 등전위면

(1) 등전위면은 폐곡면이다.
(2) 전기력선은 등전위면과 항상 직교한다.
(3) 두 개의 서로 다른 등전위면은 서로 교차하지 않는다.

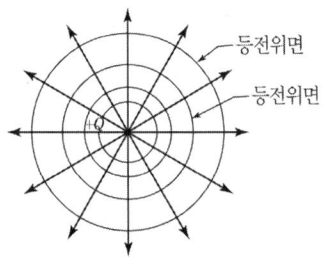

〈전기력선과 등전위면〉

10) 전위경도

(1) 전위가 단위 길이 당 변화하는 정도를 전위경도라 한다.

$$\text{전위경도}\ \frac{dV}{dl} = -\boldsymbol{E}\ [\text{V/m}]$$

(2) 전위경도는 전계의 세기와 크기는 같고, 방향은 반대 방향이다.

- 전위경도 $\nabla V = \text{grad}\,V\,[\text{V/m}]$

- 전계의 세기 $\boldsymbol{E} = -\left(\dfrac{\partial}{\partial x}\boldsymbol{i} + \dfrac{\partial}{\partial y}\boldsymbol{j} + \dfrac{\partial}{\partial z}\boldsymbol{k}\right)V = -\text{grad}\,V = -\nabla V\,[\text{V/m}]$

11) 입체각

(1) 전구면의 입체각 $\ \omega = \dfrac{4\pi r^2}{r^2} = 4\pi\,[\text{sr}]$

(2) 반구면의 입체각 $\ \omega = \dfrac{2\pi r^2}{r^2} = 2\pi\,[\text{sr}]$

(3) 반지름 $a[\text{m}]$의 원 또는 원판의 중심축상 $x[\text{m}]$의 점 P에 대하여 이루는 입체각

$$\omega = 2\pi(1 - \cos\theta) = 2\pi\left(1 - \frac{x}{\sqrt{x^2 + a^2}}\right)$$

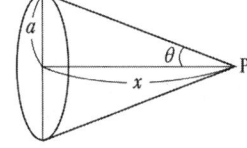

12) 도체의 성질과 전하분포

(1) 도체 표면과 내부의 전위는 동일하고(등전위), 표면은 등전위면이다.
(2) 도체 내부의 전계의 세기는 0 이다.
(3) 전하는 도체 내부에는 존재하지 않고, 도체 표면에만 분포한다.

⑷ 도체 면에서의 전계의 세기는 도체 표면에 항상 수직이다.

즉, 전계는 법선성분만 존재하고, 접선성분은 존재하지 않는다.

- 법선성분의 전계 $E_n = \dfrac{\sigma}{\epsilon_0}$

- 접선성분의 전계 $E_t = 0$

⑸ 도체 표면에서의 전하밀도는 곡률이 클수록(뾰족할수록) 높다.

⑹ 중공부에 전하가 없고 대전 도체라면, 전하는 도체 외부의 표면에만 분포한다.

13) 정전응력

$$f = \frac{1}{2}DE = \frac{1}{2}\epsilon_0 E^2 = \frac{D^2}{2\epsilon_0} = \frac{\sigma^2}{2\epsilon_0}[\mathrm{N/m^2}]$$

(σ : 면전하밀도 $[\mathrm{C/m^2}]$)

14) 전기 쌍극자 모멘트 M

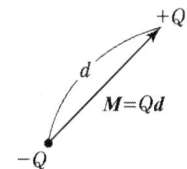

⑴ 크기 : $M = Q\,d[\mathrm{C \cdot m}]$

⑵ 방향 : $-Q$에서 $+Q$로 향하는 방향

15) 전기쌍극자에 의한 전위 및 전계

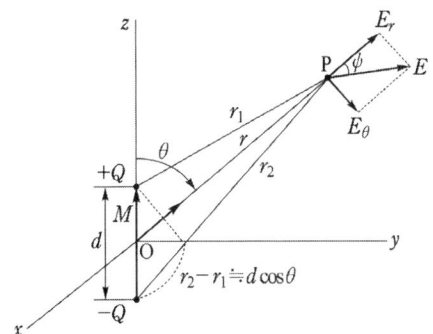

⑴ 전위 $V = \dfrac{Q}{4\pi\epsilon_0}\left(\dfrac{1}{r_1} - \dfrac{1}{r_2}\right) = \dfrac{M\cos\theta}{4\pi\epsilon_0 r^2}[\mathrm{V}]$

(2) 합성전계의 크기 $E = \dfrac{M\sqrt{1+3\cos^2\theta}}{4\pi\epsilon_0 r^3}$ [V/m]

- 전계의 최대 값 : $\theta = 0°$ $(\cos 0° = 1)$
- 전계의 최소 값 : $\theta = 90°$ $(\cos 90° = 0)$

16) 전기 이중층

(1) 세기 : $M = \sigma t$ [C/m] (σ : 면전하 밀도 [C/m^2], t : 판의 두께 [m])

(2) 전위 : $V = \pm \dfrac{M}{4\pi\epsilon_0}\omega$ [V]

(3) 전기 이중층 양면의 전위차 $V_{PQ} = \dfrac{M}{\epsilon_0}$ [V]

17) 포아송 방정식(Poisson's equation) : 전하밀도가 0이 아닌 곳에 적용

- $\mathrm{div\,grad}\ V = -\dfrac{\rho}{\epsilon_0}$

- $\nabla \cdot \nabla V = \nabla^2 V = -\dfrac{\rho}{\epsilon_0}$ $\left(\therefore \nabla^2 V = -\dfrac{\rho}{\epsilon_0}\right)$ (ρ : 체적 전하밀도[C/m^3])

18) 라플라스 방정식(Laplace's equation) : 전하밀도가 0일 때 적용

$\nabla \cdot \nabla V = \nabla^2 V = 0$ $\left(\therefore \nabla^2 V = 0\right)$

출제예상문제

산기 24-1

01 정전계에 대한 설명으로 옳은 것은?

① 전계 에너지가 최소로 되는 전하분포의 전계이다.

② 전계 에너지가 최대로 되는 전하분포의 전계이다.

③ 전계 에너지가 항상 0인 전기장을 말한다.

④ 전계 에너지가 항상 ∞인 전기장을 말한다.

풀이 ▶ ① 전계(전기장, 전장) : 전기력이 미치는 공간을 말한다.
　　② **정전계** : 전계 에너지가 **최소**로 되는 전하 분포의 전계

산기 22-1, 산기 25-3

02 그림과 같이 진공내의 A, B, C 각 점에 $Q_A = 4 \times 10^{-6}$[C], $Q_B = 2 \times 10^{-6}$[C], $Q_C = 5 \times 10^{-6}$[C]의 점전하가 일직선상에 놓여 있을 때 B점에 작용하는 힘은 몇 [N]인가?

① 0.8×10^{-2}

② 1.2×10^{-2}

③ 1.8×10^{-2}

④ 2.4×10^{-2}

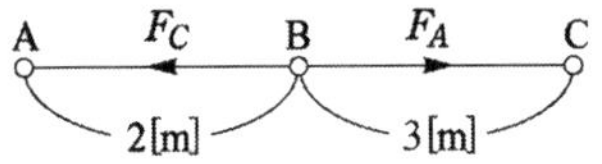

A ⟵F_C B F_A⟶ C
　2[m]　　3[m]

풀이 ▶ • 점전하 A가 점전하 B에 작용하는 힘

$$F_A = \frac{1}{4\pi\epsilon_0} \frac{Q_A Q_B}{r^2} = 9 \times 10^9 \times \frac{4 \times 2 \times 10^{-12}}{2^2} = 1.8 \times 10^{-2} \text{[N]}$$

• 점전하 C가 점전하 B에 작용하는 힘

$$F_C = \frac{1}{4\pi\epsilon_0} \frac{Q_B Q_C}{r^2} = 9 \times 10^9 \times \frac{2 \times 5 \times 10^{-12}}{3^2} = 1 \times 10^{-2} \text{[N]}$$

• 점전하 B가 받는 힘 F는 F_A와 F_C의 합성력 이므로

$$F = F_A - F_C = (1.8 - 1) \times 10^{-2} = 0.8 \times 10^{-2} \text{[N]}$$

기 22-2

03 진공 중에서 점(1, 3)[m]의 위치에 -2×10^{-9}[C]의 점전하가 있을 때 점(2, 1)[m]에 있는 1[C]의 점전하에 작용하는 힘은 몇 [N]인가? (단, $\hat{x}$, $\hat{y}$는 단위벡터이다.)

① $-\dfrac{18}{5\sqrt{5}}\hat{x} + \dfrac{36}{5\sqrt{5}}\hat{y}$

② $-\dfrac{36}{5\sqrt{5}}\hat{x} + \dfrac{18}{5\sqrt{5}}\hat{y}$

③ $-\dfrac{36}{5\sqrt{5}}\hat{x} - \dfrac{18}{5\sqrt{5}}\hat{y}$

④ $\dfrac{18}{5\sqrt{5}}\hat{x} + \dfrac{36}{5\sqrt{5}}\hat{y}$

풀이▶ $r = (2-1)\hat{x} + (1-3)\hat{y} = \hat{x} - 2\hat{y}$

$r = \sqrt{1^2 + (-2)^2} = \sqrt{5}$ [m]

단위벡터 $r_0 = \dfrac{r}{r} = \dfrac{\hat{x} - 2\hat{y}}{\sqrt{5}}$

$\therefore F = \dfrac{1}{4\pi\epsilon_0} \cdot \dfrac{Q_1 Q_2}{r^2} \cdot r_0 = 9 \times 10^9 \times \dfrac{-2 \times 10^{-9} \times 1}{(\sqrt{5})^2} \times \dfrac{\hat{x} - 2\hat{y}}{\sqrt{5}}$

$= -\dfrac{18}{5\sqrt{5}}\hat{x} + \dfrac{36}{5\sqrt{5}}\hat{y}$ [N]

기 21-3

04 진공 중에서 점 (0, 1)[m]의 위치에 -2×10^{-9} [C]의 점전하가 있을 때, 점 (2, 0)[m]에 있는 1[C]의 점전하에 작용하는 힘은 몇 [N]인가? (단, $\hat{x}$, $\hat{y}$는 단위벡터이다.)

① $-\dfrac{18}{3\sqrt{5}}\hat{x} + \dfrac{36}{3\sqrt{5}}\hat{y}$

② $-\dfrac{36}{5\sqrt{5}}\hat{x} + \dfrac{18}{5\sqrt{5}}\hat{y}$

③ $-\dfrac{36}{3\sqrt{5}}\hat{x} + \dfrac{18}{3\sqrt{5}}\hat{y}$

④ $\dfrac{36}{5\sqrt{5}}\hat{x} + \dfrac{18}{5\sqrt{5}}\hat{y}$

풀이▶ $r = (2-0)\hat{x} + (0-1)\hat{y} = 2\hat{x} - \hat{y}$

$r = \sqrt{2^2 + (-1)^2} = \sqrt{5}$ [m]

단위벡터 $r_0 = \dfrac{r}{r} = \dfrac{2\hat{x} - \hat{y}}{\sqrt{5}}$

$\therefore F = \dfrac{1}{4\pi\epsilon_0} \cdot \dfrac{Q_1 Q_2}{r^2} \cdot r_0$

$= 9 \times 10^9 \times \dfrac{-2 \times 10^{-9} \times 1}{(\sqrt{5})^2} \times \dfrac{2\hat{x} - \hat{y}}{\sqrt{5}}$

$= -\dfrac{36}{5\sqrt{5}}\hat{x} + \dfrac{18}{5\sqrt{5}}\hat{y}$ [N]

기 23-1, 기 19-3

05 진공 중에서 점 $P(1, 2, 3)$ 및 점 $Q(2, 0, 5)$에 각각 $300[\mu C]$, $-100[\mu C]$인 점전하가 놓여 있을 때 점전하 $-100[\mu C]$에 작용하는 힘은 몇 [N]인가?

① $10i - 20j + 20k$

② $10i + 20j - 20k$

③ $-10i + 20j + 20k$

④ $-10i + 20j - 20k$

풀이 $r = (2-1)i + (0-2)j + (5-3)k = 1i - 2j + 2k$

$r = \sqrt{1^2 + (-2)^2 + 2^2} = 3[m]$

$r_0 = \dfrac{1}{3}(1i - 2j + 2k)$

$\therefore \boldsymbol{F} = 9 \times 10^9 \times \dfrac{Q_1 Q_2}{r^2} r_0$

$= 9 \times 10^9 \times \dfrac{300 \times 10^{-6} \times (-100 \times 10^{-6})}{3^2} \times \dfrac{1}{3}(1i - 2j + 2k)$

$= -30 \times \dfrac{1}{3}(1i - 2j + 2k) = -10i + 20j - 20k[N]$

산기 24-3

06 점 $P(1, 2, 3)$ [m]와 $Q(2, 0, 5)$ [m]에 각각 $4 \times 10^{-5}[C]$과 $-2 \times 10^{-4}[C]$의 점전하가 있을 때, 점 P에 작용하는 힘은 몇 [N]인가?

① $\dfrac{8}{3}(i - 2j + 2k)$

② $\dfrac{8}{3}(-i - 2j + 2k)$

③ $\dfrac{3}{8}(i + 2j + 2k)$

④ $\dfrac{3}{8}(2i + j - 2k)$

풀이 $F = \dfrac{1}{4\pi\epsilon_0} \cdot \dfrac{Q_1 Q_2}{r^2} r_0$

$= 9 \times 10^9 \times \dfrac{Q_1 Q_2}{r^2} r_0$

$= 9 \times 10^9 \times \dfrac{4 \times 10^{-5} \times (-2 \times 10^{-4})}{(1-2)^2 + (2-0)^2 + (3-5)^2} \times \dfrac{(1-2)i + (2-0)j + (3-5)k}{\sqrt{(1-2)^2 + (2-0)^2 + (3-5)^2}}$

$= 9 \times 10^9 \times \dfrac{(-8 \times 10^{-9})}{9} \times \dfrac{(-i + 2j - 2k)}{3}$

$= \dfrac{8}{3}(i - 2j + 2k)$

07 진공 중 한 변의 길이가 0.1[m]인 정삼각형의 3정점 A, B, C에 각각 2.0×10^{-6}[C]의 점전하가 있을 때, 점 A의 전하에 작용하는 힘은 몇 [N]인가?

① $1.8\sqrt{2}$

② $1.8\sqrt{3}$

③ $3.6\sqrt{2}$

④ $3.6\sqrt{3}$

풀이 점 B에 있는 전하에 의한 작용력 F_1

$$F_1 = \frac{1}{4\pi\epsilon_0}\frac{Q_1 Q_2}{r^2}$$

$$= 9 \times 10^9 \times \frac{(2 \times 10^{-6})^2}{0.1^2}$$

$$= 3.6[\text{N}]$$

점 C에 있는 전하에 의한 작용력 F_2는 F_1과 크기는 같고 방향은 그림과 같다. 따라서

$$F = 2F_1\cos\theta = 2F_2\cos\theta = 2 \times 3.6 \times \cos 30° = 3.6\sqrt{3}[\text{N}]$$

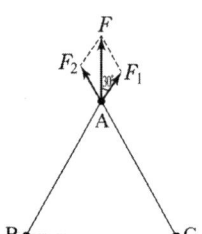

08 서로 같은 2개의 구 도체에 동일 양의 전하로 대전시킨 후 20[cm] 떨어뜨린 결과 구 도체에 서로 8.6×10^{-4}[N]의 반발력이 작용하였다. 구 도체에 주어진 전하는 약 몇 [C]인가?

① 5.2×10^{-8}

② 6.2×10^{-8}

③ 7.2×10^{-8}

④ 8.2×10^{-8}

풀이 쿨롱의 법칙에서 $F = \dfrac{Q^2}{4\pi\epsilon_o r^2}$

$$Q = \sqrt{4\pi\epsilon_o r^2 F}$$

$$= \sqrt{4\pi \times 8.85 \times 10^{-12} \times 0.2^2 \times 8.6 \times 10^{-4}}$$

$$= 6.19 \times 10^{-8}[\text{C}]$$

산기 25-3

09 서로 같은 2개의 구 도체에 동일 양의 전하를 대전시킨 후 20[cm] 떨어뜨린 결과 구 도체에 서로 6×10^{-4}[N]의 반발력이 작용한다. 구 도체에 주어진 전하는?

① 약 5.2×10^{-8}[C]

② 약 6.2×10^{-8}[C]

③ 약 7.2×10^{-8}[C]

④ 약 8.2×10^{-8}[C]

풀이 $F = \dfrac{Q^2}{4\pi\epsilon_o r^2}$ 의 식에서

$$Q = \sqrt{4\pi\epsilon_o r^2 F} = \sqrt{4\pi \times 8.85 \times 10^{-12} \times 0.2^2 \times 6 \times 10^{-4}} = 5.2 \times 10^{-8}[C]$$

산기 22-1

10 전계의 세기가 1500[V/m]인 전장에 5[μC]의 전하를 놓았을 때 이 전하에 작용하는 힘은 몇 [N]인가?

① 4.5×10^{-3}

② 5.5×10^{-3}

③ 6.5×10^{-3}

④ 7.5×10^{-3}

풀이 전하에 작용하는 힘

$$F = Eq = 1500 \times 5 \times 10^{-6} = 7.5 \times 10^{-3} [N]$$

기 20-4

11 질량(m)이 10^{-10}[kg]이고, 전하량(Q)이 10^{-8}[C]인 전하가 전기장에 의해 가속되어 운동하고 있다. 가속도가 $a = 10^2 i + 10^2 j$[m/s²]일 때 전기장의 세기 E[V/m]는?

① $\boldsymbol{E} = 10^4 i + 10^5 j$

② $\boldsymbol{E} = i + 10j$

③ $\boldsymbol{E} = i + j$

④ $\boldsymbol{E} = 10^{-6} i + 10^{-4} j$

풀이 $F = QE = ma$[N]

$$\therefore \boldsymbol{E} = \frac{m}{Q} a = \frac{10^{-10}}{10^{-8}} \times (10^2 i + 10^2 j) = i + j [V/m]$$

기 17-2

12 점전하에 의한 전계의 세기[V/m]를 나타내는 식은? (단, r은 거리, Q는 전하량, λ는 선전하밀도, σ는 표면전하밀도 이다.)

① $\dfrac{1}{4\pi\epsilon_o}\dfrac{Q}{r^2}$ 　　　　② $\dfrac{1}{4\pi\epsilon_o}\dfrac{\sigma}{r^2}$

③ $\dfrac{1}{2\pi\epsilon_o}\dfrac{Q}{r^2}$ 　　　　④ $\dfrac{1}{2\pi\epsilon_o}\dfrac{\sigma}{r^2}$

> **풀이** ▶ 전계의 세기는 전계 내의 임의의 한 점에 단위전하 +1[C]을 놓았을 때, 이에 작용하는 힘을 말하므로 그림과 같이 점 O에 점전하 Q[C]이 있고, 거리 r[m] 떨어진 점 P에 단위 전하 +1 [C]를 놓았을 때 이에 작용하는 전기력 F는 전계의 세기 E가 된다.
>
> $$F=E=\frac{1}{4\pi\epsilon_o}\frac{Q\times1}{r^2}=\frac{1}{4\pi\epsilon_o}\frac{Q}{r^2}\ [\mathrm{V/m}]$$
>
> 여기서, E : 전계의 세기 [V/m]
> 　　　　Q : 전하량 [C]
> 　　　　r : 양 전하간의 거리 [m]
> 　　　　ϵ_o : 진공중의 유전율

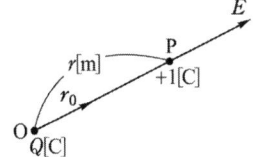

산기 25-1

13 진공 중에 놓인 3[μC]의 점전하에서 3[m] 되는 점의 전계는 몇 [V/m]인가?

① 100 　　　　② 1000

③ 300 　　　　④ 3000

> **풀이** ▶ 점전하에 의한 전계 $E=\dfrac{Q}{4\pi\epsilon_0 r^2}$에서
>
> 전계 $E=9\times10^9\times\dfrac{3\times10^{-6}}{3^2}=3000[\mathrm{V/m}]$ ($\because\ \dfrac{1}{4\pi\epsilon_0}=9\times10^9$)

산기 24-2

14 같은 양, 같은 부호의 전하가 어느 거리만큼 떨어져 있을 때, 전하 사이의 중점에 있어서의 전계[V/m]의 세기는?

① 0 　　　　② ∞

③ 9×10^9 　　　　④ $\dfrac{1}{9\times10^9}$

> **풀이** ▶ 전계의 세기 $E=\dfrac{1}{4\pi\epsilon_0}\dfrac{Q}{r^2}[\mathrm{V/m}]$에서 전하 Q의 크기가 같고 같은 부호이므로 전계의 크기는 같고 방향이 반대가 되므로 두 전하의 중점에 있어서의 전계의 세기는 0이 된다.

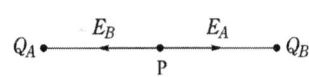

기 16-3

15 원점에 +1 [C], 점(2, 0)에 −2 [C]의 점전하가 있을 때 전계의 세기가 0인 점은?

① $(-3-2\sqrt{3}, \quad 0)$

② $(-3+2\sqrt{3}, \quad 0)$

③ $(-2-2\sqrt{2}, \quad 0)$

④ $(-2+2\sqrt{2}, \quad 0)$

풀이

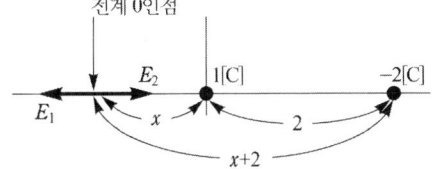

두 전하의 부호가 다른 경우에 전하량의 절대값이 작은쪽의 외측에 전계의 세기가 0인 점이 존재한다.

$E_1 = E_2$ 이므로

$$\frac{1}{4\pi\epsilon_0 x^2} = \frac{2}{4\pi\epsilon_0 (x+2)^2}, \quad \frac{1}{x^2} = \frac{2}{(x+2)^2}$$

$$2x^2 = (x+2)^2 \rightarrow \sqrt{2}x = x+2$$

$$(\sqrt{2}-1)x = 2, \quad \therefore \quad x = \frac{2}{\sqrt{2}-1} = 2+2\sqrt{2}$$

따라서, 좌표$(-2-2\sqrt{2}, \ 0)$

산기 22-2

16 점전하 $+2Q$ [C]이 $x=0, \ y=1$의 점에 놓여 있고, $-Q$ [C]의 전하가 $x=0, \ y=-1$의 점에 위치할 때 전계의 세기가 0이 되는 점은?

① $+2Q$쪽으로 $5.83 \ (x=0, \ y=5.83)$

② $+2Q$쪽으로 $0.17 \ (x=0, \ y=0.17)$

③ $-Q$쪽으로 $5.83 \ (x=0, \ y=-5.83)$

④ $-Q$쪽으로 $0.17 \ (x=0, \ y=-0.17)$

풀이 두 전하의 부호가 다르므로 전계의 세기가 0이 되는 점은 전하의 절대값이 작은 측의 외측에 존재하므로 그림과 같이 절대값이 작은 측의 외측에 K [m]인 P 점이 전계의 세기가 0이라 하면

$$E = \frac{1}{4\pi\epsilon_0}\left\{\frac{Q}{K^2} - \frac{2Q}{(2+K)^2}\right\} = 0$$

$$\therefore \ \frac{Q}{K^2} = \frac{2Q}{(2+K)^2}$$

$$2K^2 = (2+K)^2$$

$$\sqrt{2}K = 2+K$$

$$\therefore \ K = \frac{2}{\sqrt{2}-1} = 4.83$$

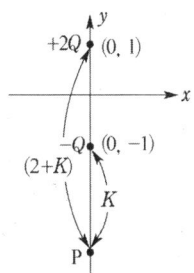

이므로 $-1-4.83 = -5.83$ 즉, P $(0, -5.83)$이다.

기 21-2

17 원점에 1 [μC]의 점전하가 있을 때 점 $P(2, -2, 4)$[m]에서의 전계의 세기에 대한 단위벡터는 약 얼마인가?

① $0.41a_x - 0.41a_y + 0.82a_z$ ② $-0.33a_x + 0.33a_y - 0.66a_z$

③ $-0.41a_x + 0.41a_y - 0.82a_z$ ④ $0.33a_x - 0.33a_y + 0.66a_z$

풀이 그림과 같이 전하 1 [μC]이 존재하는 점과 점 P간의 거리는

$$r = \sqrt{2^2 + (-2)^2 + 4^2} = \sqrt{24} \text{ 이므로}$$

전계 세기의 크기는

$$E = 9 \times 10^9 \times \frac{Q}{r^2} = 9 \times 10^9 \times \frac{1 \times 10^{-6}}{(\sqrt{24})^2}$$

$$= \frac{9}{24} \times 10^3 \text{ [V/m]}$$

전계 방향의 단위 벡터

$$\frac{E}{E} = \frac{r}{r} = \frac{(2a_x - 2a_y + 4a_z)}{\sqrt{24}}$$

$$= 0.41a_x - 0.41a_y + 0.82a_z$$

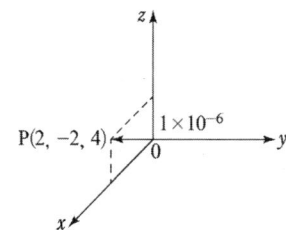

기 19-2

18 진공내의 점$(3, 0, 0)$[m]에 4×10^{-9}[C]의 전하가 있다. 이 때 점$(6, 4, 0)$[m]의 전계의 크기는 약 몇 [V/m] 이며, 전계의 방향을 표시하는 단위벡터는 어떻게 표시되는가?

① 전계의 크기 : $\frac{36}{25}$, 단위벡터 : $\frac{1}{5}(3a_x + 4a_y)$

② 전계의 크기 : $\frac{36}{125}$, 단위벡터 : $3a_x + 4a_y$

③ 전계의 크기 : $\frac{36}{25}$, 단위벡터 : $a_x + a_y$

④ 전계의 크기 : $\frac{36}{125}$, 단위벡터 : $\frac{1}{5}(a_x + a_y)$

풀이 그림과 같이 전하 4×10^{-9} [C]이 존재하는 점 A와 점 P 사이의 거리는

$$\sqrt{(6-3)^2 + (4-0)^2} = 5 \text{ [m]}$$

이므로, P점의 전계의 세기 E는

$$E = 9 \times 10^9 \times \frac{4 \times 10^{-9}}{5^2} = \frac{36}{25} \text{ [V/m]}$$

그리고, 전계의 방향을 표시하는 단위 벡터는

$$\frac{E}{E} = \frac{r}{r} = \frac{3a_x + 4a_y}{5} = \frac{1}{5}(3a_x + 4a_y)$$

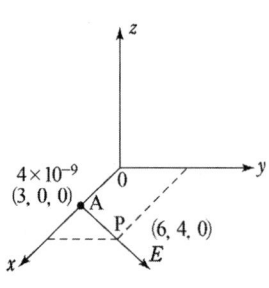

기 21-1

19 진공 내의 점 (2, 2, 2)에 10^{-9}[C]의 전하가 놓여 있다. 점 (2, 5, 6)에서의 전계 E는 약 몇 [V/m]인가? (단, a_y, a_z는 단위벡터이다.)

① $0.278a_y + 2.888a_z$

② $0.216a_y + 0.288a_z$

③ $0.288a_y + 2.216a_z$

④ $0.291a_y + 0.288a_z$

풀이

• 그림과 같이 전하 10^{-9}[C]이 존재하는 점 A와 점 P 사이의 거리는

$$r = \sqrt{(2-2)^2 + (5-2)^2 + (6-2)^2} = 5[\text{m}]$$

이므로, P점의 전계의 세기 E는

$$E = 9 \times 10^9 \times \frac{Q}{r^2} = 9 \times 10^9 \times \frac{10^{-9}}{5^2} = 0.36[\text{V/m}]$$

• 전계의 방향을 표시하는 단위 벡터는

$$r_0 = \frac{r}{r} = \frac{(5-2)a_y + (6-2)a_z}{5} = \frac{1}{5}(3a_y + 4a_z)$$

• 따라서 전계 E는

$$E = 0.36 \times \frac{1}{5}(3a_y + 4a_z) = 0.216a_y + 0.288a_z[\text{V/m}]$$

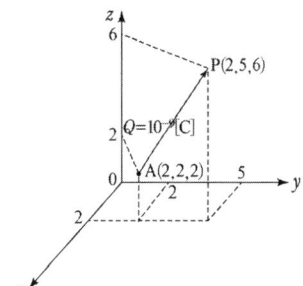

기 18-3

20 3개의 점전하 $Q_1 = 3$[C], $Q_2 = 1$ [C], $Q_3 = -3$ [C]을 점 $P_1(1, 0, 0)$, $P_2(2, 0, 0)$, $P_3(3, 0, 0)$에 어떻게 놓으면 원점에서의 전계의 크기가 최대가 되는가?

① P_1에 Q_1, P_2에 Q_2, P_3에 Q_3

② P_1에 Q_2, P_2에 Q_3, P_3에 Q_1

③ P_1에 Q_3, P_2에 Q_1, P_3에 Q_2

④ P_1에 Q_3, P_2에 Q_2, P_3에 Q_1

풀이

점 P_1, P_2, P_3에 임의의 전하 Q_A, Q_B, Q_C가 있다고 할 때 원점에서의 전계의 세기는

$$E = \frac{1}{4\pi\epsilon_0}\left(\frac{Q_A}{1} + \frac{Q_B}{4} + \frac{Q_C}{9}\right) = \frac{1}{4\pi\epsilon_0 \cdot 36}(36Q_A + 9Q_B + 4Q_C)$$

이 식에서 **전계 E가 최대**가 되려면 $(36Q_A + 9Q_B + 4Q_C)$에서 Q_A, Q_B, Q_C의 계수 $(36, 9, 4)$에 의해 $Q_A > Q_B > Q_C$를 만족해야 한다.

즉 $Q_A > Q_B > Q_C$이므로 $Q_A = Q_1 = 3$[C], $Q_B = Q_2 = 1$[C], $Q_C = Q_3 = -3$[C]

```
  E      P₁(Q_A) P₂(Q_B) P₃(Q_C)
◀─────────┼───────┼───────┼──────
  0       1       2       3
```

기 18-3

21 전기력선의 설명 중 틀린 것은?

① 전기력선은 부전하에서 시작하여 정전하에서 끝난다.

② 단위 전하에서는 $1/\epsilon_0$개의 전기력선이 출입한다.

③ 전기력선은 전위가 높은 점에서 낮은 점으로 향한다.

④ 전기력선의 방향은 그 점의 전계의 방향과 일치하며 밀도는 그 점에서의 전계의 크기와 같다.

풀이 전기력선은 정전하(+전하)에서 출발하여 부전하(−전하)에서 멈추거나 무한원까지 퍼지며, 전위가 높은 곳에서 낮은 곳으로 향한다.

기 21-2

22 전기력선의 성질에 대한 설명으로 옳은 것은?

① 전기력선은 등전위면과 평행하다.

② 전기력선은 도체 표면과 직교한다.

③ 전기력선은 도체 내부에 존재할 수 있다.

④ 전기력선은 전위가 낮은 점에서 높은 점으로 향한다.

풀이 **전기력선의 성질**은 다음과 같다.

① 전기력선은 정전하에서 시작하여 부전하에서 그친다.

② 전하가 없는 곳에서는 전기력선의 발생, 소멸이 없고 연속적이다.

③ 전위가 높은 점에서 낮은 점으로 향한다.

④ 그 자신만으로 폐곡선이 되는 일은 없다.

⑤ 전계가 0이 아닌 곳에서는 2개의 전기력선은 교차하지 않는다.

⑥ 도체 내부에는 전기력선이 없다.

⑦ 수직 단면의 전기력선 밀도는 전계의 세기이고(1 [개/m²]=1 [N/C]), 전기력선의 접선 방향은 전계의 방향이다.

⑧ **도체면(등전위면)에서 전기력선은 수직으로 출입한다.**

⑨ 단위 전하 ±1[C]에서는 $1/\epsilon_0$개의 전기력선이 출입한다.

산기 25-1

23 전기력선의 성질이 아닌 것은?

① 전기력선은 도체내부에 존재한다.

② 전기력선은 등전위면인 도체표면과 수직으로 출입한다.

③ 전기력선은 그 자신만으로 폐곡선이 되는 일이 없다.

④ 1[C]의 단위전하에는 $\dfrac{1}{\epsilon_0}$개의 전기력선이 출입한다.

풀이▶ 전기력선의 성질
① 전기력선의 방향은 전계의 방향과 일치한다.
② 전기력선 밀도는 그 점에서의 전계의 세기와 같다.
③ 단위전하 (1 [C])에서는 $\dfrac{1}{\epsilon_0} = 36\pi \times 10^9$개의 전기력선이 발생한다.
④ 전기력선은 정전하(+ 전하)에서 출발하여 부전하(−전하)에서 멈추거나 무한원까지 퍼진다.
⑤ 전하가 없는 곳에서는 전기력선의 발생과 소멸이 없고 연속적이다.
⑥ 전기력선은 전위가 높은 곳에서 낮은 곳으로 향한다. ($E = -\operatorname{grad} V$)
⑦ 전기력선은 자신만으로 폐곡선이 되는 일은 없다. ($\nabla \times E = 0$)
⑧ 2개의 전기력선은 서로 교차하지 않는다.
⑨ 전기력선은 등전위면과 직교한다.
⑩ **도체 내부에서 전기력선은 없다.**(도체내부 전계의 세기가 0)
⑪ 전기력선은 도체 표면에서 수직으로 출입한다.
⑫ 무한원점에 있는 전하까지 합하면 전하의 총량은 0 이다.

산기 22-2

24 다음 중 전기력선의 성질에 관한 설명으로 옳지 않은 것은?

① 전기력선의 방향은 그 점의 전계의 방향과 같다.

② 전기력선은 전위가 높은 점에서 낮은 점으로 향한다.

③ 전하가 없는 곳에서도 전기력선의 발생, 소멸이 있다.

④ 전계가 0이 아닌 곳에서 2개의 전기력선은 교차하는 일이 없다.

풀이▶ **전기력선의 성질**은 다음과 같다.
① 전기력선은 정전하에서 시작하여 부전하에서 그친다.
② **전하가 없는 곳에서는 전기력선의 발생, 소멸이 없고 연속적**이다.
③ 전위가 높은 점에서 낮은 점으로 향한다.
④ 그 자신만으로 폐곡선이 되는 일은 없다.
⑤ 전계가 0이 아닌 곳에서는 2개의 전기력선은 교차하지 않는다.
⑥ 도체 내부에는 전기력선이 없다.
⑦ 수직 단면의 전기력선 밀도는 전계의 세기이고(1 [개/m^2] = 1 [N/C]), 전기력선의 접선 방향은 전계의 방향이다.
⑧ 도체면(등전위면)에서 전기력선은 수직으로 출입한다.
⑨ 단위 전하 ± 1 [C]에서는 $1/\epsilon_0$개의 전기력선이 출입한다.

산기 23-2, 산기 25-2

25 $E = xi - yj$[V/m]일 때 점 (3, 4)[m]를 통과하는 전기력선의 방정식은?

① $y = 12x$ ② $y = \dfrac{x}{12}$

③ $y = \dfrac{12}{x}$ ④ $y = \dfrac{3}{4}x$

풀이 전기력선 방정식 : $\dfrac{dx}{E_x} = \dfrac{dy}{E_y}$

주어진 식 $E_x = x$, $E_y = -y$ 이므로 $\therefore \dfrac{dx}{x} = \dfrac{dy}{-y}$

양변 적분(적분 C 누락하지 않도록 주의)

$$\int \dfrac{dx}{x} = -\int \dfrac{dy}{y} + C \Rightarrow \ln x = -\ln y + C$$

$\ln x + \ln y = C \Rightarrow \ln xy = C \qquad xy = e^c$

점 (3, 4)를 지나므로

$$xy = 12 \quad \therefore y = \dfrac{12}{x}$$

기 22-3, 기 21-2

26 전계 $E = \dfrac{2}{x}\hat{x} + \dfrac{2}{y}\hat{y}$[V/m]에서 점(3, 5)[m]를 통과하는 전기력선의 방정식은?

(단, $\hat{x}$, $\hat{y}$는 단위벡터이다.)

① $x^2 + y^2 = 12$ ② $y^2 - x^2 = 12$
③ $x^2 + y^2 = 16$ ④ $y^2 - x^2 = 16$

풀이 $E_x = \dfrac{2}{x}$, $E_y = \dfrac{2}{y}$ 이므로

전기력선 방정식 $\dfrac{dx}{E_x} = \dfrac{dy}{E_y} = \dfrac{dz}{E_z}$ 에서

$$\dfrac{dx}{\frac{2}{x}} = \dfrac{dy}{\frac{2}{y}} \rightarrow x dx = y dy$$

양변을 적분하면

$$\dfrac{1}{2}x^2 = \dfrac{1}{2}y^2 + k$$

$x = 3$, $y = 5$이므로

$$k = \dfrac{1}{2}x^2 - \dfrac{1}{2}y^2 = \dfrac{1}{2} \times 3^2 - \dfrac{1}{2} \times 5^2 = -8$$

$$\therefore \dfrac{1}{2}x^2 = \dfrac{1}{2}y^2 - 8 \qquad 즉, \ y^2 - x^2 = 16$$

27 기 23-1, 기 19-2, 산기 22-1

어떤 대전체가 진공 중에서 전속이 Q[C]이었다. 이 대전체를 비유전율 10인 유전체 속으로 가져갈 경우에 전속[C]은?

① Q

② $10Q$

③ $\dfrac{Q}{10}$

④ $10\epsilon_o Q$

풀이
- 점전하 Q[C]로부터 나오는 총 전기력선 수는 $\dfrac{Q}{\epsilon}$개로 유전율 ϵ에 따라 변한다.
- 전속 Ψ는 매질에 관계없이 전하 Q[C]일 때 Q개의 전속선이 나온다.

  $\therefore \ \Psi = Q$[C]

28 산기 23-1

비유전율이 4이고, 전계의 세기가 20[kV/m]인 유전체 내의 전속밀도는 약 몇 [μC/m²]인가?

① 0.71

② 1.42

③ 2.83

④ 5.28

풀이
$$D = \epsilon_0 \epsilon_s E$$
$$= 8.855 \times 10^{-12} \times 4 \times 20 \times 10^3$$
$$= 0.71 \times 10^{-6} [\text{C/m}^2]$$
$$= 0.71 [\mu\text{C/m}^2]$$

29 기 17-1

한 변의 길이가 $\sqrt{2}$[m]인 정사각형의 4개 꼭짓점에 $+10^{-9}$[C]의 점전하가 각각 있을 때 이 사각형의 중심에서의 전위[V]는?

① 0

② 18

③ 36

④ 72

풀이 4개 전하에 의한 전위는 1개 전하에 의한 전위의 4배 이므로

$$V = \frac{Q}{4\pi\epsilon r} \times 4$$
$$= 9 \times 10^9 \times \frac{10^{-9}}{1} \times 4$$
$$= 36[\text{V}]$$

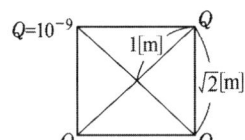

기 18-1

30 40[V/m]인 전계 내의 50[V] 되는 점에서 1[C]의 전하가 전계 방향으로 80[cm] 이동하였을 때, 그 점의 전위는 몇 [V]인가?

① 18
② 22
③ 35
④ 65

풀이 $V_{BA} = V_B - V_A = -\int_A^B \boldsymbol{E} \cdot dl = -\int_0^{0.8} \boldsymbol{E} \cdot dl = -[40l\,]_0^{0.8} = -32$

$V_A = 50\,[\text{V}], \quad V_{BA} = -32\,[\text{V}]$ 이므로

$\therefore \ V_B = V_A + V_{BA} = 50 - 32 = 18[\text{V}]$

기 19-2

31 30[V/m]의 전계내의 80[V]되는 점에서 1[C]의 전하를 전계 방향으로 80[cm] 이동한 경우, 그 점의 전위[V]는?

① 9
② 24
③ 30
④ 56

풀이 $V_{BA} = V_B - V_A = -\int_A^B \boldsymbol{E} \cdot dl = -\int_0^{0.8} \boldsymbol{E} \cdot dl = -[30l\,]_0^{0.8} = -24[\text{V}]$

$V_A = 80\,[\text{V}], \quad V_{BA} = -24\,[\text{V}]$ 이므로

$\therefore \ V_B = V_A + V_{BA} = 80 - 24 = 56\,[\text{V}]$

기 19-1

32 진공 중에서 무한장 직선도체에 선전하밀도 $\rho_L = 2\pi \times 10^{-3}[\text{C/m}]$가 균일하게 분포된 경우 직선도체에서 2[m]와 4[m] 떨어진 두 점사이의 전위차는 몇 [V] 인가?

① $\dfrac{10^{-3}}{\pi\epsilon_o}\ln 2$
② $\dfrac{10^{-3}}{\epsilon_o}\ln 2$
③ $\dfrac{1}{\pi\epsilon_o}\ln 2$
④ $\dfrac{1}{\epsilon_o}\ln 2$

풀이 무한직선전하에 의한 전계는 $E = \dfrac{\rho_L}{2\pi\epsilon_0 r}[\text{V/m}]$이므로

전위차 $V = -\int_{r_2}^{r_1} \boldsymbol{E} \cdot dr = -\dfrac{\rho_L}{2\pi\epsilon_0}\int_{r_2}^{r_1} \dfrac{1}{r} \cdot dr = -\dfrac{\rho_L}{2\pi\epsilon_0}[\ln r]_{r_2}^{r_1} = \dfrac{\rho_L}{2\pi\epsilon_0}\ln\dfrac{r_2}{r_1}$

$= \dfrac{2\pi \times 10^{-3}}{2\pi\epsilon_0}\ln\dfrac{4}{2} = \dfrac{10^{-3}}{\epsilon_0}\ln 2[\text{V}]$

기 19-2

33 다음 식 중에서 틀린 것은?

① $E = -\operatorname{grad} V$

② $\int_s E \cdot n ds = \dfrac{Q}{\epsilon_o}$

③ $\operatorname{grad} V = i \dfrac{\partial^2 V}{\partial x^2} + j \dfrac{\partial^2 V}{\partial y^2} + k \dfrac{\partial^2 V}{\partial z^2}$

④ $V = \int_p^\infty E \cdot dl$

풀이 ・ 전위 기울기 : $\operatorname{grad} V = i\dfrac{\partial V}{\partial x} + j\dfrac{\partial V}{\partial y} + k\dfrac{\partial V}{\partial z}$

기 17-3

34 점전하에 의한 전위 함수가 $V = \dfrac{1}{x^2 + y^2}$[V] 일 때 $\operatorname{grad} V$는?

① $-\dfrac{ix + jy}{(x^2 + y^2)^2}$

② $-\dfrac{i2x + j2y}{(x^2 + y^2)^2}$

③ $-\dfrac{i2x}{(x^2 + y^2)^2}$

④ $-\dfrac{j2y}{(x^2 + y^2)^2}$

풀이 $\operatorname{grad} V = \nabla V = \dfrac{\partial V}{\partial x}i + \dfrac{\partial V}{\partial y}j + \dfrac{\partial V}{\partial z}k$

$V = \dfrac{1}{x^2 + y^2} = (x^2 + y^2)^{-1}$

$\dfrac{\partial V}{\partial x} = \dfrac{\partial}{\partial x}\{(x^2+y^2)^{-1}\} = -(x^2+y^2)^{-2} \cdot 2x = -\dfrac{2x}{(x^2+y^2)^2}$

$\dfrac{\partial V}{\partial y} = \dfrac{\partial}{\partial y}\{(x^2+y^2)^{-1}\} = -(x^2+y^2)^{-2} \cdot 2y = -\dfrac{2y}{(x^2+y^2)^2}$

$\dfrac{\partial V}{\partial z} = \dfrac{\partial}{\partial z}\{(x^2+y^2)^{-1}\} = 0$

$\therefore \operatorname{grad} V = -\dfrac{2x}{(x^2+y^2)^2}i - \dfrac{2y}{(x^2+y^2)^2}j = -\dfrac{2xi + 2yj}{(x^2+y^2)^2}$

기 22-3, 기 20-3

35 전위경도 V와 전계 E의 관계식은?

① $\boldsymbol{E} = \operatorname{grad} V$

② $\boldsymbol{E} = \operatorname{div} V$

③ $\boldsymbol{E} = -\operatorname{grad} V$

④ $\boldsymbol{E} = -\operatorname{div} V$

풀이 전위경도는 전계의 세기와 크기는 같고, 방향은 반대 방향이다.
$$\boldsymbol{E} = -\operatorname{grad} V = -\nabla V [\mathrm{V/m}]$$

기 16-2

36 전위 $V = 3xy + z + 4$일 때 전계 E는?

① $\boldsymbol{i}\,3x + \boldsymbol{j}\,3y + \boldsymbol{k}$

② $-\boldsymbol{i}\,3y + \boldsymbol{j}\,3x + \boldsymbol{k}$

③ $\boldsymbol{i}\,3x - \boldsymbol{j}\,3y - \boldsymbol{k}$

④ $-\boldsymbol{i}\,3y - \boldsymbol{j}\,3x - \boldsymbol{k}$

풀이 $\boldsymbol{E} = -\operatorname{grad} V = -\nabla V$
$$= -\left(\frac{\partial V}{\partial x}\boldsymbol{i} + \frac{\partial V}{\partial y}\boldsymbol{j} + \frac{\partial V}{\partial z}\boldsymbol{k} \right)$$
$$= -(3y\boldsymbol{i} + 3x\boldsymbol{j} + \boldsymbol{k})$$
$$= -3y\boldsymbol{i} - 3x\boldsymbol{j} - \boldsymbol{k}$$

기 23-1

37 전위 함수가 $V = 3xy + z + 1$ [V]일 때 점 $(4, -4, 4)$에 있어서 전계의 세기[V/m]는?

① $i\,12 + j\,12 - k$

② $-i\,12 + j\,12 + k$

③ $-i - j - k$

④ $i\,12 - j\,12 - k$

풀이 $E = -\operatorname{grad} V$

$$= -\left(i\frac{\partial}{\partial x} + j\frac{\partial}{\partial y} + k\frac{\partial}{\partial z}\right)(3xy + z + 1)$$

$$= -(i\,3y + j\,3x + k)$$

$$\therefore \ [E]_{x=4,\ y=-4,\ z=4} = -(i\,3 \times -4 + j\,3 \times 4 + k)$$

$$= i\,12 - j\,12 - k$$

기 17-3

38 $V = x^2$[V]로 주어지는 전위 분포일 때 $x = 20$[cm]인 점의 전계는?

① $+x$방향으로 40[V/m]

② $-x$방향으로 40[V/m]

③ $+x$방향으로 0.4[V/m]

④ $-x$방향으로 0.4[V/m]

풀이 전위 함수와 전계의 관계식 $E = -\operatorname{grad} V$로부터

$$E = -\operatorname{grad} V = -\nabla V$$

$$= -\left(\frac{\partial}{\partial x}(x^2)i + \frac{\partial}{\partial y}(x^2)j + \frac{\partial}{\partial z}(x^2)k\right)$$

$$= -2xi = -0.4i\,[\text{V/m}]$$

따라서 전계의 방향은 $-x$ 방향, 전계의 크기는 0.4[V/m]가 된다.

기 20–1,2

39 전위함수 $V = x^2 + y^2$[V]일 때 점(3, 4)[m]에서의 등전위선의 반지름은 몇 [m]이며, 전기력선 방정식은 어떻게 되는가?

① 등전위선의 반지름 : 3, 전기력선 방정식 : $y = \dfrac{3}{4}x$

② 등전위선의 반지름 : 4, 전기력선 방정식 : $y = \dfrac{4}{3}x$

③ 등전위선의 반지름 : 5, 전기력선 방정식 : $x = \dfrac{4}{3}y$

④ 등전위선의 반지름 : 5, 전기력선 방정식 : $x = \dfrac{3}{4}y$

풀이 (1) 등전위선의 반지름

$V = x^2 + y^2$은 중심이 원점인 원의 방정식 (형식 : $x^2 + y^2 = r^2$) 이다.

즉, 여기에 점(3, 4)를 대입하면

등전위선의 반지름 $r = \sqrt{x^2 + y^2} = \sqrt{3^2 + 4^2} = 5$[m]

(2) 전기력선 방정식

전기력선 방정식은 $\dfrac{dx}{E_x} = \dfrac{dy}{E_y}$ 이므로 전위함수 V로부터 전계의 세기 $\boldsymbol{E}$를 구한다.

$$\boldsymbol{E} = -\nabla V = -\left(\frac{\partial}{\partial x}\boldsymbol{i} + \frac{\partial}{\partial y}\boldsymbol{j} + \frac{\partial}{\partial z}\boldsymbol{k}\right)\left(x^2 + y^2\right)$$

$$= -2x\boldsymbol{i} - 2y\boldsymbol{j} \ \left(\boldsymbol{E} = E_x\boldsymbol{i} + E_y\boldsymbol{j}\right)$$

전기력선 방정식에 적용하면

$$\frac{dx}{-2x} = \frac{dy}{-2y} \ \rightarrow \ \frac{dx}{x} = \frac{dy}{y}$$

(양변 적분하고 적분상수 C를 붙인다.)

$$\int \frac{dx}{x} = \int \frac{dy}{y} + C$$

$$\int \frac{dx}{x} = \ln x \text{(적분 공식)},$$

$$\ln x - \ln y = \ln\frac{x}{y}\text{(로그 공식) 이므로}$$

$$\ln x = \ln y + C \ \rightarrow \ \ln x - \ln y = C \rightarrow \ln\frac{x}{y} = C$$

$\ln\dfrac{x}{y} = C$ 에서 $\dfrac{x}{y} = e^C$ 이고,

점(3, 4)를 대입하면 $e^C = \dfrac{x}{y} = \dfrac{3}{4}$

$$\therefore \ x = \frac{3}{4}y$$

기 22-3

40 폐곡면을 통하는 전속과 폐곡면 내부의 전하와의 상관관계를 나타내는 법칙은?

① 가우스 법칙   ② 쿨롱 법칙

③ 포아송 법칙   ④ 라플라스 법칙

풀이 전하가 임의의 분포(즉, 선, 면, 체적 분포)를 하고 있을 때, 폐곡면 내의 전 전하에 대해 폐곡면을 통과하는 전기력선의 수 또는 전속과의 관계를 수학적으로 표현한 식을 가우스 법칙(정리)이라 한다.

기 18-1

41 점전하에 의한 전계는 쿨롱의 법칙을 사용하면 되지만 분포되어 있는 전하에 의한 전계를 구할 때는 무엇을 이용하는가?

① 렌츠의 법칙   ② 가우스의 정리

③ 라플라스 방정식   ④ 스토크스의 정리

풀이 전하가 임의의 분포(즉, 선, 면, 체적 분포)를 하고 있을 때, 폐곡면 내의 전 전하에 대해 폐곡면을 통과하는 전기력선의 수 또는 전속과의 관계를 수학적으로 표현한 식을 **가우스 법칙(정리)**이라 한다. 즉,

• 전속밀도 : $\oint_s D \cdot ds = Q$

• 전계의 세기 : $\oint_s E \cdot ds = \dfrac{Q}{\epsilon_0}$

산기 23-3

42 진공 중에서 폐곡면을 통하여 나가는 전력선의 총수는 그 내부에 있는 점전하의 대수적 합의 몇 배가 되는가?

① ϵ_0 ② $\dfrac{1}{\epsilon_0}$

③ ϵ_0^2 ④ 1

풀이 가우스의 정리 $\int_s E \cdot dS = \dfrac{1}{\epsilon_0} \times \sum_{n=1}^{n} Q_i$

즉, 진공 중의 폐곡면에서 나오는 전 전기력선 수는 폐곡면 내에 있는 전 전하량의 $\dfrac{1}{\epsilon_0}$배와 같다.

정답 40. ① 41. ② 42. ②

기 21-2

43 진공 중에 놓인 Q[C]의 전하에서 발산되는 전기력선의 수는?

① Q ② ϵ_0

③ $\dfrac{Q}{\epsilon_0}$ ④ $\dfrac{\epsilon_0}{Q}$

풀이 • 전기력선 수 : 진공 중의 단위구 중심에 점전하 Q 가 있는 경우 나오는

총 전기력선 수는 $\dfrac{Q}{\epsilon_0}$[개].

그러나 매질이 진공이 아닌 경우에는 매질의 유전율 ϵ의 값에 따라 전기력선 수는 변화게 된다.
• 전속 : 전속은 매질에 관계없이 전하 Q[C]일 때 Q[개]의 전속선이 나온다.

기 18-2

44 유전율이 ϵ인 유전체 내에 있는 점전하 Q에서 발산되는 전기력선의 수는 총 몇 개인가?

① Q ② $\dfrac{Q}{\epsilon_o \epsilon_s}$

③ $\dfrac{Q}{\epsilon_s}$ ④ $\dfrac{Q}{\epsilon_o}$

풀이 • 점전하 Q[C]로부터 나오는 총 전기력선 수는 $\dfrac{Q}{\epsilon} = \dfrac{Q}{\epsilon_o \epsilon_s}$개로 유전율 ϵ에 따라 변한다.

• 전속 Ψ는 매질에 관계없이 전하 Q[C]일 때 Q개의 전속선이 나온다. $\Psi = Q$[C]

기 18-3

45 진공 중에서 선전하 밀도 $\rho_l = 6 \times 10^{-8}$[C/m]인 무한히 긴 직선상 선전하가 x축과 나란하고 $z = 2$[m] 점을 지나고 있다. 이 선전하에 의하여 반지름 5[m]인 원점에 중심을 둔 구표면 S_0를 통과하는 전기력선수는 약 얼마인가?

① 3.1×10^4 ② 4.8×10^4

③ 5.5×10^4 ④ 6.2×10^4

풀이 그림에서 구 내부에 포함된 직선 길이 l

$l = 2l' = 2 \times \sqrt{5^2 - 2^2} = 2\sqrt{21}$[m]

구 내부에 포함된 직선 선전하에 의한 총전하량 Q

$Q = \rho_l l = 6 \times 10^{-8} \times 2\sqrt{21} = 5.5 \times 10^{-7}$[C]

전기력선수 N과 전하량 Q의 관계 $N = Q/\epsilon_0$에 의해

구 표면을 통과하는 전기력선수 N

$N = \dfrac{Q}{\epsilon_0} = \dfrac{5.5 \times 10^{-7}}{8.85 \times 10^{-12}} = 6.2 \times 10^4$[lines, V/m]

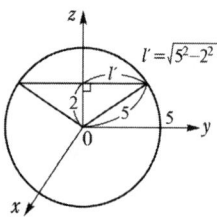

기 22-3

46 무한히 넓은 도체 평면판에 면밀도 $\sigma[\text{C/m}^2]$의 전하가 분포되어 있는 경우 전력선은 면(面)에 수직으로 나와 평행하게 발산한다. 이 평면의 전계의 세기는 몇 [V/m]인가?

① $\dfrac{\sigma}{\epsilon_0}$

② $\dfrac{\sigma}{2\epsilon_0}$

③ $\dfrac{\sigma}{2\pi\epsilon_0}$

④ $\dfrac{\sigma}{4\pi\epsilon_0}$

풀이 무한 평면 전하에서는 전계가 수직으로 발산한다.
원통면을 가우스 표면으로 취하면

$$\oint_s \boldsymbol{E} \cdot ds = \frac{Q}{\epsilon_0} \text{에서}$$

$$\boldsymbol{E} \times 2s = \frac{\sigma s}{\epsilon_0}$$

$$\therefore \ \boldsymbol{E} = \frac{\sigma}{2\epsilon_0}$$

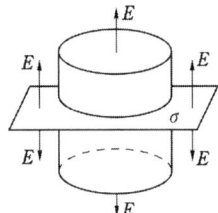

기 20-4

47 정전계 내 도체 표면에서 전계의 세기가 $E = \dfrac{a_x - 2a_y + 2a_z}{\epsilon_0}[\text{V/m}]$일 때 도체 표면상의 전하밀도 $\rho_s[\text{C/m}^2]$를 구하면? (단, 자유공간이다.)

① 1

② 2

③ 3

④ 5

풀이 전기력선 수 $N = E \cdot A = \dfrac{Q}{\epsilon_0}$ 에서 $\epsilon_0 \cdot E = \dfrac{Q}{A}$

$$\therefore \ \rho_s = \frac{Q}{A} = \epsilon_0 \times \left| \frac{a_x - 2a_y + 2a_z}{\epsilon_0} \right|$$

$$= \left| a_x - 2a_y + 2a_z \right|$$

$$= \sqrt{1^2 + (-2)^2 + 2^2} = 3[\text{C/m}^2]$$

기 16-1

48 반지름이 3[m]인 구에 공간전하밀도가 1 [C/m³]가 분포되어 있을 경우 구의 중심으로부터 1 [m]인 곳의 전계는 몇 [V/m]인가?

① $\dfrac{1}{2\epsilon_o}$ ② $\dfrac{1}{3\epsilon_o}$

③ $\dfrac{1}{4\epsilon_o}$ ④ $\dfrac{1}{5\epsilon_o}$

풀이 $E_i = \dfrac{rQ}{4\pi\epsilon_o a^3}\left(Q = \rho V_{체적} = \rho \dfrac{4}{3}\pi a^3\right)$

        $\rightarrow E_i = \dfrac{\rho r}{3\epsilon_o}(\rho = 1[C/m^3],\ r = 1[m])$

        $\therefore\ E_i = \dfrac{1}{3\epsilon_o}$

산기 22-2

49 평형상태에서 도체의 전하분포와 전계에 관한 성질로 옳지 않은 것은?

① 도체 내부에는 전계가 0이 아니다.

② 대전된 도체의 전하는 도체 표면에만 존재한다.

③ 대전된 도체 표면은 동일 전위에 있다.

④ 대전된 도체 표면의 각 점의 전기력선은 표면에 수직이다.

풀이   도체의 성질과 전하분포
- 도체 표면과 내부의 전위는 동일하고 (등전위), 표면은 등전위면이다.
- **도체 내부의 전계의 세기는 0이다.**
- 전하는 도체 내부에는 존재하지 않고, 도체 표면에만 분포한다.
- 도체 면에서의 전계의 세기는 도체 표면에 항상 수직이다.
- 도체 표면에서의 전하밀도는 곡률이 클수록 (곡률반경이 작을수록)높다.
- 중공부에 전하가 없고 대전 도체라면, 전하는 도체 외부의 표면에만 분포한다.
- 중공부에 전하를 두면 도체 내부표면에 동량 이부호, 도체 외부 표면에 동량 동부호의 전하가 분포한다.

50 기 22-3

정전계에서 도체의 성질을 설명한 것 중 옳지 않은 것은?

① 전하는 도체의 표면에서만 존재한다.

② 대전된 도체는 등전위면이다.

③ 도체 내부의 전계는 0 이다.

④ 도체 표면상에서 전계의 방향은 모든 점에서 표면의 접선 방향이다.

풀이 도체의 성질과 전하분포
- 도체 표면과 내부의 전위는 동일하고(등전위), 표면은 등전위면이다.
- 도체 내부의 전계의 세기는 0 이다.
- 전하는 도체 내부에는 존재하지 않고, 도체 표면에만 분포한다.
- **도체 면에서의 전계의 세기는 도체 표면에 항상 수직이다.**
- 도체 표면에서의 전하밀도는 곡률이 클수록 높다. 즉, 곡률반경이 작을수록 높다.
- 중공부에 전하가 없고 대전 도체라면, 전하는 도체 외부의 표면에만 분포한다.
- 중공부에 전하를 두면 도체 내부표면에 동량 이부호, 도체 외부표면에 동량 동부호의 전하가 분포한다.

51 산기 23-3

정전계에서 도체의 성질에 대한 설명으로 옳지 않은 것은?

① 전계의 세기와 전위경도의 크기는 같다.

② 도체 내부의 전계의 세기는 0 이다.

③ 전계의 세기를 유전율로 나누면 전속밀도이다.

④ 전위경도는 전위의 미분연산이다.

풀이 ① 전계의 세기와 전위경도는 크기는 같고, 방향은 반대이다.
$$E = -\mathrm{grad}V = -\nabla V[\text{V/m}]$$
② 전계의 세기는 전기력선 밀도(단위면적당 전기력선 수)와 같고, 도체 내부에는 전기력선이 존재하지 않기 때문에 도체 내부의 전계의 세기는 0 이다.
③ 전속밀도 $D = \epsilon_0 E[\text{C/m}^2]$
④ 전위경도 $\nabla V = \mathrm{grad}V$

기 19-1

52 대전된 도체의 특징으로 틀린 것은?

① 가우스정리에 의해 내부에는 전하가 존재한다.

② 전계는 도체 표면에 수직인 방향으로 진행된다.

③ 도체에 인가된 전하는 도체 표면에만 분포한다.

④ 도체 표면에서의 전하밀도는 곡률이 클수록 높다.

풀이 **도체의 성질과 전하분포**
- **전하는 도체 내부에는 존재하지 않고, 도체 표면에만 분포한다.**
- 도체 면에서의 전계의 세기는 도체 표면에 항상 수직이다.
- 도체 표면과 내부의 전위는 동일하고(등전위), 표면은 등전위면이다.
- 도체 내부의 전계의 세기는 0 이다.
- 도체 표면에서의 전하밀도는 곡률이 클수록 높다. 즉, 곡률반경이 작을수록 높다.

산기 24-3

53 도체의 성질에 대한 설명으로 틀린 것은?

① 도체 내부의 전계는 0이다.

② 전하는 도체 표면에만 존재한다.

③ 도체의 표면 및 내부의 전위는 등전위이다.

④ 도체 표면의 전하밀도는 표면의 곡률이 큰 부분일수록 작다.

풀이 도체의 성질과 전하분포
- 도체 표면과 내부의 전위는 동일하고(등전위), 표면은 등전위면이다.
- 도체 내부의 전계의 세기는 0이다.
- 전하는 도체 내부에는 존재하지 않고, 도체 표면에만 분포한다.
- 도체 면에서의 전계의 세기는 도체 표면에 항상 수직이다.
- **도체 표면에서의 전하밀도는 곡률이 클수록 (곡률반경이 작을수록) 높다.**
- 중공부에 전하가 없고 대전 도체라면, 전하는 도체 외부의 표면에만 분포한다.
- 중공부에 전하를 두면 도체 내부표면에 동량 이부호, 도체 외부 표면에 동량 동부호의 전하가 분포한다.

산기 24-2

54 대전도체의 성질 중 옳지 않은 것은?

① 도체 표면의 전하 밀도를 $\sigma[\mathrm{C/m^2}]$이라 하면 표면상의 전계는 $E = \dfrac{\sigma}{\epsilon_0}[\mathrm{V/m}]$이다.

② 도체 표면상의 전계는 면에 대해서 수평이다.

③ 도체 내부의 전계는 0이다.

④ 도체는 등전위이고, 그의 표면은 등전위면이다.

풀이 도체의 성질과 전하분포
- 도체표면과 내부의 전위는 동일하고(등전위), 표면은 등전위면이다.
- 도체 내부의 전계의 세기는 0이다.
- 전하는 도체 내부에는 존재하지 않고, 도체 표면에만 분포한다.
- **도체 면에서의 전계의 세기는 도체 표면에 항상 수직**이다.
- 도체 표면에서의 전하밀도는 곡률이 클수록 높다. 즉, 곡률반경이 작을수록 높다.

기 18-2

55 대전 도체 표면전하밀도는 도체 표면의 모양에 따라 어떻게 분포하는가?

① 표면전하밀도는 뾰족할수록 커진다.

② 표면전하밀도는 평면일 때 가장 크다.

③ 표면전하밀도는 곡률이 크면 작아진다.

④ 표면전하밀도는 표면의 모양과 무관하다.

풀이 **전하는 뾰족한 부분에 모이는 성질**이 있는데, 그런 부분은 곡률 반경이 작다. 따라서, 곡률 반경이 클수록 전하밀도는 낮다. (곡률 반경 $\propto \dfrac{1}{곡률}$)

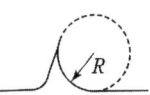

산기 25-2

56 대전 도체의 성질로 가장 알맞은 것은?

① 도체 내부에 정전에너지가 저축된다.

② 도체 표면의 정전응력은 $\dfrac{\sigma^2}{2\epsilon_0}$ [N/m²] 이다.

③ 도체 표면의 전계의 세기는 $\dfrac{\sigma^2}{\epsilon_0}$ [V/m] 이다.

④ 도체의 내부전위와 도체 표면의 전위는 다르다.

풀이 • 전하는 도체 내부에는 존재하지 않고, 도체 표면에만 분포한다.

• 도체 표면의 전하 밀도를 σ[c/m²]이라 하면 **표면상의 정전응력은** $\dfrac{\sigma^2}{2\epsilon_0}$ [N/m²] 이다.

• 도체 표면의 전계는 $E = \dfrac{\sigma}{\epsilon_0}$[V/m]이다.

• 도체 표면과 내부의 전위는 동일하고(등전위), 표면은 등전위면 이다.

산기 25-3

57 정전 유도에 의해서 고립 도체에 유기되는 전하는?

① 정, 부 동량이며 도체는 등전위이다.
② 정, 부 동량이며 도체는 등전위가 아니다.
③ 정전하 뿐이며 도체는 등전위이다.
④ 부전하 뿐이며 도체는 등전위이다.

풀이 도체가 고립 돼있어 전하의 총량이 변할 수 없으므로, 정전하와 부전하가 크기가 같은 양으로 쌍을 이룬다.

정답 56. ② 57. ①

58 정전계에서 도체에 정(+)의 전하를 주었을 때의 설명으로 틀린 것은?

① 도체 표면의 곡률 반지름이 작은 곳에 전하가 많이 분포한다.

② 도체 외측의 표면에만 전하가 분포한다.

③ 도체 표면에서 수직으로 전기력선이 출입한다.

④ 도체 내에 있는 공동면에도 전하가 골고루 분포한다.

풀이 ① 중공부에 전하가 없고 도체에 전하 Q를 준 경우

도체 내면 및 도체내부에는 전하가 없으며 전하는 모두 외부 표면에만 존재하게 된다.

② 중공부에 전하 Q를 준 경우

도체 내부표면에 동량 이부호$(-Q)$, 도체 외부표면에 동량 동부호(Q)의 전하가 분포한다.

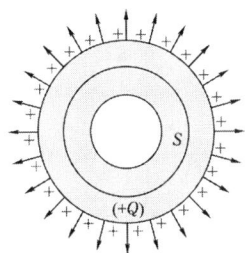

중공부에 전하가 없는 경우
(전하 Q[C]의 대전도체)

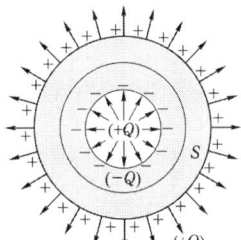

중공부에 전하가 Q[C]인 경우

59 반지름 10[cm]인 도체구 A에 9[C]의 전하가 분포되어 있다. 이 도체구에 반지름 5[cm]인 도체구 B를 접촉시켰을 때 도체구 B로 이동한 전하는 몇 [C]인가?

① 3

② 9

③ 18

④ 24

풀이 • 전체 전하량 $Q = Q_1 + Q_2$

여기서, Q_1 : 도체구 접촉 후 A 도체의 전하량

Q_2 : 도체구 접촉 후 B 도체의 전하량

Q : 도체구 접촉 전 A도체의 전하량(총 전하량)

• 두 도체구를 접속시키면 전위는 같게 되므로,

$$V = \frac{Q_1}{4\pi\epsilon_0 r_1} = \frac{Q_2}{4\pi\epsilon_0 r_2}$$

따라서, $Q_2 = \frac{4\pi\epsilon_0 r_2}{4\pi\epsilon_0 r_1} Q_1 = \frac{r_2}{r_1} Q_1 = \frac{r_2}{r_1}(Q - Q_2) = \frac{5}{10}(9 - Q_2)$

$\therefore Q_2 = 3$[C]

정답 58. ④ 59. ①

기 23-2

60 선전하밀도가 λ [C/m]로 균일한 무한 직선도선의 전하로부터 거리가 r [m]인 점의 전계의 세기(E)는 몇 [V/m] 인가?

① $E = \dfrac{1}{4\pi\epsilon_o}\dfrac{\lambda}{r^2}$ ② $E = \dfrac{1}{2\pi\epsilon_o}\dfrac{\lambda}{r^2}$

③ $E = \dfrac{1}{2\pi\epsilon_o}\dfrac{\lambda}{r}$ ④ $E = \dfrac{1}{4\pi\epsilon_o}\dfrac{\lambda}{r}$

풀이 선전하 밀도가 λ[C/m]로 분포되어 있는 무한장 직선 도체에서 거리 r[m]인 점에서의 전계의 세기

$$E = \frac{\lambda}{2\pi\epsilon_o r}\text{[V/m]}$$

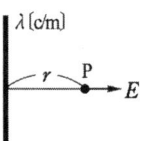

산기 23-1

61 무한길이의 직선 도체에 전하가 균일하게 분포되어 있다. 이 직선 도체로부터 l인 거리에 있는 점의 전계의 세기는?

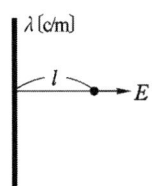

① l에 비례한다.   ② l에 반비례한다.
③ l^2에 비례한다.   ④ l^2에 반비례한다.

풀이 전계의 세기 : 선전하 밀도 λ [C/m]로 분포되어 있는 무한장 직선 도체에서 거리 l [m]인 점에서의 전계의 세기 E

• $E = \dfrac{\lambda}{2\pi\epsilon_0 l}$ [V/m]   ∴ $E \propto \dfrac{1}{l}$

기 16-2

62 자유공간 중에 $x = 2$, $z = 4$인 무한장 직선상에 ρ_L[C/m]인 균일한 선전하가 있다. 점(0, 0, 4)의 전계 E [V/m]는?

① $E = \dfrac{-\rho_L}{4\pi\epsilon_0} a_x$

② $E = \dfrac{\rho_L}{4\pi\epsilon_0} a_x$

③ $E = \dfrac{-\rho_L}{2\pi\epsilon_0} a_x$

④ $E = \dfrac{\rho_L}{2\pi\epsilon_0} a_x$

풀이

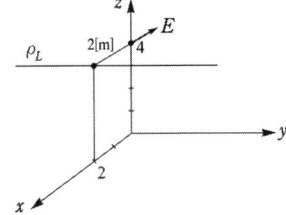

무한장 직선장 ρ_L의 전계의 세기

크기 : $E = \dfrac{\rho_L}{2\pi\epsilon_0 r} = \dfrac{\rho_L}{2\pi\epsilon_0 \times 2} = \dfrac{\rho_L}{4\pi\epsilon_0}$[V/m]

방향 : $-a_x$

$\therefore E = -E a_x = -\dfrac{\rho_L}{4\pi\epsilon_0} a_x$

기 16-3

63 선전하밀도 ρ[C/m]를 갖는 코일이 반원형의 형태를 취할 때, 반원의 중심에서 전계의 세기를 구하면 몇 [V/m]인가? (단, 반지름은 r[m]이다.)

① $\dfrac{\rho}{8\pi\epsilon_0 r^2}$

② $\dfrac{\rho}{4\pi\epsilon_0 r}$

③ $\dfrac{\rho}{4\pi\epsilon_0 r^2}$

④ $\dfrac{\rho}{2\pi\epsilon_0 r}$

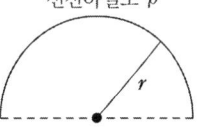

선전하밀도 ρ

풀이 • 선전하에 의한 전계 : $E = \dfrac{\rho}{2\pi\epsilon_0 r}$[V/m]

• 점전하에 의한 전계 : $E = \dfrac{Q}{4\pi\epsilon_0 r^2}$[V/m]

기 18-1

64 진공 중에 균일하게 대전된 반지름 a[m]인 선전하 밀도 λ_l[C/m]의 원환이 있을 때, 그 중심으로부터 중심축상 x[m]의 거리에 있는 점의 전계의 세기는 몇 [V/m] 인가?

① $\dfrac{a\lambda_l x}{2\epsilon_0 \left(a^2 + x^2\right)^{\frac{3}{2}}}$

② $\dfrac{a\lambda_l x}{\epsilon_0 \left(a^2 + x^2\right)^{\frac{3}{2}}}$

③ $\dfrac{\lambda_l x}{2\epsilon_0 \left(a^2 + x^2\right)}$

④ $\dfrac{\lambda_l x}{\epsilon_0 \left(a^2 + x^2\right)}$

풀이 ▶

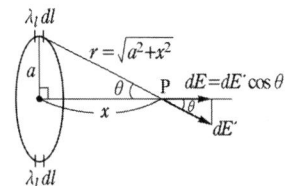

미소길이 dl의 전하 $dq = \lambda_l dl$이고 이 dq를 점전하로 취급하면 P점의 전계 dE'는

$$dE' = \frac{dq}{4\pi\epsilon_0 r^2} = \frac{\lambda_l dl}{4\pi\epsilon_0 \left(a^2 + x^2\right)}$$

이 전계의 수직분력은 원환 지름의 반대쪽 전하에 의한 전계의 수직분력에 의해 상쇄된다.
따라서 x축상의 수평분력 dE는

$$dE = dE' \cos\theta = dE' \frac{x}{r} = \frac{\lambda_l x dl}{4\pi\epsilon_0 \left(a^2 + x^2\right)^{3/2}}$$

원환 전체에 대한 P점의 전계 E는

$$E = \oint dE = \frac{\lambda_l x}{4\pi\epsilon_0 \left(a^2 + x^2\right)^{3/2}} \int_0^{2\pi a} dl = \frac{\lambda_l x \cdot 2\pi a}{4\pi\epsilon_0 \left(a^2 + x^2\right)^{3/2}} = \frac{a\lambda_l x}{2\epsilon_0 \left(a^2 + x^2\right)^{3/2}}$$

기 17-3

65 중심은 원점에 있고 반지름 a[m]인 원형 선도체가 $z = 0$인 평면에 있다. 도체에 선전하밀도 ρ_L[C/m]가 분포되어 있을 때 $z = b$[m]인 점에서 전계 E[V/m]는? (단, a_r, a_z는 원통좌표계에서 r 및 z방향의 단위벡터이다.)

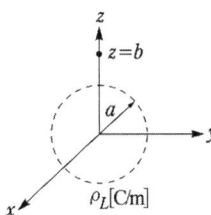

① $\dfrac{ab\rho_L}{2\pi\epsilon_o(a^2 + b^2)}a_r$ ② $\dfrac{ab\rho_L}{4\pi\epsilon_o(a^2 + b^2)}a_z$

③ $\dfrac{ab\rho_L}{2\epsilon_o(a^2 + b^2)^{\frac{3}{2}}}a_z$ ④ $\dfrac{ab\rho_L}{4\epsilon_o(a^2 + b^2)^{\frac{3}{2}}}a_z$

풀이

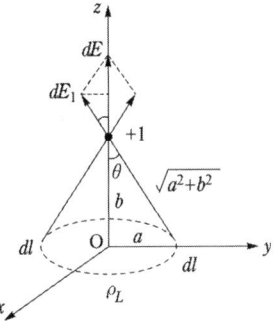

미소 길이 dl에 대한 전계의 세기 dE_1과 dE

$$dE_1 = \frac{\rho_L dl}{4\pi\epsilon_0\left(\sqrt{a^2 + b^2}\right)^2}$$

$$dE = 2dE_1\cos\theta = 2 \cdot \frac{\rho_L dl}{4\pi\epsilon_0\left(\sqrt{a^2 + b^2}\right)^2} \cdot \frac{b}{\sqrt{a^2 + b^2}} = \frac{b\rho_L dl}{2\pi\epsilon_0(a^2 + b^2)^{\frac{3}{2}}}$$

원형 선도체에 의한 전계의 세기 E

$$E = \int_0^{\pi a} \frac{b\rho_L dl}{2\pi\epsilon_0(a^2 + b^2)^{3/2}} = \frac{b\rho_L}{2\pi\epsilon_0}\int_0^{\pi a}\frac{dl}{(a^2 + b^2)^{3/2}} = \frac{b\rho_L}{2\pi\epsilon_0}\frac{\pi a}{(a^2 + b^2)^{3/2}}$$

$$\therefore \ E = \frac{ab\rho_L}{2\epsilon_0(a^2 + b^2)^{3/2}}$$

$$E = \frac{ab\rho_L}{2\epsilon_0(a^2 + b^2)^{\frac{3}{2}}}a_z$$

산기 23-2

66 축이 무한히 길고 반지름이 a[m]인 원주 내에 전하가 축대칭이며, 축방향으로 균일하게 분포되어 있을 경우, 반지름 $r(>a)$[m] 되는 동심 원통면상 외부의 한 점 P의 전계의 세기는 몇 [V/m] 인가? (단, 원주의 단위 길이당의 전하를 λ [C/m]라 한다.)

① $\dfrac{\lambda}{\epsilon_0}$

② $\dfrac{\lambda}{2\pi\epsilon_0}$

③ $\dfrac{\lambda}{\pi a}$

④ $\dfrac{\lambda}{2\pi\epsilon_0 r}$

풀이 • 원주 외부에서의 전계의 세기($r>a$)

$$E=\frac{\lambda}{2\pi\epsilon_0 r}\ [\text{V/m}]$$

• 원주 표면에서의 전계의 세기($r=a$)

$$E_a=\frac{\lambda}{2\pi\epsilon_0 a}\ [\text{V/m}]$$

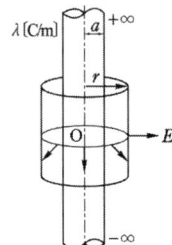

산기 22-2

67 무한 평면 전하에 의한 외부 전계의 크기는 거리와 어떤 관계가 있는가?

① 거리에 관계없다.

② 거리에 비례한다.

③ 거리에 반비례한다.

④ 거리에 자승에 비례한다.

풀이 무한 평면의 경우는 전하로부터 나오는 전기력선이 상하 방향으로 양분되므로 **표면 전계의 세기**는

$$E=\frac{\sigma}{2\epsilon_0}[\text{V/m}]$$

따라서 **거리에 관계가 없다.**

기 17-1, 산기 23-1

68 면전하 밀도가 ρ_s[C/m²]인 무한히 넓은 도체판에서 R[m]만큼 떨어져 있는 점의 전계의 세기 [V/m]는?

① $\dfrac{\rho_s}{\epsilon_o}$

② $\dfrac{\rho_s}{2\epsilon_o}$

③ $\dfrac{\rho_s}{2R}$

④ $\dfrac{\rho_s}{4\pi R^2}$

풀이 전속밀도 $D=\dfrac{\rho_s}{2}$와 $D=\epsilon_o E$에 의하여 전계의 세기 $E=\dfrac{D}{\epsilon_0}=\dfrac{\rho_s}{2\epsilon_o}$[V/m]

기 18-2

69 전하밀도 ρ_s[C/m²]인 무한 판상 전하분포에 의한 임의 점의 전장에 대하여 틀린 것은?

① 전장의 세기는 매질에 따라 변한다.

② 전장의 세기는 거리 r에 반비례한다.

③ 전장은 판에 수직방향으로만 존재한다.

④ 전장의 세기는 전하밀도 ρ_s에 비례한다.

풀이▶ 무한 판상 전하분포에 의한 임의 점의 **전계**는 $E = \dfrac{\rho_s}{\epsilon}$로 전하 밀도에 비례하고, 유전율(매질)에 반비례하며, **거리에 관계없는 평등자계**이다. 또 이 전계의 방향은 판에 수직방향이다.

기 16-2

70 무한히 넓은 두 장의 평면판 도체를 간격 d[m]로 평행하게 배치하고 각각의 평면판에 면전하밀도 $\pm \sigma$[C/m²]로 분포되어 있는 경우 전기력선은 면에 수직으로 나와 평행하게 발산한다. 이 평면판 내부의 전계의 세기는 몇 [V/m]인가?

① $\dfrac{\sigma}{\epsilon_0}$

② $\dfrac{\sigma}{2\epsilon_0}$

③ $\dfrac{\sigma}{2\pi\epsilon_0}$

④ $\dfrac{\sigma}{4\pi\epsilon_0}$

풀이▶

두 장의 무한 평면판 도체

여기서, $E_1 = \dfrac{\sigma}{2\epsilon_0}$: $+\sigma$에 의한 전계

$E_2 = \dfrac{\sigma}{2\epsilon_0}$: $-\sigma$에 의한 전계

전계 : 각각의 평면판에 면전하 밀도가 $\pm \sigma$[C/m²]인 경우에는 $+\sigma$, $-\sigma$의 두 평행 도체판을 각각 나누어 단독으로 존재하는 것으로 고려할 수 있다. 이 경우 평판에서의 전계 분포는 평판 외측에서 서로 반대 방향이므로 상쇄되어 0 이 되고, 평판 내측에서는 같은 방향이 된다. 따라서 전계 E는

• 평판 외측 : $E = 0$

• **평판 내측** : $E = E_1 + E_2 = \dfrac{\sigma}{2\epsilon_0} + \dfrac{\sigma}{2\epsilon_0} = \dfrac{\sigma}{\epsilon_0}$

기 20-1,2, 기 22-1

71 진공 중 3[m] 간격으로 두 개의 평행한 무한평판 도체에 각각 +4[C/m²], −4[C/m²]의 전하를 주었을 때, 두 도체 간의 전위차는 약 몇 [V]인가?

① 1.5×10^{11}

② 1.5×10^{12}

③ 1.36×10^{11}

④ 1.36×10^{12}

풀이 ▶

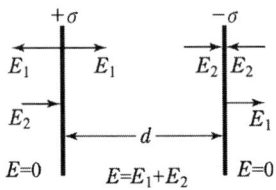

$$E=0 \qquad E=E_1+E_2 \qquad E=0$$

두 장의 무한 평판 도체

여기서, $E_1 = \dfrac{\sigma}{2\epsilon_0}$: $+\sigma$에 의한 전계

$\qquad\quad E_2 = \dfrac{\sigma}{2\epsilon_0}$: $-\sigma$에 의한 전계

① 각각의 평판에 면전하 밀도가 $\pm\sigma$[C/m²]인 경우 전계 분포는 평판 외측에서 서로 반대 방향이 므로 상쇄되어 0 이 되고, 평판 내측에서는 같은 방향이 된다. 따라서 전계 E는

　• **평판 외측** : $E = 0$

　• **평판 내측** : $E = \dfrac{\sigma}{\epsilon_0}$

② 두 평판 도체의 전위차 V

$$V = -\int_d^0 \frac{\sigma}{\epsilon_0}dl = \frac{\sigma}{\epsilon_0}d = \frac{4}{8.85 \times 10^{-12}} \times 3 = 1.36 \times 10^{12}[V]$$

기 20-1,2

72 면적이 매우 넓은 두 개의 도체 판을 d[m] 간격으로 수평하게 평행 배치하고, 이 평행 도체 판 사이에 놓인 전자가 정지하고 있기 위해서 그 도체 판 사이에 가하여야 할 전위차[V]는? (단, g는 중력 가속도이고, m은 전자의 질량이고, e는 전자의 전하량이다.)

① $mged$

② $\dfrac{ed}{mg}$

③ $\dfrac{mgd}{e}$

④ $\dfrac{mge}{d}$

풀이

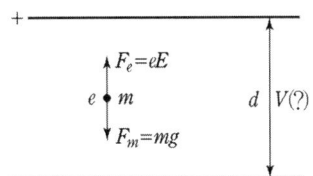

전기장에서 전자(e)에 작용하는 힘 $F_e = eE$

중력장에서 질량(m)에 작용하는 힘 $F_g = mg$

전자의 정지 조건의 운동방정식은 $F_e = F_g$ 이므로

   $eE = mg$

   $\therefore\ E = \dfrac{mg}{e}$[V/m]

도체 판에서 전위차와 전계의 관계식은 $V = Ed$에 의해

   $\therefore\ V = Ed = \dfrac{mgd}{e}$[V]

산기 24-3

73 동심구에서 내부도체의 반지름이 a, 절연체의 반지름이 b, 외부도체의 반지름이 c이다. 내부도체에만 전하 Q를 주었을 때 내부도체의 전위는? (단, 절연체의 유전율은 ϵ_0이다.)

① $\dfrac{Q}{4\pi\epsilon_0 a}\left(\dfrac{1}{a}+\dfrac{1}{b}\right)$

② $\dfrac{Q}{4\pi\epsilon_0}\left(\dfrac{1}{a}-\dfrac{1}{b}\right)$

③ $\dfrac{Q}{4\pi\epsilon_0}\left(\dfrac{1}{a}-\dfrac{1}{b}-\dfrac{1}{c}\right)$

④ $\dfrac{Q}{4\pi\epsilon_0}\left(\dfrac{1}{a}-\dfrac{1}{b}+\dfrac{1}{c}\right)$

풀이

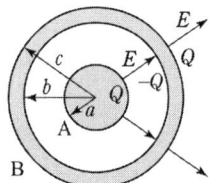

내부도체 A에 전하 Q를 주면 정전유도에 의해 도체 B의 내측 표면에 $-Q$, 외측 표면에는 Q가 유도된다. 즉, 전계 E는 도체 B의 외측($r \geq c$)과 도체 A와 B 사이($a \leq r \leq b$)의 범위에 분포하고, 전계 E에 의한 각 부분의 전위와 전위차는 다음과 같다.

① 도체 B의 표면 전위, V_c ($r=c$)

$$V_c = \frac{Q}{4\pi\epsilon_0 c}$$ (중심에 점전하 Q가 놓인 거리 $r=c$인 전위로 구함)

② 도체 A와 B 사이의 전위차, V_{ab} ($a \leq r \leq b$)

$$V_{ab} = \frac{Q}{4\pi\epsilon_0}\left(\frac{1}{a}-\frac{1}{b}\right)$$ (중심에 점전하 Q가 놓인 a와 b 사이의 전위차로 구함)

③ 도체 A의 표면 전위, V_a ($r=a$)

(도체 A의 표면 전위는 무한원점에서 전위와 전위차의 합이 됨)

$$\therefore V_a = V_c + V_{bc} + V_{ab}$$

$$= \frac{Q}{4\pi\epsilon_0 c} + 0 + \frac{Q}{4\pi\epsilon_0}\left(\frac{1}{a}-\frac{1}{b}\right)$$

$$= \frac{Q}{4\pi\epsilon_0}\left(\frac{1}{a}-\frac{1}{b}+\frac{1}{c}\right)$$

기 21-3

74 그림과 같이 공기 중 2개의 동심 구도체에서 내구(A)에만 전하 Q를 주고 외구(B)를 접지하였을 때 내구(A)의 전위는?

① $\dfrac{Q}{4\pi\epsilon_0}\left(\dfrac{1}{a} - \dfrac{1}{b} + \dfrac{1}{c}\right)$

② $\dfrac{Q}{4\pi\epsilon_0}\left(\dfrac{1}{a} - \dfrac{1}{b}\right)$

③ $\dfrac{Q}{4\pi\epsilon_0} \cdot \dfrac{1}{c}$

④ 0

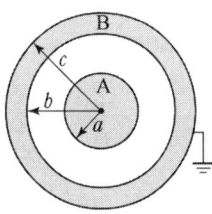

풀이 전위의 계산은 주어진 문제에서 먼저 전하분포와 전기력선 분포를 파악한다.

① 내구(A)에만 전하 Q를 주고 외구(B)를 접지하면 전하 분포는 내구(A)의 표면에 전하 Q, 외구 (B)의 안표면에 $-Q$가 된다.

② 따라서 전기력선은 내외구체 사이에만 존재(전계 E존재)하고, 외구(B)의 도체 내부와 바깥에는 전기력선이 분포하지 않는다. 즉, 전계($E=0$)

③ 내구 A의 전위 V_a, 내외구의 전위차 V_{ab}, 외구 도체 내부의 전위차 V_{bc}, 외구 B의 바깥 표면 전위 V_c 라 할 때, 내구 A의 전위 V_a는 다음과 같이 표현할 수 있다.

$$V_a = V_{ab} + V_{bc} + V_c$$

여기서 도체 내부의 전계와 외구 바깥의 전계는 $E=0$이므로

$$V_{bc} = -\int_c^b \boldsymbol{E} \cdot dl = 0, \ V_c = -\int_\infty^c \boldsymbol{E} \cdot dl = 0 \ \text{이 된다.}$$

즉, 내구 A의 전위 V_a는 ($V_{bc} = V_c = 0$)에서

$$V_a = V_{ab} + V_{bc} + V_c = V_{ab} = -\int_b^a \boldsymbol{E} \cdot dl$$

$$= -\int_b^a \frac{Q}{4\pi\epsilon_0 r^2} dr = \frac{Q}{4\pi\epsilon_0}\left(\frac{1}{a} - \frac{1}{b}\right)$$

기 19-3

75 길이 l[m]인 동축 원통 도체의 내외원통에 각각 $+\lambda, -\lambda$[C/m]의 전하가 분포되어 있다. 내외원통 사이에 유전율 ϵ인 유전체가 채워져 있을 때, 전계의 세기[V/m]는? (단, V는 내외원통 간의 전위차, D는 전속밀도이고, a, b는 내외원통의 반지름이며, 원통 중심에서의 거리 r은 $a < r < b$인 경우이다.)

① $\dfrac{V}{r \cdot \ln \dfrac{b}{a}}$

② $\dfrac{V}{\epsilon \cdot \ln \dfrac{b}{a}}$

③ $\dfrac{D}{r \cdot \ln \dfrac{b}{a}}$

④ $\dfrac{D}{\epsilon \cdot \ln \dfrac{b}{a}}$

풀이 원통간 전위차

$$V = -\int_b^a E dl = -\int_b^a \frac{\lambda}{2\pi\epsilon_0 r} dl = \frac{\lambda}{2\pi\epsilon_0}[\ln r]_a^b = \frac{\lambda}{2\pi\epsilon_0}\ln\frac{b}{a}$$

$$\therefore \lambda = \frac{2\pi\epsilon_0 V}{\ln\dfrac{b}{a}}$$

원통 내의 전계의 세기 E

$$E = \frac{\lambda}{2\pi\epsilon_0 r} = \frac{1}{2\pi\epsilon_0 r} \times \frac{2\pi\epsilon_0 V}{\ln\dfrac{b}{a}} = \frac{V}{r\ln\dfrac{b}{a}}$$

산기 24-1

76 전기쌍극자에 의한 전위 V[V]에 해당되는 것은? 단, 전기 쌍극자의 전기 모멘트는 M [C·m], 쌍극자의 중심으로부터의 거리는 r[m], 쌍극자의 정방향과의 각도는 θ라 한다.

① $\dfrac{M\sin\theta}{4\pi\epsilon_0 r}$

② $\dfrac{M\sin\theta}{4\pi\epsilon_0 r^2}$

③ $\dfrac{M\cos\theta}{4\pi\epsilon_0 r}$

④ $\dfrac{M\cos\theta}{4\pi\epsilon_0 r^2}$

풀이 전기쌍극자에 의한 전위는 점 P에서 쌍극자의 두 점전하 $\pm Q$에 의한 두 전위의 대수합이므로

$$V = \frac{Q}{4\pi\epsilon_0}\left(\frac{1}{r_1} - \frac{1}{r_2}\right) = \frac{Q}{4\pi\epsilon_0} \cdot \frac{r_2 - r_1}{r_1 r_2}$$

이다. 또 $r_2 - r_1 \fallingdotseq d\cos\theta$, $r_1 = r_2 = r$의 근사식 관계로부터

$$V = \frac{Q}{4\pi\epsilon_0} \cdot \frac{d\cos\theta}{r^2} = \frac{M\cos\theta}{4\pi\epsilon_0 r^2} \text{[V]}$$

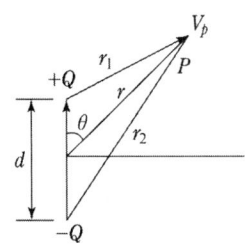

기 16-1

77 전기 쌍극자에 관한 설명으로 틀린 것은?

① 전계의 세기는 거리의 세제곱에 반비례한다.

② 전계의 세기는 주위 매질에 따라 달라진다.

③ 전계의 세기는 쌍극자모멘트에 비례한다.

④ 쌍극자의 전위는 거리에 반비례한다.

풀이　• 전기 쌍극자에 의한 전위 $V = \dfrac{M\cos\theta}{4\pi\epsilon_0 r^2}[\text{V}] \propto \dfrac{1}{r^2}$

　　　　• 전기 쌍극자에 의한 전계 $E = \dfrac{M\sqrt{1+3\cos^2\theta}}{4\pi\epsilon_0 r^3}[\text{V/m}] \propto \dfrac{1}{r^3}$

기 23-2

78 전기쌍극자에 의한 전계의 세기는 쌍극자로부터의 거리 r에 대해서 어떠한가?

① r에 반비례한다.　　　　　② r^2에 반비례한다.

③ r^3에 반비례한다.　　　　　④ r^4에 반비례한다.

풀이　• 전기쌍극자에 의한 전계

　　　　$E = \dfrac{M\sqrt{1+3\cos^2\theta}}{4\pi\epsilon_0 r^3}[\text{V/m}]$　　∴ $E \propto \dfrac{1}{r^3}$

　　　　• 전기쌍극자에 의한 전위

　　　　$V = \dfrac{M\cos\theta}{4\pi\epsilon_0 r^2}[\text{V}]$　　　　　∴ $V \propto \dfrac{1}{r^2}$

기 16-2

79 쌍극자모멘트가 $M[\text{C}\cdot\text{m}]$인 전기쌍극자에서 점P의 전계는 $\theta = \dfrac{\pi}{2}$에서 어떻게 되는가?

(단, θ는 전기쌍극자의 중심에서 축 방향과 점 P를 잇는 선분의 사이의 각 이다.)

① 0　　　　　　　　　　　　② 최소

③ 최대　　　　　　　　　　　④ $-\infty$

풀이　$E = \dfrac{M}{4\pi\epsilon_0 r^3}(\sqrt{1+3\cos^2\theta})$에서 점 P의 전계는 $\theta = 0°$일 때 최대이고 $\theta = 90°$일 때 최소가 된다.

정답　77. ④　78. ③　79. ②

기 21-3, 기 16-3

80 쌍극자 모멘트가 M[C · m]인 전기쌍극자에 의한 임의의 점 P에서의 전계의 크기는 전기쌍극자의 중심에서 축방향과 점 P를 잇는 선분 사이의 각이 얼마일 때 최대가 되는가?

① 0

② $\dfrac{\pi}{2}$

③ $\dfrac{\pi}{3}$

④ $\dfrac{\pi}{4}$

풀이 $E = \dfrac{M}{4\pi\epsilon_0 r^3}(\sqrt{1+3\cos^2\theta})$에서

점 P의 전계는 $\theta = 0°$일 때 **최대**이고 $\theta = 90°$일 때 **최소**가 된다.

기 16-3

81 진공 중에서 $+q$[C]과 $-q$[C]의 점전하가 미소거리 a[m] 만큼 떨어져 있을 때 이 쌍극자가 P점에 만드는 전계[V/m]와 전위[V]의 크기는?

① $E = \dfrac{qa}{4\pi\epsilon_0 r^2}, \quad V = 0$

② $E = \dfrac{qa}{4\pi\epsilon_0 r^3}, \quad V = 0$

③ $E = \dfrac{qa}{4\pi\epsilon_0 r^2}, \quad V = \dfrac{qa}{4\pi\epsilon_0 r}$

④ $E = \dfrac{qa}{4\pi\epsilon_0 r^3}, \quad V = \dfrac{qa}{4\pi\epsilon_0 r^2}$

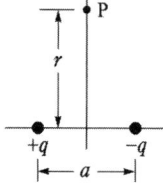

풀이
- 전기쌍극자 모멘트 $M = qa$[C · m]
- P점에서의 전계의 세기 $E = \dfrac{M}{4\pi\epsilon_0 r^3}\sqrt{1+3\cos\theta^2}$ 에서 $\theta = 90°$이므로 $\cos 90° = 0$

따라서, $E = \dfrac{M}{4\pi\epsilon_0 r^3} = \dfrac{qa}{4\pi\epsilon_0 r^3}$[V/m]

- P점에서의 전위 $V = \dfrac{M}{4\pi\epsilon_0 r^2}\cos\theta$ 에서 $\theta = 90°$ 이므로 $\cos 90° = 0$

따라서, 전위 $V = 0$[V]이 된다.

산기 22-2

82 포아송의 방정식 $\nabla^2 V = -\dfrac{\rho}{\epsilon_o}$은 어떤 식에서 유도한 것인가?

① div $\boldsymbol{D} = \dfrac{\rho}{\epsilon_o}$ ② div $\boldsymbol{D} = -\rho$

③ div $\boldsymbol{E} = \dfrac{\rho}{\epsilon_o}$ ④ div $\boldsymbol{E} = -\dfrac{\rho}{\epsilon_o}$

풀이 푸아송의 방정식은

$$\text{div } \boldsymbol{E} = \text{div}\,(-\text{grad } V) = -\nabla^2 V = \frac{\rho}{\epsilon} \text{ 에서 } \nabla^2 V = -\frac{\rho}{\epsilon} \text{이다.}$$

기 20-4, 기 16-2, 산기 24-1

83 다음 정전계에 관한 식 중에서 틀린 것은?
(단, D는 전속밀도, V는 전위, ρ는 공간(체적) 전하밀도, ϵ은 유전율이다.)

① 가우스의 정리 : div $\boldsymbol{D} = \rho$

② 포아송의 방정식 : $\nabla^2 V = \dfrac{\rho}{\epsilon}$

③ 라플라스의 방정식 : $\nabla^2 V = 0$

④ 발산의 정리 : $\displaystyle\oint_s \boldsymbol{D} \cdot ds = \int_v \text{div } \boldsymbol{D}\, dv$

풀이 • $\text{div } E = \nabla \cdot E = \dfrac{\rho}{\epsilon_0}$

• $\boldsymbol{E} = -\text{grad } V = -\nabla V$

이 두 식에서 다음의 관계식을 얻을 수 있다.

$$\text{div grad } V = -\frac{\rho}{\epsilon_0}$$

$$\nabla \cdot \nabla V = \nabla^2 V = -\frac{\rho}{\epsilon_0}$$

즉, 전하밀도가 공간적으로 분포하고 있을 때 그 내부의 임의의 점에서 전위를 결정하는 식으로

$\nabla^2 V = -\dfrac{\rho}{\epsilon_0}$을 포아송의 방정식이라고 한다.

산기 25-1

84 다음 식들 중 옳지 못한 것은?

① 라플라스(Laplace)의 방정식 $\nabla^2 V = 0$

② 발산정리 $\oint_S A dS = \int_v \operatorname{div} A dv$

③ 포아송(poisson's)의 방정식 $\nabla^2 V = \dfrac{\rho}{\epsilon_o}$

④ 가우스(Gauss)의 정리 $\operatorname{div} D = \rho$

풀이 전위와 공간 전하 밀도의 관계 :

포아송 방정식 $\nabla^2 V = -\dfrac{\rho}{\epsilon_o}$

기 17-2

85 어떤 공간의 비유전율은 2 이고, 전위 $V(x,y) = \dfrac{1}{x} + 2xy^2$ 이라고 할 때 점 $\left(\dfrac{1}{2},\ 2\right)$에서의 전

하밀도 ρ는 약 몇 [pC/m^3] 인가?

① -20 ② -40

③ -160 ④ -320

풀이 전위와 공간 전하 밀도의 관계 : 포아송 방정식

$\nabla^2 V = -\dfrac{\rho}{\epsilon}\left(=-\dfrac{\rho}{\epsilon_0 \epsilon_s}\right)$

$\nabla^2 V = \dfrac{\partial^2 V}{\partial x^2} + \dfrac{\partial^2 V}{\partial y^2} = \dfrac{\partial^2}{\partial x^2}\left(\dfrac{1}{x} + 2xy^2\right) + \dfrac{\partial^2}{\partial y^2}\left(\dfrac{1}{x} + 2xy^2\right)$

$\qquad = \dfrac{2}{x^3} + 4x = 16 + 2 = 18$

$\therefore \ \rho = -\epsilon_0 \epsilon_s (\nabla^2 V) = -8.854 \times 10^{-12} \times 2 \times 18$

$\qquad = -3.19 \times 10^{-10} [\text{C/m}^3] = -319 [\text{pC/m}^3]$

기 17-3

86 Poisson 및 Laplace 방정식을 유도하는데 관련이 없는 식은?

① rot $E = -\dfrac{\partial B}{\partial t}$

② $E = -\operatorname{grad} V$

③ div $D = \rho_\nu$

④ $D = \epsilon E$

풀이 공간전하밀도(체적전하밀도)와 전계의 세기와의 관계식

$$\operatorname{div} D = \rho \quad (D = \epsilon E)$$

$$\operatorname{div} E = \frac{\rho}{\epsilon}$$

전위와 전계의 세기의 관계식 $E = -\operatorname{grad} V \;\; (E = -\nabla V)$
두 식으로부터 다음의 포아송 방정식과 라플라스 방정식 유도된다.

$$\operatorname{div} \operatorname{grad} V = -\frac{\rho}{\epsilon_0} \quad (\nabla \cdot \nabla V = \nabla^2 V)$$

$$\therefore \nabla^2 V = -\frac{\rho}{\epsilon_0} : \text{포아송 방정식(Poisson's equation)}$$

$$\therefore \nabla^2 V = 0 \;\; (\rho = 0) : \text{라플라스 방정식(Laplace's equation)}$$

기 20-1,2, 기 17-3

87 정전계 해석에 관한 설명으로 틀린 것은?

① 포아송 방정식은 가우스 정리의 미분형으로 구할 수 있다.

② 도체 표면에서의 전계의 세기는 표면에 대해 법선 방향을 갖는다.

③ 라플라스 방정식은 전극이나 도체의 형태에 관계없이 체적전하밀도가 0인 모든 점에서 $\triangle^2 V = 0$을 만족한다.

④ 라플라스 방정식은 비선형 방정식이다.

풀이 포아송 방정식은 $\nabla^2 V = -\dfrac{\rho}{\epsilon_0}$이고,

라플라스 방정식은 $\nabla^2 V = 0$ 이다.
이 방정식에 포함된 라플라시언이라고 부르는 ∇^2은 선형이고, 스칼라 연산자를 나타낸다.
따라서 **라플라스 방정식 및 포아송 방정식은 선형 방정식**이 된다.

기 23-3, 기 17-2

88 그림과 같은 정방형관 단면의 격자점 ⑥의 전위를 반복법으로 구하면 약 몇 [V]인가?

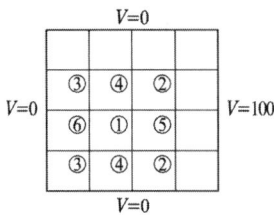

① 6.3   ② 9.4
③ 18.8   ④ 53.2

풀이 우선 정방형관 단면의 중심 격자점 ①의 전위 V_1을 구한다.

$$V_1 = \frac{1}{4}(100+0+0+0) = 25[\text{V}]$$

마찬가지 방법으로 V_3, V_6을 구한다.

$$V_3 = \frac{1}{4}(25+0+0+0) = 6.25[\text{V}]$$

$$\therefore V_6 = \frac{1}{4}(V_1 + V_3 + V_3 + 0) = \frac{1}{4}(25+6.25+6.25+0) = 9.4[\text{V}]$$

산기 23-1, 산기 25-3

89 전계 내에서 폐회로를 따라 단위 전하가 일주할 때 전계가 한 일은 몇 [J]인가?

① ∞
② π
③ 1
④ 0

풀이 전계의 주회 적분과 에너지와의 관계에서

$$\oint_c QE \cdot dl = Q\oint_c E \cdot dl = 0$$

즉, 폐회로를 따라 단위 정전하를 일주시킬 때 **전계가 하는 일은 항상 0**을 의미한다.
(에너지 보존적)

3 진공 중의 도체계와 정전용량

1) 전위계수의 성질

•$P_{ii} > 0$ •$P_{ii} \geq P_{ji}$ •$P_{ji} \geq 0$ •$P_{ij} = P_{ji}$

(전위계수 P_{ij} : 도체 j에만 단위전하 $+1$[C]을 주었을 때 도체 i의 전위)

2) 전위계수 $= \dfrac{1}{C} = \dfrac{V}{Q}$[1/F] [엘라스턴스 (elastance) (daraf)]

3) 용량계수와 유도계수

• 용량계수$(q_{ii}) > 0$

• 유도계수$(q_{ij}) \leq 0$

• $q_{ij} = q_{ji}$

• $q_{11} \geq -(q_{21} + q_{31} + q_{41} + \cdots + q_{n1})$ 또는 $q_{11} + q_{21} + q_{31} + q_{41} + \cdots + q_{n1} \geq 0$

4) 정전용량

(1) 진공 중에 고립된 도체의 정전용량 $C = \dfrac{Q}{V}$[F]

(2) 평행평판 도체에서의 정전용량 $C = \dfrac{\epsilon_0}{d} S$[F]

(3) 반지름 a[m]인 고립 도체구의 정전용량 $C = \dfrac{Q}{V} = 4\pi\epsilon_0 a$ [F]

5) 정전용량(capacitance)의 실예

구 분		정전용량	구 분		정전용량
도체구		$C = 4\pi\epsilon a$ [F] 단, 반도체구일 때는 $C = 2\pi\epsilon a$ [F]	평행판 축전기 (두 유전체)		$C = \dfrac{1}{\dfrac{1}{C_1} + \dfrac{1}{C_2}}$ $= \dfrac{\epsilon_1\epsilon_2 S}{\epsilon_1 d_2 + \epsilon_2 d_1}$[F]
동심구		$C_{ab} = \dfrac{4\pi\epsilon}{\dfrac{1}{a} - \dfrac{1}{b}}$[F]	평행판 축전기 (두 유전체)		$C = C_1 + C_2$ $= \dfrac{1}{d}(\epsilon_1 S_1 + \epsilon_2 S_2)$ [F]

구 분		정전용량	구 분		정전용량
동심구		$C_{ab} = 4\pi\epsilon c + \dfrac{4\pi\epsilon}{\dfrac{1}{a} - \dfrac{1}{b}}$	동축 케이블 (두 유전체)		$C_{ab} = \dfrac{2\pi}{\dfrac{1}{\epsilon_1}\ln\dfrac{b}{a} + \dfrac{1}{\epsilon_2}\ln\dfrac{c}{b}}$ [F]
동축 케이블		$C_{ab} = \dfrac{2\pi\epsilon}{\ln\dfrac{b}{a}}$ $= \dfrac{0.02416\epsilon_r}{\log\dfrac{b}{a}}$ [μF/km]	가공 전선과 대지		$C_a = \dfrac{2\pi\epsilon_0}{\ln\dfrac{2h}{a}}$ [F/m] $= \dfrac{0.02416}{\log\dfrac{2h}{a}}$ [μF/km]
평행 도선		$C_{ab} = \dfrac{\pi\epsilon}{\ln\dfrac{d-a}{a}} \simeq \dfrac{\pi\epsilon}{\ln\dfrac{d}{a}}$ (근접 효과를 고려하면 $d \gg a$) $C_{ab} = \dfrac{\pi\epsilon}{\ln\dfrac{d + \sqrt{d^2 - 4a^2}}{2a}}$ $= \dfrac{\pi\epsilon}{\cosh^{-1}\dfrac{d}{2a}}$ [F/m]	절연된 도체구		$C = \dfrac{4\pi}{\dfrac{1}{\epsilon}\left(\dfrac{1}{a} - \dfrac{1}{r_1}\right) + \dfrac{1}{\epsilon_0}\dfrac{1}{r_1}}$ [F]
평행 도체구		$C_{ab} = \dfrac{4\pi\epsilon}{\dfrac{1}{a} + \dfrac{1}{b}}$ [F] 단, 반도체구라면 $\dfrac{2\pi\epsilon}{\dfrac{1}{a} + \dfrac{1}{b}}$	원 판 도 체		$C = 8\epsilon a$ [F]
평행판 축전기		$C = \dfrac{\epsilon S}{d}$ [F]			

6) 콘덴서의 직렬접속 및 병렬접속

항 목	직렬접속	병렬접속
결 선		
합 성 정전용량	• $C_0 = \dfrac{C_1 C_2}{C_1 + C_2}$	• $C_0 = C_1 + C_2$
전압 및 전하량	• 각 콘덴서의 전하량 동일 $Q_1 = Q_2 = Q_t$ • $C_1 V_1 = C_2 V_2 = \dfrac{C_1 C_2}{C_1 + C_2} \cdot V$	• 각 콘덴서의 충전전압 동일 • $V = \dfrac{Q_1}{C_1} = \dfrac{Q_2}{C_2} = \dfrac{Q_t}{C_1 + C_2}$
분배법칙	• $V_1 = \dfrac{Q_1}{C_1} = \dfrac{C_2}{C_1 + C_2} \cdot V$ • $V_2 = \dfrac{Q_2}{C_2} = \dfrac{C_1}{C_1 + C_2} \cdot V$	• $Q_1 = C_1 V = \dfrac{C_1}{C_1 + C_2} \cdot Q_t$ • $Q_2 = C_2 V = \dfrac{C_2}{C_1 + C_2} \cdot Q_t$

7) 콘덴서 직렬접속 후 전압을 상승 시킬 때 제일먼저 파괴되는 콘덴서

⑴ 콘덴서 내압이 같은 경우 : 정전용량이 제일 적은 콘덴서

⑵ 콘덴서 내압이 다른 경우 : 전하량(내압×정전 용량)이 제일 적은 콘덴서

8) 정전 에너지 W

$$W = \frac{1}{2}QV = \frac{1}{2}CV^2 = \frac{Q^2}{2C}[\text{J}]$$

9) 정전 에너지 밀도

(1) 평행평판 콘덴서의 정전에너지

$$W = \frac{1}{2}CV^2 = \frac{1}{2} \cdot \frac{\epsilon S}{d} \cdot (dE)^2 = \frac{1}{2}\epsilon E^2 \cdot Sd \ [\text{J}]$$

(V : 전위차, d : 간격, S : 면적)

(2) 단위 체적당 축적되는 정전에너지 (정전에너지 밀도)

$$w = \frac{W}{Sd} = \frac{1}{2}\epsilon E^2 = \frac{1}{2}DE = \frac{1}{2}\frac{D^2}{\epsilon} \ [\text{J/m}^3]$$

(3) 진공 내에서 전위 함수 $V[\text{V}]$로 주어질 때 공간에 저축되는 에너지

$$W = \int_v \frac{1}{2}\epsilon_0 E^2 dv = \frac{1}{2}\epsilon_0 \int_v | -\text{grad}\, V |^2 dv \ [\text{J}]$$

10) 정전 응력

(1) 도체표면에 작용하는 정전응력 f

$$f = \frac{\sigma^2}{2\epsilon_0} = \frac{D^2}{2\epsilon_0} = \frac{1}{2}DE = \frac{1}{2}\epsilon_0 E^2 [\text{N/m}^2]$$

(여기서, $\sigma[\text{C/m}^2]$: 도체의 표면 전하밀도)

(2) 반지름 $a[\text{m}]$인 구도체 표면에 작용하는 응력

$$f = \frac{1}{2}\epsilon_0 E^2 = \frac{1}{2}\epsilon_0 \left(\frac{Q}{4\pi\epsilon_0 a^2} \right)^2 = \frac{Q^2}{32\pi^2\epsilon_0 a^4}[\text{N/m}^2]$$

산기 24-1
01 도체계에서의 전위 계수의 성질로 옳지 않은 것은?

① $P_{rr} \geq P_{rs}$ ② $P_{rr} < 0$

③ $P_{rs} \geq 0$ ④ $P_{rs} = P_{sr}$

풀이 전위 계수의 성질
  • $P_{rr} > 0$ • $P_{rr} \geq P_{rs}$ • $P_{rs} \geq 0$ • $P_{rs} = P_{sr}$

산기 25-2
02 전위 계수에 있어서 $P_{11} = P_{21}$의 관계가 의미하는 것은?

① 도체 1과 도체 2가 멀리 떨어져 있다.
② 도체 1과 도체 2가 가까이 있다.
③ 도체 1이 도체 2의 내측에 있다.
④ 도체 2가 도체 1의 내측에 있다.

풀이 $P_{11} = P_{21}$: 도체 2가 도체 1속에 포함되어 있는 경우
즉, 도체 1이 도체 2를 감싸고 있다(도체 2가 도체 1의 내측에 있다).

산기 24-2
03 도체 Ⅰ, Ⅱ 및 Ⅲ이 있을 때 도체 Ⅱ가 도체 Ⅰ에 완전 포위되어 있음을 나타내는 것은?

① $P_{11} = P_{21}$ ② $P_{11} = P_{31}$

③ $P_{11} = P_{33}$ ④ $P_{12} = P_{22}$

풀이 그림과 같이 반지름 a[m]인 도체구 Ⅱ를 안 반지름 b[m], 바깥 반지름 c [m]인 동심 도체구 Ⅰ로 포위하는 경우 도체 Ⅰ에만 $+Q$ [C]의 전하를 주었다면 $V_1 = P_{11}Q$, $V_2 = P_{21}Q$의 관계식이 성립한다. 여기서

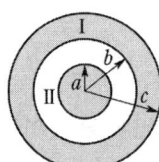

$$P_{11} = \frac{V_1}{Q} = \frac{1}{4\pi\epsilon_0 c}$$

도체구 Ⅰ의 외부 표면 전위는 $\dfrac{Q}{4\pi\epsilon_0 c}$

$$P_{21} = \frac{V_2}{Q} = \frac{1}{4\pi\epsilon_0 c}$$

도체구 Ⅰ, Ⅱ 사이의 전위차 $= 0$ 이므로 $\therefore P_{11} = P_{21}$

기 22-2

04 그림과 같이 점 O를 중심으로 반지름이 a[m]인 구도체 1과 안쪽 반지름이 b[m]이고 바깥쪽 반지름이 c[m]인 구도체 2가 있다. 이 도체계에서 전위계수 P_{11}[1/F]에 해당되는 것은?

① $\dfrac{1}{4\pi\epsilon}\dfrac{1}{a}$

② $\dfrac{1}{4\pi\epsilon}\left(\dfrac{1}{a}-\dfrac{1}{b}\right)$

③ $\dfrac{1}{4\pi\epsilon}\left(\dfrac{1}{b}-\dfrac{1}{c}\right)$

④ $\dfrac{1}{4\pi\epsilon}\left(\dfrac{1}{a}-\dfrac{1}{b}+\dfrac{1}{c}\right)$

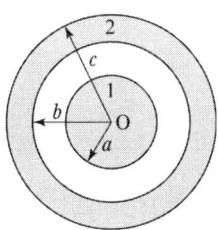

풀이 $\begin{cases} V_1 = P_{11}Q_1 + P_{12}Q_2 \\ V_2 = P_{21}Q_1 + P_{22}Q_2 \end{cases}$

에서 $Q_1 = 1$, $Q_2 = 0$ 일 때 $V_1 = P_{11}$, $V_2 = P_{21}$

$Q_1 = 0$, $Q_2 = 1$ 일 때 $V_2 = P_{22}$, $V_1 = P_{12}$

이므로, 내구에 $Q_1 = 1$을 줄 때 외구에는 −1, +1의 전하가 내외에 유기되므로

$$V_1 = P_{11} = \dfrac{1}{4\pi\epsilon}\left(\dfrac{1}{a}-\dfrac{1}{b}+\dfrac{1}{c}\right)[1/F]$$

기 21-2

05 진공 중에 서로 떨어져 있는 두 도체 A, B가 있다. 도체 A에만 1[C]의 전하를 줄 때, 도체 A, B의 전위가 각각 3[V], 2[V]이었다. 지금 도체 A, B에 각각 1[C]과 2[C]의 전하를 주면 도체 A의 전위는 몇 [V]인가?

① 6

② 7

③ 8

④ 96

풀이 $Q_A = 1$[C], $Q_B = 0$[C]일 때

$V_A = P_{AA}Q_A + P_{AB}Q_B = P_{AA}\times 1 + P_{AB}\times 0 = P_{AA} = 3$[V/C]

$V_B = P_{BA}Q_A + P_{BB}Q_B = P_{BA}\times 1 + P_{BB}\times 0 = P_{BA} = 2$[V/C]

따라서 $Q_A = 1$[C], $Q_B = 2$[C] 일 때

도체 A의 전위 V_A는

$V_A = P_{AA}Q_A + P_{AB}Q_B = 3\times 1 + 2\times 2 = 7$[V] $(\because P_{AB} = P_{BA})$

산기 22-1

06 그림과 같이 도체 1을 도체 2로 포위하여 도체 2를 일정 전위로 유지하고 도체 1과 도체 2의 외측에 도체 3이 있을 때 용량계수 및 유도계수의 성질로 옳은 것은?

① $q_{23} = q_{11}$

② $q_{13} = -q_{11}$

③ $q_{31} = q_{11}$

④ $q_{21} = -q_{11}$

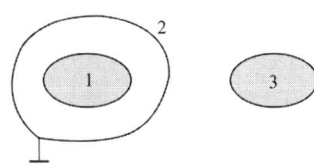

풀이 ① 도체 1을 도체 2로 포위하고 도체 2를 접지(영전위)하면 도체 1과 도체 3은 정전차폐가 되기 때문에 정전기적으로 관계하지 않게 된다.

따라서 $q_{23} \neq q_{11}$, $q_{13} = 0$, $q_{31} = 0$

② 도체 1에 단위 전위를 주었을 때 도체 1의 전하 q_{11}과 도체 2의 유도 전하 q_{21}은 서로 양은 같고 부호는 반대가 된다.

따라서 $q_{21} = -q_{11}$

※ 도체 1과 도체 3은 정전기적으로 관계가 없는 정전차폐이므로 용량계수와 유도계수의 아래 첨 자에 3을 포함하지 않은 ④번만이 정답이 된다.

기 19-3

07 정전용량이 각각 C_1, C_2, 그 사이의 상호유도계수가 M인 절연된 두 도체가 있다. 두 도체를 가는 선으로 연결할 경우, 정전용량은 어떻게 표현되는가?

① $C_1 + C_2 - M$

② $C_1 + C_2 + M$

③ $C_1 + C_2 + 2M$

④ $2C_1 + 2C_2 + M$

풀이 $\begin{cases} Q_1 = q_{11}V_1 + q_{12}V_2 \\ Q_2 = q_{21}V_1 + q_{22}V_2 \end{cases}$ 에서 $\begin{cases} q_{11} = c_1, & q_{22} = c_2 \\ q_{12} = q_{21} = M \end{cases}$

선으로 연결하면 등전위가 되어

$V_1 = V_2 = V$

$\therefore \begin{cases} Q_1 = (q_{11} + q_{12})V = (C_1 + M)V \\ Q_2 = (q_{21} + q_{22})V = (M + C_2)V \end{cases}$

$Q_2 = (q_{21} + q_{22})V = (M + C_2)V$

$\therefore C = \dfrac{Q_1 + Q_2}{V} = C_1 + C_2 + 2M$

기 16-1

08 서로 멀리 떨어져 있는 두 도체를 각각 V_1[V], V_2[V] ($V_1 > V_2$)의 전위로 충전한 후 가느다란 도선으로 연결 하였을 때 그 도선에 흐르는 전하 Q[C]는? (단, C_1, C_2는 두 도체의 정전용량이다.)

① $\dfrac{C_1 C_2 (V_1 - V_2)}{C_1 + C_2}$ ② $\dfrac{2 C_1 C_2 (V_1 - V_2)}{C_1 + C_2}$

③ $\dfrac{C_1 C_2 (V_1 - V_2)}{2(C_1 + C_2)}$ ④ $\dfrac{2(C_1 V_1 - C_2 V_2)}{C_1 C_2}$

풀이 • 두 도체의 처음 전하를 각각 Q_1, Q_2[C], 가느다란 도선으로 연결한 후의 전하를 $Q_1{}'$, $Q_2{}'$[C]라 하면,

$$C_1 V_1 + C_2 V_2 = Q_1 + Q_2 = Q_1{}' + Q_2{}' = C_1 V + C_2 V[C]$$

• 두 도체를 도선으로 연결하면 두 도체의 전위는 같아지므로 이때의 공통전위를 V라고 하면, 공통 전위

$$V = \frac{C_1 V_1 + C_2 V_2}{C_1 + C_2}[V]$$

• 도체에 흐르는 전하량 Q[C]는 ($V_1 > V_2$ 이므로 $V_1 > V$, $V_2 < V$ 의 관계가 된다.)

$$\therefore\ Q = Q_1 - Q_1{}' = C_1 V_1 - C_1 V = C_1 (V_1 - V)$$

$$= C_1 \left(V_1 - \frac{C_1 V_1 + C_2 V_2}{C_1 + C_2} \right) = C_1 \left(\frac{C_1 V_1 + C_2 V_1 - C_1 V_1 - C_2 V_2}{C_1 + C_2} \right)$$

$$= \frac{C_1 C_2 (V_1 - V_2)}{C_1 + C_2}$$

기 20-3

09 정전용량이 각각 $C_1 = 1$[μF], $C_2 = 2$[μF]인 도체에 전하 $Q_1 = -5$[μC], $Q_2 = 2$[μC]을 각각 주고 각 도체를 가는 철사로 연결하였을 때 C_1에서 C_2로 이동하는 전하 Q[μC]는?

① -4 ② -3.5

③ -3 ④ -1.5

풀이 두 도체를 가는 철사로 연결하면 두 도체의 전위는 동일하게 된다.(이때 전체의 전하량은 변함이 없다.)

$$C_1 V_1 + C_2 V_2 = Q_1 + Q_2 = C_1 V + C_2 V$$

• 철사로 연결 후 공통 전위

$$V = \frac{Q_1 + Q_2}{C_1 + C_2} = \frac{-5 + 2}{1 + 2} = -1[V]$$

• 철사로 연결 후 C_1의 전하량

$$Q_1{}' = C_1 V = 1 \times (-1) = -1[\mu C]$$

• 철사로 연결 후 C_1에서 C_2로 이동하는 전하량

$$Q = Q_1 - Q_1{}' = -5 - (-1) = -4[\mu C]$$

기 21-2

10 공기 중에 있는 반지름 a[m]의 독립 금속구의 정전용량은 몇 [F]인가?

① $2\pi\epsilon_0 a$

② $4\pi\epsilon_0 a$

③ $\dfrac{1}{2\pi\epsilon_0 a}$

④ $\dfrac{1}{4\pi\epsilon_0 a}$

풀이 • 공기중에서 반지름 a[m]인 구도체의 전위 $V = \dfrac{Q}{4\pi\epsilon_0 a}$[V]

$$\therefore\ C = \frac{Q}{V} = \frac{Q}{\dfrac{Q}{4\pi\epsilon_0 a}} = 4\pi\epsilon_0 a\text{[F]}$$

• 구의 정전용량은 $4\pi\epsilon a$[F], 반구의 정전용량은 $2\pi\epsilon a$[F] 이다.

기 18-1

11 공기 중에 있는 지름 6[cm]인 단일 도체구의 정전용량은 약 몇 [pF]인가?

① 0.34

② 0.67

③ 3.34

④ 6.71

풀이 **구도체 정전용량** $C = 4\pi\epsilon_0\epsilon_s a$ [F]에서

$$C = 4\pi \times 8.855 \times 10^{-12} \times 1 \times \frac{6}{100} \times \frac{1}{2} = 3.34 \times 10^{-12}\text{[F]} = 3.34\text{[pF]}$$

여기서, 공기의 $\epsilon_s = 1$, a : 반지름[m], 1 [pF] $= 10^{-12}$[F]

기 21-2

12 공기 중에서 반지름 0.03[m]의 구도체에 줄 수 있는 최대 전하는 약 몇 [C]인가? (단, 이 구도체의 주위 공기에 대한 절연내력은 5×10^6[V/m] 이다.)

① 5×10^{-7}

② 2×10^{-6}

③ 5×10^{-5}

④ 2×10^{-4}

풀이 반지름 a인 구도체의 정전용량 $C = 4\pi \epsilon_0 a$[F] 이므로

전하량 $Q = CV$[C]에서 $(\because V = aE = 0.03 \times 5 \times 10^6$[V])

$\therefore Q = 4\pi \epsilon_0 a V = \dfrac{1}{9 \times 10^9} \times 0.03 \times 0.03 \times 5 \times 10^6 = 5 \times 10^{-7}$[C]

산기 25-1

13 반지름이 1[m]인 도체구에 최고로 줄 수 있는 전위는 몇 [kV]인가?
(단, 주위 공기의 절연내력은 3×10^6[V/m] 이다.)

① 30

② 300

③ 3000

④ 30000

풀이 $V = \dfrac{Q}{4\pi \epsilon_0 r}$[V], $G = E = \dfrac{Q}{4\pi \epsilon_0 r^2}$[V/m]

단, G는 구의 표면에 있어서의 전위경도

$V = Gr = 3 \times 10^6$[V/m] $\times 1$[m] $= 3 \times 10^6$[V] $= 3000$[kV]

기 20-1,2

14 그림과 같이 내부 도체구 A에 $+Q[\text{C}]$, 외부 도체구 B에 $-Q[\text{C}]$를 부여한 동심 도체구 사이의 정전용량 $C[\text{F}]$는?

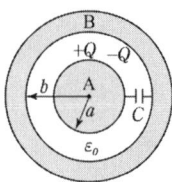

① $4\pi\epsilon_o(b-a)$

② $\dfrac{4\pi\epsilon_o ab}{b-a}$

③ $\dfrac{ab}{4\pi\epsilon_o(b-a)}$

④ $4\pi\epsilon_o\left(\dfrac{1}{a}-\dfrac{1}{b}\right)$

풀이

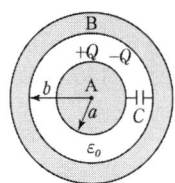

동심 도체구에서의 정전용량

① 도체구 사이의 전위차

$$V=-\int_b^a Edr = \frac{Q}{4\pi\epsilon_0}\left(\frac{1}{a}-\frac{1}{b}\right)[\text{V/m}]$$

② 정전용량 C

$$C=\frac{Q}{V}=\frac{4\pi\epsilon_0}{\dfrac{1}{a}-\dfrac{1}{b}}=\frac{4\pi\epsilon_0 ab}{b-a}[\text{F}]$$

기 22-2

15 내구의 반지름이 $a=5[\text{cm}]$, 외구의 반지름이 $b=10[\text{cm}]$이고, 공기로 채워진 동심구형 커패시터의 정전용량은 약 몇 $[\text{pF}]$인가?

① 11.1

② 22.2

③ 33.3

④ 44.4

풀이 공기로 채워진 동심 구 도체 사이의 정전용량

$$C=\frac{Q}{V}=\frac{4\pi\epsilon_0}{\dfrac{1}{a}-\dfrac{1}{b}}=4\pi\epsilon_0\cdot\frac{ab}{b-a}$$

(여기서, a : 내구의 반지름[m], b : 외구의 반지름[m])

$$\therefore\ C=\frac{1}{9\times10^9}\times\frac{5\times10^{-2}\times10\times10^{-2}}{(10-5)\times10^{-2}}=11.1\times10^{-12}[\text{F}]=11.1[\text{pF}]$$

기 23-1

16 진공 중에서 내구의 반지름 $a = 3$[cm], 외구의 내반지름 $b = 9$[cm] 인 두 동심구 사이의 정전 용량은 몇 [pF]인가?

① 0.5   ② 5

③ 50   ④ 500

풀이 두 동심구 사이의 정전용량

$$C = \frac{Q}{V} = \frac{4\pi\epsilon_0}{\left(\dfrac{1}{a} - \dfrac{1}{b}\right)} = \frac{4\pi\epsilon_0 ab}{b - a}$$

$$C = \frac{\dfrac{1}{9 \times 10^9} \times 3 \times 10^{-2} \times 9 \times 10^{-2}}{(9 - 3) \times 10^{-2}} = 5 \times 10^{-12}[\text{F}] = 5[\text{pF}]$$

기 18-3

17 동심 구형 콘덴서의 내외 반지름을 각각 5배로 증가시키면 정전 용량은 몇 배로 증가하는가?

① 5   ② 10

③ 15   ④ 20

풀이 동심구형 콘덴서의 정전용량 $C = \dfrac{4\pi\epsilon_0 ab}{b - a}$ [F]에서

내외구의 반지름을 5배로 늘린 경우의 정전 용량을 C'라 하면

$$\therefore \ C' = \frac{4\pi\epsilon_0 (5a)(5b)}{(5b - 5a)} = \frac{4\pi\epsilon_0 ab}{b - a} \times 5 = 5C$$

산기 23-3, 산기 25-1

18 동심구형 콘덴서의 내외 반지름을 각각 2배로 증가시켜서 처음의 정전용량과 같게 하려면 유전체의 비유전율은 처음의 유전체에 비하여 어떻게 하면 되는가?

① 1배로 한다.   ② 2배로 한다.

③ $\dfrac{1}{2}$로 줄인다.   ④ $\dfrac{1}{4}$로 줄인다.

풀이 내외 반지름을 각각 2배로 증가시켜서 처음의 정전용량과 같게 하려면

$$C = \frac{4\pi\epsilon_1 ab}{b - a} = \frac{4\pi\epsilon_2 (2a)(2b)}{2b - 2a} = \frac{4\pi \times 2\epsilon_2 \times ab}{b - a} [\text{F}]$$

에서 $\epsilon_1 = 2\epsilon_2$

따라서, $\epsilon_2 = \dfrac{1}{2}\epsilon_1$이 되어야 한다.

산기 23-3, 산기 25-1

19 내구의 반지름이 6[cm], 외구의 반지름이 8[cm]인 동심구 콘덴서의 외구를 접지하고 내구에
전위 1800[V]를 가했을 경우 내구에 충전된 전기량은 몇 [C] 인가?

① 2.8×10^{-8}

② 3.8×10^{-8}

③ 4.8×10^{-8}

④ 5.8×10^{-8}

풀이 전기량

$$Q = \frac{4\pi\epsilon_0 V}{\dfrac{1}{a} - \dfrac{1}{b}} = \frac{\dfrac{1}{9 \times 10^9} \times 1800}{\dfrac{1}{6 \times 10^{-2}} - \dfrac{1}{8 \times 10^{-2}}} = 4.8 \times 10^{-8} [\text{C}]$$

산기 24-1

20 그림과 같은 동축케이블에 유전체가 채워졌을 때의 정전용량[F]은? (단, 유전체의 비유전율
은 ϵ_s 이고 내반지름과 외반지름은 각각 a[m], b[m]이며 케이블의 길이는 l[m]이다.)

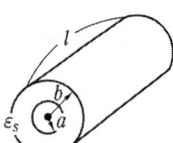

① $\dfrac{2\pi\epsilon_s l}{\ln \dfrac{b}{a}}$

② $\dfrac{2\pi\epsilon_0\epsilon_s l}{\ln \dfrac{b}{a}}$

③ $\dfrac{\pi\epsilon_s l}{\ln \dfrac{b}{a}}$

④ $\dfrac{\pi\epsilon_0\epsilon_s l}{\ln \dfrac{b}{a}}$

풀이 • 동축 원통 사이의 단위 길이당 정전용량

$$C_0 = \frac{2\pi\epsilon_0\epsilon_s}{\ln \dfrac{b}{a}} [\text{F/m}]$$

• 길이 l[m]인 동축케이블의 정전용량

$$C = C_0 l = \frac{2\pi\epsilon_0\epsilon_s l}{\ln \dfrac{b}{a}} [\text{F}]$$

21
기 17-2
그림과 같은 길이가 1 [m]인 동축 원통 사이의 정전용량[F/m]은?

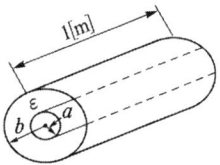

① $C = \dfrac{2\pi}{\epsilon \ln\dfrac{b}{a}}$

② $C = \dfrac{\epsilon}{2\pi \ln\dfrac{b}{a}}$

③ $C = \dfrac{2\pi\epsilon}{\ln\dfrac{b}{a}}$

④ $C = \dfrac{2\pi\epsilon}{\ln\dfrac{a}{b}}$

풀이 동축 원통 사이의 단위길이당 정전용량 C 는

$$C = \frac{\lambda}{V} = \frac{2\pi\epsilon}{\ln\dfrac{b}{a}} \ [\text{F/m}]$$

22
기 23-1, 기 20-4
내부 원통의 반지름이 a, 외부 원통의 반지름이 b인 동축 원통 콘덴서의 내외 원통 사이에 공기를 넣었을 때 정전용량이 C_1이었다. 내외 반지름을 모두 3배로 증가시키고 공기 대신 비유전율이 3인 유전체를 넣었을 경우의 정전용량 C_2는?

① $C_2 = \dfrac{C_1}{9}$

② $C_2 = \dfrac{C_1}{3}$

③ $C_2 = 3C_1$

④ $C_2 = 9C_1$

풀이 단위길이당 정전용량

$$C = \frac{2\pi\epsilon_0\epsilon_s}{\ln\dfrac{b}{a}} \ [\text{F/m}]에서 \ 공기의 \ \epsilon_s = 1 \ 이므로$$

$$C_1 = \frac{2\pi\epsilon_0}{\ln\dfrac{b}{a}}, \quad C_2 = \frac{2\pi\epsilon_0 \times 3}{\ln\dfrac{3b}{3a}} = \frac{3 \times 2\pi\epsilon_0}{\ln\dfrac{b}{a}} = 3C_1$$

기 17-1

23 면적이 S [m^2]인 금속판 2매를 간격이 d[m] 되게 공기 중에 나란하게 놓았을 때 두 도체 사이의 정전용량[F]은?

① $\dfrac{S}{d}\epsilon_o$　　　　　　　　　　　② $\dfrac{d}{S}\epsilon_o$

③ $\dfrac{d}{S^2}\epsilon_o$　　　　　　　　　　④ $\dfrac{S^2}{d}\epsilon_o$

풀이 평행평판 도체에서 극판간의 거리 d[m], 두 평판 도체의 면전하밀도 $\pm\sigma$[C/m^2]일 때

전계의 세기 $E = \dfrac{\sigma}{\epsilon_0}$[V/m]

전위차 $V = Ed = \dfrac{\sigma}{\epsilon_0}d$[m]

따라서, 평행평판 사이의 단위면적당 정전용량 C_0는

$C_0 = \dfrac{\sigma}{V} = \dfrac{\epsilon_0}{d}$[F/m^2]

따라서, 정전용량 $C = C_0 S = \dfrac{\epsilon_0}{d}S$[F]

산기 25-1

24 평행판 공기콘덴서의 극판 사이에 비유전율 ϵ_s의 유전체를 채운 경우 동일 전위차에 대한 극판간의 전하량 Q[C]는?

① ϵ_s 배로 증가　　　　　　　　② $\dfrac{1}{\epsilon_s}$로 감소

③ $\pi\epsilon_s$ 배로 증가　　　　　　　　④ 불변

풀이 ① 극판 사이가 진공일 때

• 정전용량 $C_0 = \dfrac{\epsilon_0 S}{d}$

• 전하량 $Q_0 = C_0 V$

② 극판 사이를 비유전율 ϵ_s의 유전체를 채웠을 때

• 정전용량 $C = \dfrac{\epsilon_0 \epsilon_s S}{d} = \epsilon_s C_0$

• 전하량 $Q = CV = \epsilon_s C_0 V$

따라서, $Q = \epsilon_s Q_0$로 ϵ_s배 만큼 커진다.

25 기 20-1,2

면적이 S[m²]이고 극간의 거리가 d[m]인 평행판 콘덴서에 비유전율이 ϵ_r인 유전체를 채울 때 정전용량[F]은? (단, ϵ_0는 진공의 유전율이다.)

① $\dfrac{2\epsilon_0\epsilon_r S}{d}$

② $\dfrac{\epsilon_0\epsilon_r S}{\pi d}$

③ $\dfrac{\epsilon_0\epsilon_r S}{d}$

④ $\dfrac{2\pi\epsilon_0\epsilon_r S}{d}$

풀이 정전 용량

$$C = \frac{Q}{V} = \frac{Q}{Ed} = \frac{\sigma S}{\frac{\sigma d}{\epsilon_0\epsilon_r}}$$

$$= \sigma S \times \frac{\epsilon_0\epsilon_r}{\sigma d} = \frac{\epsilon_0\epsilon_r S}{d}[F]$$

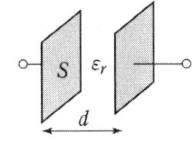

26 기 20-3

반지름이 30[cm]인 원판 전극의 평행판 콘덴서가 있다. 전극의 간격이 0.1[cm]이며 전극 사이 유전체의 비유전율이 4.0이라 한다. 이 콘덴서의 정전용량은 약 몇 [μF]인가?

① 0.01

② 0.02

③ 0.03

④ 0.04

풀이 정전용량 $C = \dfrac{\epsilon S}{d} = \dfrac{\epsilon_0\epsilon_s \pi r^2}{d} = \dfrac{8.85 \times 10^{-12} \times 4 \times \pi \times (30 \times 10^{-2})^2}{0.1 \times 10^{-2}}$

$$= 0.01 \times 10^{-6}[F] = 0.01[\mu F]$$

27 산기 23-2

평행판 콘덴서에서 전극판사이의 거리를 1/2로 줄이면 콘덴서의 용량은 처음 값에 대하여 어떻게 되는가?

① $\dfrac{1}{2}$로 감소한다.

② $\dfrac{1}{4}$로 감소한다.

③ 2배로 증가한다.

④ 4배로 증가한다.

풀이 $C = \epsilon\dfrac{S}{d}$[F]에서 $C' = \epsilon\dfrac{S}{\frac{d}{2}} = 2\epsilon\dfrac{S}{d}$[F]이므로 2배가 된다.

정답 25. ③ 26. ① 27. ③

산기 22-2

28 평행판 콘덴서의 두 극판 면적을 3배로 하고 간격을 반으로 줄이면 정전 용량은 처음의 몇 배가 되는가?

① 1.5배   ② 4.5배

③ 6배   ④ 9배

풀이 면적 S_1, 간격 d_1인 평행판 콘덴서의 정전용량을 C_1이라 하면

$$C_1 = \frac{\epsilon_0}{d_1} S_1$$

문제에서 $d = \frac{1}{2} d_1$, $S = 3S_1$이므로 구하는 용량은

$$\therefore \ C = \frac{\epsilon_0}{\frac{1}{2} d_1} \cdot 3S_1 = 6 \frac{\epsilon_0}{d_1} S_1 = 6C_1$$

산기 24-2

29 평행판 콘덴서의 양극판 면적을 3배로 하고 간격을 1/3로 줄이면 정전용량은 처음의 몇 배가 되는가?

① 1   ② 3

③ 6   ④ 9

풀이 면적 S_1, 간격 d_1인 평행판 콘덴서의 정전 용량을 C_1이라 하면

$$C_1 = \frac{\epsilon_0}{d_1} S_1$$

문제에서 $d = \frac{1}{3} d_1$, $S = 3S_1$이므로 구하는 용량은

$$\therefore \ C = \frac{\epsilon_0}{\frac{1}{3} d_1} \cdot 3S_1 = 9 \frac{\epsilon_0}{d_1} S_1 = 9C_1$$

30 산기 24-2

평행판 콘덴서에서 전극간에 V[V]의 전위차를 가할 때, 전계의 강도가 공기의 절연내력 E [V/m]를 넘지 않도록 하기 위한 콘덴서의 단위면적당 최대용량은 몇 [F/m²] 인가?

① $\epsilon_0 EV$

② $\dfrac{\epsilon_0 E}{V}$

③ $\dfrac{\epsilon_0 V}{E}$

④ $\dfrac{EV}{\epsilon_0}$

풀이 전위 $V = Ed$[V], 정전용량 $C = \dfrac{\epsilon_0 S}{d}$[F]에서

$$C = \dfrac{\epsilon_0 S}{\dfrac{V}{E}} = \dfrac{\epsilon_0 SE}{V} \text{[F]}$$

따라서, 단위면적당 정전용량

$$C_0 = \dfrac{C}{S} = \dfrac{\dfrac{\epsilon_0 SE}{V}}{S} = \dfrac{\epsilon_0 E}{V} \text{[F/m}^2\text{]}$$

31 기 22-1

진공 중 반지름이 a[m]인 무한길이의 원통도체 2개가 간격 d[m]로 평행하게 배치되어 있다. 두 도체 사이의 정전용량[C]을 나타낸 것으로 옳은 것은?

① $\pi\epsilon_0 \ln\dfrac{d-a}{a}$

② $\dfrac{\pi\epsilon_0}{\ln\dfrac{d-a}{a}}$

③ $\pi\epsilon_0 \ln\dfrac{a}{d-a}$

④ $\dfrac{\pi\epsilon_0}{\ln\dfrac{a}{d-a}}$

풀이

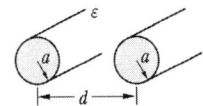

① 두 도체 사이의 전위차 V

$$V = \dfrac{\lambda}{\pi\epsilon_0} \ln\dfrac{d-a}{a} \text{ [V]} \quad \text{여기서, } \lambda : \text{선전하 밀도 [C/m]}$$

② 평행 원통 도체 사이의 정전용량 C는

$$C = \dfrac{\lambda}{V} = \dfrac{\pi\epsilon_0}{\ln\dfrac{d-a}{a}} \text{ [F/m]}$$

여기서, $d \gg a$ 를 고려하면

$$C \fallingdotseq \dfrac{\pi\epsilon_0}{\ln\dfrac{d}{a}} \text{ [F/m]}$$

32 공기 중에서 반지름 a [m], 도선의 중심축간 거리 d [m]인 평행도선 사이의 단위 길이당 정전
용량은 몇 [F/m] 인가? (단, $d \gg a$ 이다.)

① $\dfrac{\pi\epsilon_0}{\log_{10}\dfrac{d}{a}}$

② $\dfrac{12.07 \times 10^{-12}}{\log_{10}\dfrac{d}{a}}$

③ $\dfrac{24.16 \times 10^{-12}}{\log_{10}\dfrac{d}{a}}$

④ $\dfrac{2\pi\epsilon_o}{\log_{10}\dfrac{d}{a}}$

풀이▶ 평행 원통 도체 사이의 정전용량 C는

$$C = \frac{\lambda}{V} = \frac{\pi\epsilon_0}{\ln\dfrac{d-a}{a}}[\text{F/m}]$$

여기서 $d \gg a$ 이므로 $C \fallingdotseq \dfrac{\pi\epsilon_0}{\ln\dfrac{d}{a}}[\text{F/m}]$

자연대수 대신에 상용대수를 취하면

$$C = \frac{\pi\epsilon_0}{\ln\dfrac{d}{a}} = \frac{\pi\epsilon_0\log_{10}e}{\log_{10}\dfrac{d}{a}} = \frac{12.07 \times 10^{-12}}{\log_{10}\dfrac{d}{a}}[\text{F/m}]$$

33 반지름 2 [mm]의 두 개의 무한히 긴 원통 도체가 중심 간격 2 [m]로 진공 중에 평행하게 놓여
있을 때 1 [km]당의 정전용량은 약 몇 [μF]인가?

① $1 \times 10^{-3}[\mu\text{F}]$

② $2 \times 10^{-3}[\mu\text{F}]$

③ $4 \times 10^{-3}[\mu\text{F}]$

④ $6 \times 10^{-3}[\mu\text{F}]$

풀이▶

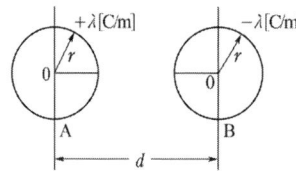

두 도체 A,B 간의 정전용량 $C_{AB} = \dfrac{\pi\epsilon_0}{\ln\dfrac{d-r}{r}}[\text{F/m}]$

$d \gg r$일 때 $\ln\dfrac{d-r}{r} \fallingdotseq \ln\dfrac{d}{r}$로 되어 $C_{AB} = \dfrac{\pi\epsilon_0}{\ln\dfrac{d}{r}}[\text{F/m}]$

$$\therefore C_{AB} = \frac{\pi \times 8.85 \times 10^{-12}}{\ln\dfrac{2}{2 \times 10^{-3}}} \times 10^3 = 4 \times 10^{-9}[\text{F}] = 4 \times 10^{-3}[\mu\text{F}]$$

기 17-1

34 그림과 같이 반지름 a인 무한장 평행도체 A, B가 간격 d로 놓여 있고, 단위 길이당 각각 $+\lambda$, $-\lambda$의 전하가 균일하게 분포되어 있다. A, B 도체 간의 전위차[V]는? (단, $d \gg a$ 이다.)

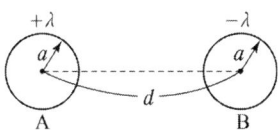

① $\dfrac{\lambda}{\pi\epsilon_o}\ln\dfrac{d-a}{a}$ 　　　　　　② $\dfrac{\lambda}{2\pi\epsilon_o}\ln\dfrac{d}{a}$

③ $\dfrac{\lambda}{\pi\epsilon_o}\ln\dfrac{a}{d}$ 　　　　　　　④ $\dfrac{\lambda}{2\pi\epsilon_o}\ln\dfrac{a}{d}$

풀이

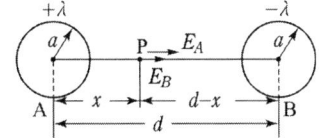

P점의 전계의 세기 E

$$E = E_A + E_B = \frac{\lambda}{2\pi\epsilon_0 x} + \frac{\lambda}{2\pi\epsilon_0(d-x)} = \frac{\lambda}{2\pi\epsilon_0}\left(\frac{1}{x} + \frac{1}{d-x}\right)$$

두 도체간의 전위차 V_{AB}

$$\begin{aligned}
V_{AB} &= -\int_{d-a}^{a} E\,dx = \int_{a}^{d-a} E\,dx \\
&= \frac{\lambda}{2\pi\epsilon_0}\left(\int_{a}^{d-a}\frac{1}{x}dx + \int_{a}^{d-a}\frac{1}{d-x}dx\right) \\
&= \frac{\lambda}{2\pi\epsilon_0}\left([\ln x]_{a}^{d-a} + [-\ln(d-x)]_{a}^{d-a}\right) \\
&= \frac{\lambda}{\pi\epsilon_0}\ln\frac{d-a}{a} \fallingdotseq \frac{\lambda}{\pi\epsilon_0}\ln\frac{d}{a}
\end{aligned}$$

($\because$ $d \gg a$에 의해 $d-a \fallingdotseq d$)

기 17-1

35 두 개의 콘덴서를 직렬접속하고 직류전압을 인가 시 설명으로 옳지 않은 것은?

① 정전용량이 작은 콘덴서에 전압이 많이 걸린다.

② 합성 정전용량은 각 콘덴서의 정전용량의 합과 같다.

③ 합성 정전용량은 각 콘덴서의 정전용량보다 작아진다.

④ 각 콘덴서의 두 전극에 정전유도에 의하여 정·부의 동일한 전하가 나타나고 전하량은 일정하다.

풀이 ①, ④ 콘덴서를 직렬로 접속하고 단자 사이에 전압 V를 인가하면 각 **콘덴서의 두 전극에 정전유도에 의하여 정·부의 동일한 전하 + Q, − Q가 나타나고 전하량은 일정하게 된다.**

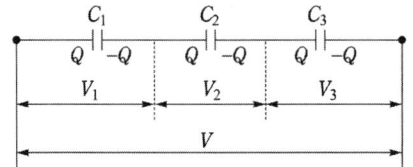

전하량 Q : 일정

$$V = V_1 + V_2 + V_3$$

콘덴서의 직렬접속

즉, $Q = C_1 V_1 = C_2 V_2 = C_3 V_3$

따라서, 정전용량이 작은 콘덴서에 전압이 많이 걸린다.

②, ③ 합성정전 용량 $C_0 = \dfrac{C_1 C_2}{C_1 + C_2}$

따라서 합성정전 용량은 각 콘덴서의 정전용량보다 작아진다.

항목	직렬접속	병렬접속
결선	C_1　C_2	C_1　C_2
합성 정전 용량	• 저항의 병렬접속과 동일 방법 • $C_0 = \dfrac{C_1 C_2}{C_1 + C_2}$ • 접속되는 콘덴서가 증가할수록 **합성 정전용량은 감소**	• 저항의 직렬접속과 동일 방법 • $C_0 = C_1 + C_2$ • 접속되는 콘덴서가 증가할수록 합성 정전용량은 증가

산기 25-2

36 면적 $S = 100[\text{cm}^2]$의 평행판 콘덴서가 비유전율 2.1, 절연내력 $1.2 \times 10^5[\text{V/cm}]$인 기름 중에 있을 때 축적되는 최대 전하는 몇 [C]인가?

① 2.23×10^{-6}

② 3.14×10^{-6}

③ 4.28×10^{-6}

④ 6.28×10^{-6}

풀이　$Q = CV = \dfrac{\epsilon_0 \epsilon_s s}{d} \cdot E_d = \epsilon_0 \epsilon_s s \boldsymbol{E}$

$\therefore \ Q = (8.855 \times 10^{-12}) \times 2.1 \times (100 \times 10^{-4}) \times (1.2 \times 10^5 \times 10^2)$
$\quad\quad = 2.23 \times 10^{-6}[\text{C}]$

산기 22-1

37 내압이 1[kV]이고, 용량이 각각 0.01[μF], 0.02[μF], 0.05[μF]인 콘덴서를 직렬로 연결했을 때의 전체내압은?

① 1500[V]

② 1600[V]

③ 1700[V]

④ 1800[V]

풀이　$Q = C_1 V_1 = C_2 V_2 = C_3 V_3$ 에서 콘덴서 용량이 적을수록 콘덴서에 인가되는 전압이 높아진다. 즉, 내압이 동일하다면 용량이 제일 적은 콘덴서가 제일 먼저 파괴 된다. 따라서, 최초로 파괴되는 0.01[μF] 콘덴서를 기준하여 전압을 인가하면 된다.

$Q = CV$ 에서 $V \propto \dfrac{1}{C}$ 이므로

$V_1 : V_2 : V_3 = \dfrac{1}{0.01} : \dfrac{1}{0.02} : \dfrac{1}{0.05} = 10 : 5 : 2$

즉, 0.01[μF] 콘덴서에 인가되는 전압 V_1은 전체전압의 $\dfrac{10}{(10+5+2)}$ 만큼이 인가된다.

$\therefore \ V_1 = \dfrac{10}{17} V \ \rightarrow \ V = \dfrac{17}{10} \times 1{,}000 = 1{,}700[\text{V}]$

기 21-3

38 내압이 2.0[kV]이고 정전용량이 각각 0.01[μF], 0.02[μF], 0.04[μF]인 3개의 커패시터를 직렬로 연결했을 때 전체 내압은 몇 [V]인가?

① 1750

② 2000

③ 3500

④ 4000

풀이 $Q = C_1 V_1 = C_2 V_2 = C_3 V_3$ 에서 콘덴서 용량이 적을수록 콘덴서에 인가되는 전압이 높아진다. 즉, 내압이 동일하다면 용량이 제일 적은 콘덴서가 제일 먼저 파괴된다. 따라서, **최초로 파괴되는 콘덴서를 기준**하여 전압을 인가하면 된다.

0.01[μF]이 최초로 파괴되므로 0.01 [μF]에서 기준한다.

$$V_1 : V_2 : V_3 = \frac{1}{0.01} : \frac{1}{0.02} : \frac{1}{0.04} = 4 : 2 : 1$$

$$V_1 = \frac{4}{7} V \;\rightarrow\; V = \frac{7}{4} \times 2{,}000 = 3{,}500 \,[\text{V}]$$

기 18-1

39 내압 1000[V] 정전용량 1[μF], 내압 750[V] 정전용량 2[μF], 내압 500[V] 정전용량 5[μF]인 콘덴서 3개를 직렬로 접속하고 인가전압을 서서히 높이면 최초로 파괴되는 콘덴서는?

① 1[μF]

② 2[μF]

③ 5[μF]

④ 동시에 파괴된다.

풀이 각 콘덴서의 전하량

$$Q_1 = C_1 V_1 = 1 \times 10^{-6} \times 1000 = 1 \times 10^{-3} \,[\text{C}]$$

$$Q_2 = C_2 V_2 = 2 \times 10^{-6} \times 750 = 1.5 \times 10^{-3} \,[\text{C}]$$

$$Q_3 = C_3 V_3 = 5 \times 10^{-6} \times 500 = 2.5 \times 10^{-3} \,[\text{C}]$$

따라서, **전하량이 가장 적은 1[μF] 콘덴서가 가장 먼저 파괴된다.**

기 23-2, 기 22-2, 산기 25-1

40 콘덴서의 내압 및 정전용량이 각각 1000 [V]-2 [μF], 700 [V]-3 [μF], 600 [V]-4 [μF], 300 [V]-8 [μF]이다. 이 콘덴서를 직렬로 연결할 때 양단에 인가되는 전압을 상승시키면 제일 먼저 절연이 파괴되는 콘덴서는?

① 1000 [V]-2 [μF]

② 700 [V]-3 [μF]

③ 600 [V]-4 [μF]

④ 300 [V]-8 [μF]

풀이 직렬 회로에서 각 콘덴서의 전하용량이 작을수록 빨리 파괴된다.

$$Q_1 = C_1 \times V_1 = 2 \times 10^{-6} \times 1000 = 2 \times 10^{-3}$$
$$Q_2 = C_2 \times V_2 = 3 \times 10^{-6} \times 700 = 2.1 \times 10^{-3}$$
$$Q_3 = C_3 \times V_3 = 4 \times 10^{-6} \times 600 = 2.4 \times 10^{-3}$$
$$Q_4 = C_4 \times V_4 = 8 \times 10^{-6} \times 300 = 2.4 \times 10^{-3}$$

따라서, 전하용량이 $Q_4 = Q_3 > Q_2 > Q_1$ 이므로 전하용량이 가장 작은 1000[V], 2[μF]의 콘덴서가 가장 빨리 파괴된다.

산기 23-1

41 유전율 ϵ [F/m]인 유전체 중에서 전하가 Q [C], 전위가 V [V] , 반지름 a[m]인 도체구가 갖는 에너지는 몇 [J] 인가?

① $\frac{1}{2}\pi\epsilon a V^2$

② $\pi\epsilon a V^2$

③ $2\pi\epsilon a V^2$

④ $4\pi\epsilon a V^2$

풀이 반경 a인 도체구의 정전 용량은 $C = 4\pi\epsilon a$[F] 이므로

$$W = \frac{1}{2}CV^2 = \frac{1}{2} \times 4\pi\epsilon a V^2 = 2\pi\epsilon a V^2 \,[\text{J}]$$

산기 23-2

42 $C = 5[\mu F]$인 평행판 콘덴서에 5[V]인 전압을 걸어 줄 때 콘덴서에 축적되는 에너지는 몇 [J] 인가?

① 6.25×10^{-5}

② 6.25×10^{-3}

③ 1.25×10^{-5}

④ 1.25×10^{-3}

풀이 콘덴서에 축적되는 에너지 W는

$$W = \frac{1}{2}CV^2 = \frac{1}{2} \times 5 \times 10^{-6} \times 5^2 = 6.25 \times 10^{-5} \,[\text{J}]$$

정답 40. ① 41. ③ 42. ①

43 기 23-2, 기 22-3
1 [kV]로 충전된 어떤 콘덴서의 정전에너지가 1 [J]일 때, 이 콘덴서의 크기는 몇 [μF]인가?

① 2[μF] 　　　　　　　　　　　　② 4[μF]

③ 6[μF] 　　　　　　　　　　　　④ 8[μF]

풀이 $W = \dfrac{1}{2} QV = \dfrac{1}{2} CV^2$[J] 이므로

$\therefore C = \dfrac{2W}{V^2} = \dfrac{2 \times 1}{(1 \times 10^3)^2} = 2 \times 10^{-6}[\text{F}] = 2[\mu\text{F}]$

44 기 17-3
면적 S[m^2], 간격 d[m]인 평행판 콘덴서에 전하 Q[C]를 충전하였을 때 정전 에너지 W[J]는?

① $W = \dfrac{dQ^2}{\epsilon S}$ 　　　　　　　　② $W = \dfrac{dQ^2}{2\epsilon S}$

③ $W = \dfrac{dQ^2}{4\epsilon S}$ 　　　　　　　　④ $W = \dfrac{dQ^2}{8\epsilon S}$

풀이 평행판 콘덴서의 정전 용량 $C = \dfrac{\epsilon S}{d}$

$\therefore$ 정전 에너지 $W = \dfrac{Q^2}{2C} = \dfrac{dQ^2}{2\epsilon S}$

45 기 21-1, 산기 22-2
간격이 3[cm]이고 면적이 30[cm^2]인 평판의 공기 콘덴서에 220[V]의 전압을 가하면 두 판 사이에 작용하는 힘은 약 몇 [N]인가?

① 6.3×10^{-6} 　　　　　　　② 7.14×10^{-7}

③ 8×10^{-5} 　　　　　　　　④ 5.75×10^{-4}

풀이 정전응력 $f = \dfrac{1}{2}\epsilon_0 E^2$[N/m^2] 에서 $E = \dfrac{V}{d}$ 이므로

$f = \dfrac{1}{2}\epsilon_0 \left(\dfrac{V}{d}\right)^2$[N/m^2]

전극의 전 면적에 작용하는 힘

$F = f \cdot S = \dfrac{1}{2}\epsilon_0 \left(\dfrac{V}{d}\right)^2 S$

$= \dfrac{1}{2} \times 8.855 \times 10^{-12} \times \left(\dfrac{220}{3 \times 10^{-2}}\right)^2 \times 30 \times 10^{-4} = 7.14 \times 10^{-7}$[N]

기 22-1

46 면적이 0.02[m²], 간격이 0.03[m]이고, 공기로 채워진 평행평판의 커패시터에 1.0×10^{-6}[C]의 전하를 충전시킬 때, 두 판 사이에 작용하는 힘의 크기는 약 몇 [N]인가?

① 1.13

② 1.41

③ 1.89

④ 2.83

풀이   • 정전용량

$$C = \frac{\epsilon_0 S}{d} = \frac{8.855 \times 10^{-12} \times 0.02}{0.03} = 5.9 \times 10^{-12} [\text{F}]$$

• 전압 $V = \dfrac{Q}{C} = \dfrac{1.0 \times 10^{-6}}{5.9 \times 10^{-12}} = 0.17 \times 10^{6}$[V]

• 전계의 세기 $E = \dfrac{V}{d} = \dfrac{0.17 \times 10^{6}}{0.03} = 5.67 \times 10^{6}$[V/m]

• 정전응력(단위 면적당의 작용력)

$$f = \frac{1}{2} \epsilon_0 E^2 = \frac{1}{2} \times 8.855 \times 10^{-12} \times (5.67 \times 10^{6})^2 = 142.34 [\text{N/m}^2]$$

• 전 면적에 작용하는 힘

$$F = f \cdot S = 142.34 \times 0.02 = 2.85 [\text{N}]$$

기 21-2

47 유전율 ϵ, 전계의 세기 E인 유전체의 단위 체적당 축적되는 정전에너지는?

① $\dfrac{E}{2\epsilon}$

② $\dfrac{\epsilon E}{2}$

③ $\dfrac{\epsilon E^2}{2}$

④ $\dfrac{\epsilon^2 E^2}{2}$

풀이   정전에너지

$$W = \frac{1}{2} C V^2 = \frac{1}{2} \cdot \frac{\epsilon S}{d} \cdot (dE)^2 = \frac{1}{2} \epsilon E^2 \cdot S d [\text{J}]$$

단위 체적당 축적되는 정전에너지 ω는

$$\omega = \frac{W}{Sd} = \frac{1}{2} \epsilon E^2 [\text{J}]$$

산기 23-3, 산기 25-1
48 비유전율이 2.4인 유전체 내의 전계의 세기가 100 [mV/m]이다. 유전체에 저축되는 단위체적당 정전에너지는 몇 [J/m³]인가?

① 1.06×10^{-13} 　　　　　　② 1.77×10^{-13}

③ 2.32×10^{-13} 　　　　　　④ 2.32×10^{-11}

풀이 정전 에너지

$$w = \frac{1}{2} \boldsymbol{E} \cdot \boldsymbol{D} = \frac{\epsilon E^2}{2} = \frac{\epsilon_0 \epsilon_s E^2}{2} [\text{J/m}^3] \text{ 에서}$$

$$w = \frac{8.855 \times 10^{-12} \times 2.4 \times (100 \times 10^{-3})^2}{2} = 1.0626 \times 10^{-13} [\text{J/m}^3]$$

기 22-1, 산기 25-1
49 진공 내 전위함수가 $V = x^2 + y^2$[V]로 주어졌을 때, $0 \le x \le 1$, $0 \le y \le 1$, $0 \le z \le 1$인 공간에 저장되는 정전에너지[J]는?

① $\frac{4}{3}\epsilon_0$ 　　　　　　② $\frac{2}{3}\epsilon_0$

③ $4\epsilon_0$ 　　　　　　④ $2\epsilon_0$

풀이 전계의 세기는 전위함수와의 관계 $\boldsymbol{E} = -\nabla V$ 에 의해

$$\boldsymbol{E} = -\nabla V = -\left(\frac{\partial V}{\partial x} \boldsymbol{i} + \frac{\partial V}{\partial y} \boldsymbol{j} + \frac{\partial V}{\partial z} \boldsymbol{k} \right) = -2x\boldsymbol{i} - 2y\boldsymbol{j} [\text{V/m}]$$

이다. 이로부터 전계의 세기의 크기 E와 E^2은

$$E = |\boldsymbol{E}| = \sqrt{(2x)^2 + (2y)^2} = 2\sqrt{x^2 + y^2}$$

$$\therefore \ E^2 = 4(x^2 + y^2)$$

공간에 저장된 정전에너지는

$$W = \frac{1}{2} \int_v \epsilon_0 E^2 dv = \frac{4\epsilon_0}{2} \int_0^1 \int_0^1 \int_0^1 (x^2 + y^2) dx dy dz = \frac{4}{3}\epsilon_0 [\text{J}]$$

기 16-2
50 W_1과 W_2의 에너지를 갖는 두 콘덴서를 병렬 연결한 경우의 총 에너지 W와의 관계로 옳은 것은? 단, $W_1 \ne W_2$ 이다.

① $W_1 + W_2 = W$ 　　　　　　② $W_1 + W_2 > W$

③ $W_1 - W_2 = W$ 　　　　　　④ $W_1 + W_2 < W$

풀이 전위가 다르게 충전된 콘덴서를 병렬로 접속시 전위차가 같아지도록 높은 전위 콘덴서의 전하가 낮은 전위 콘덴서 쪽으로 이동하며 이에 따른 **전하의 이동(전류)**으로 도선에서 **전력 소모가 발생**하므로 $W_1 + W_2 > W$ 의 관계가 된다.

51 기 23-3

10 [μF]의 콘덴서를 100 [V]로 충전한 것을 단락시켜 0.1 [m·sec]에 방전시켰다고 하면 평균 전력[W]은?

① 450

② 500

③ 550

④ 600

풀이 $P = \dfrac{W}{t} = \dfrac{\frac{1}{2}CV^2}{t} = \dfrac{\frac{1}{2} \times 10 \times 10^{-6} \times 100^2}{0.1 \times 10^{-3}} = 500[\text{W}]$

52 산기 23-1, 산기 25-3

대전된 구도체를 반지름이 2배가 되는 대전이 되지 않은 구도체에 가는 도선으로 연결할 때 원래의 에너지에 대해 손실된 에너지의 비율은 얼마가 되는가? (단, 구도체는 충분히 떨어져 있다고 한다.)

① $\dfrac{1}{2}$ ② $\dfrac{1}{3}$

③ $\dfrac{2}{3}$ ④ $\dfrac{2}{5}$

풀이 대전된 도체구의 정전 용량을 C라 하면
$C = 4\pi\epsilon_0 a$

대전되지 않은 구의 정전 용량을 C'라 하면
$C' = 4\pi\epsilon_0 a' = 4\pi\epsilon_0(2a) = 2C[\text{F}]$

연결 전후의 에너지를 W, W'라 하면

$W = \dfrac{Q^2}{2C}, \quad W' = \dfrac{Q^2}{2(C+2C)} = \dfrac{Q^2}{6C}$

따라서, 손실비는

$\therefore$ 손실비$= \dfrac{W-W'}{W} = \dfrac{\dfrac{Q^2}{2C} - \dfrac{Q^2}{6C}}{\dfrac{Q^2}{2C}} = \dfrac{2}{3}$

기 17-2

53 최대 정전용량 C_0[F]인 그림과 같은 콘덴서의 정전용량이 각도에 비례하여 변화한다고 한다. 이 콘덴서를 전압 V[V]로 충전했을 때 회전자에 작용하는 토크는?

① $\dfrac{C_0 V^2}{2}$[N·m]

② $\dfrac{C_0^2 V}{2\pi}$[N·m]

③ $\dfrac{C_0 V^2}{2\pi}$[N·m]

④ $\dfrac{C_0 V^2}{\pi}$[N·m]

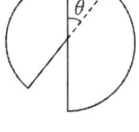

풀이▶ 회전 각도 θ일 때 용량을 C_θ, 그때의 에너지를 W_θ라 하면

$$C_\theta = C_0 \frac{\theta}{\pi}$$

$$W_\theta = \frac{1}{2}CV^2 = \frac{C_0 V^2}{2\pi}\theta$$

따라서, 회전력 T는

$$T = \frac{\partial W_\theta}{\partial \theta} = \frac{\partial}{\partial \theta}\left(\frac{C_0 V^2}{2\pi}\theta\right) = \frac{C_0 V^2}{2\pi}[\text{N·m}]$$

θ의 증가 방향으로 인가 전압의 제곱에 비례하는 회전력이 작용한다.

기 19-1

54 사이클로트론에서 양자가 매초 3×10^{15}개의 비율로 가속되어 나오고 있다. 양자가 15[MeV]의 에너지를 가지고 있다고 할 때, 이 사이클로트론은 가속용 고주파 전계를 만들기 위해서 150[kW]의 전력을 필요로 한다면 에너지 효율[%]은?

① 2.8   ② 3.8

③ 4.8   ④ 5.8

풀이▶
- $1[\text{eV}] = 1.602\times10^{-19}[\text{J}]$, $1[\text{W}] = 1[\text{J/s}]$
- $150[\text{kW}] = 150\times10^3[\text{W}] = 150\times10^3[\text{J/s}]$
- 효율 $\eta = \dfrac{\text{출력}}{\text{입력}}\times100$

$$= \frac{3\times10^{15}\times15\times10^6\times1.602\times10^{-19}}{150\times10^3}\times100$$

$$\fallingdotseq 4.81[\%]$$

산기 22-3, 산기 25-2

55 대전도체 표면의 전하밀도를 $\sigma[C/m^2]$이라 할 때, 대전도체 표면의 단위면적이 받는 정전응력은 전하밀도 σ와 어떤 관계에 있는가?

① $\sigma^{\frac{1}{2}}$에 비례

② $\sigma^{\frac{3}{2}}$에 비례

③ σ에 비례

④ σ^2에 비례

풀이▶ 정전 에너지 W

$$W = \frac{Q^2}{2C} = \frac{Q^2}{2\left(\frac{\epsilon_0 S}{d}\right)} = \frac{Q^2 d}{2\epsilon_0 S} = \frac{\sigma^2 d}{2\epsilon_0}S[J] \ (\because Q = \sigma \times S)$$

정전응력 $F = -\frac{\partial W}{\partial d} = -\frac{\sigma^2}{2\epsilon_0}S[N]$ 에서 $F \propto \sigma^2$

기 20-3

56 2장의 무한 평판 도체를 4[cm]의 간격으로 놓은 후 평판 도체 간에 일정한 전계를 인가하였더니 평판 도체 표면에 2[μC/m²]의 전하밀도가 생겼다. 이 때 평행 도체 표면에 작용하는 정전응력은 약 몇 [N/m²]인가?

① 0.057

② 0.226

③ 0.57

④ 2.26

풀이▶ 정전응력 $f = \frac{1}{2}DE = \frac{1}{2}\epsilon E^2 = \frac{D^2}{2\epsilon}$

$$= \frac{(2 \times 10^{-6})^2}{2 \times 8.85 \times 10^{-12}} = 0.226[N/m^2]$$

기 23-2

57 면전하 밀도가 σ[C/m²]인 대전 도체가 진공 중에 놓여 있을 때 도체 표면에 작용하는 정전 응력[N/m²]의 크기 및 방향은?

① $\dfrac{\sigma^2}{\epsilon_0}$, 도체 외부

② $\dfrac{\sigma^2}{\epsilon_0}$, 도체 내부

③ $\dfrac{\sigma^2}{2\epsilon_0}$, 도체 외부

④ $\dfrac{\sigma^2}{2\epsilon_0}$, 도체 내부

풀이 정전 응력(f)은 도체 표면에 작용하는 단위 면적당 힘이고,
도체 표면에서 전속밀도 $D = \sigma$ [C/m²]의 관계로부터

$$f = \frac{1}{2}DE = \frac{1}{2}\epsilon_0 E^2 = \frac{1}{2}\frac{D^2}{\epsilon_0} = \frac{1}{2}\frac{\sigma^2}{\epsilon_0} \ [\text{N/m}^2]$$

정전응력의 방향은 정전응력에서 σ^2 이므로 전하의 부호에 관계없이 항상 외부로 향한다.

기 19-3

58 반지름 a[m]의 구 도체에 전하 Q[C]가 주어질 때 구 도체 표면에 작용하는 정전응력은 몇 [N/m²]인가?

① $\dfrac{9Q^2}{16\pi^2\epsilon_o a^6}$

② $\dfrac{9Q^2}{32\pi^2\epsilon_o a^6}$

③ $\dfrac{Q^2}{16\pi^2\epsilon_o a^4}$

④ $\dfrac{Q^2}{32\pi^2\epsilon_o a^4}$

풀이 구도체 표면의 전계의 세기 $E = \dfrac{Q}{4\pi\epsilon_0 a^2}$

따라서, 구도체 표면에 작용하는 정전응력은

$$f = \frac{1}{2}\epsilon_0 E^2 = \frac{1}{2}\epsilon_0 \left(\frac{Q}{4\pi\epsilon_0 a^2}\right)^2 = \frac{Q^2}{32\pi^2\epsilon_0 a^4}[\text{N/m}^2]$$

기 18-2

59 공기 중에서 코로나방전이 3.5[kV/mm] 전계에서 발생한다고 하면, 이때 도체의 표면에 작용하는 힘은 약 몇 [N/m²] 인가?

① 27

② 54

③ 81

④ 108

풀이 전계 $E = 3.5[\text{kV/mm}] = \dfrac{3.5 \times 10^3}{10^{-3}}[\text{V/m}] = 3.5 \times 10^6[\text{V/m}]$

도체 표면에 작용하는 힘(정전응력) $f = \dfrac{1}{2}\epsilon_0 E^2$ [N/m²]에서

$$f = \frac{1}{2} \times 8.85 \times 10^{-12} \times (3.5 \times 10^6)^2 = 54.21 [\text{N/m}^2]$$

정답 57. ③ 58. ④ 59. ②

4 유전체

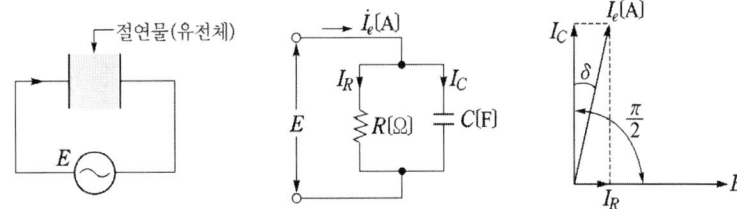

1) 유전체 손실

$$W_d = E I_R = E I_C \tan\delta = 2\pi f C E^2 \tan\delta$$

2) 유전체 역률

$$\tan\delta = \frac{I_R}{I_C} = \frac{E/R}{2\pi f C E} = \frac{1}{2\pi f C R}$$

3) 비유전율 ϵ_s 의 성질

⑴ 유전체의 비유전율 ϵ_s는 항상 1보다 크다.

⑵ 비유전율 ϵ_s는 물질의 종류에 따라 다르다.

⑶ 진공 중 비유전율 $\epsilon_s = 1$

⑷ 공기 중 비유전율 $\epsilon_s \fallingdotseq 1.00058$

4) 분극의 종류

⑴ 전자분극(electronic polarization) : 원자내의 전자와 핵의 상대적 변위로 발생

⑵ 이온분극(ionic polarization) : 양으로 대전된 원자와 음으로 대전된 원자의 상대적 변위에 의하여 발생

⑶ 쌍극자 분극(orientational polarization) : 유극성 분자가 전계 방향에 의해 재배열한 분극

5) 분극의 세기 P

(1) $P = \chi E = (\epsilon - \epsilon_0)E = \epsilon E - \epsilon_0 E \; (D = \epsilon E) = D - \epsilon_0 E \;\; [\chi \,(분극율)= \epsilon - \epsilon_0]$

(2) $P = \dfrac{Q}{S}$ (분극의 세기 : 단위 면적당의 분극 전하량)

(3) $P = \dfrac{M}{V}$ (분극의 세기 : 단위 체적당의 전기 쌍극자 모멘트)

6) 분극의 방향

부(−)의 분극전하 → 정(+)의 분극전하

7) 전기 감수율(비분극률) $\chi_{er} = \dfrac{\chi}{\epsilon_0} = \epsilon_s - 1$

8) 패러데이관의 특징

(1) 패러데이관 내의 전속선 수는 일정하다.
(2) 진전하가 없는 점에서는 패러데이관은 연속적이다.
(3) 패러데이관 양단에 정·부의 단위 전하가 있다.
(4) 패러데이관의 밀도는 전속밀도와 같다.
(5) 패러데이 관은 $\mathrm{div}\, D = \rho$에 의하여
   정전하에서 나와 부전하에서 끝나게 된다.
(6) 패러데이관 수 = 전속선 수

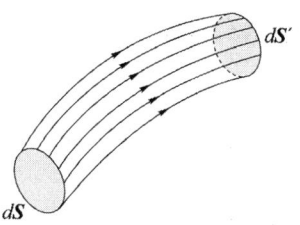

패러데이관

9) 전속밀도

$$D = \epsilon E = \epsilon_0 \epsilon_s E = \epsilon_0 E + \epsilon_0 (\epsilon_s - 1)E = \epsilon_0 E + P \;[\mathrm{C/m^2}]$$

(1) 전속밀도(D)= 진전하밀도 (σ)
(2) 분극의 세기(분극도 P) = 분극전하밀도(σ_p)

10) 유전체 중의 쿨롱의 법칙

균일한 유전체 중에 거리 $r[\mathrm{m}]$인 점전하 Q_1, $Q_2[\mathrm{C}]$ 사이에 작용하는 힘

$$F = \frac{Q_1 Q_2}{4\pi\epsilon_0\epsilon_s r^2} = 9 \times 10^9 \times \frac{Q_1 Q_2}{\epsilon_s r^2}\;[\mathrm{N}]$$

11) 점전하 Q[C]에서 거리 r[m]인 점에 생기는 전위

$$V = \frac{Q}{4\pi\epsilon_0\epsilon_s r} = 9 \times 10^9 \times \frac{Q}{\epsilon_s r}[\text{V}]$$

12) 두 유전체의 경계조건 (굴절법칙)

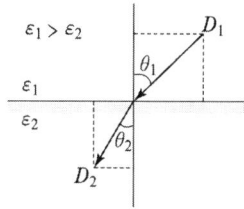

전속의 굴절   전기력선의 굴절

⑴ 전속밀도(D)의 법선성분(수직성분)이 같다. ($D_1\cos\theta_1 = D_2\cos\theta_2$)

⑵ 전계(E)는 접선성분(평행성분)이 같다. ($E_1\sin\theta_1 = E_2\sin\theta_2$)

⑶ 두 경계면에서의 전위는 서로 같다. ($V_1 = V_2$)

⑷ $\epsilon_1 > \epsilon_2$이면, $\theta_1 > \theta_2$이다.

⑸ $\dfrac{\tan\theta_1}{\tan\theta_2} = \dfrac{\epsilon_1}{\epsilon_2}$

13) 경계면 수직($\theta_1 = 0°$) 입사, $\epsilon_1 > \epsilon_2$인 경우

⑴ 전속 및 전기력선은 굴절하지 않고 직진한다.($\theta_2 = 0°$)

⑵ 전속밀도는 연속(일정)한다.($D_1 = D_2$)

⑶ 전계는 불연속이다.($E_1 < E_2$)

14) 경계면 평행($\theta_1 = 90°$) 입사, $\epsilon_1 > \epsilon_2$인 경우

⑴ 전속 및 전기력선은 굴절하지 않고 직진한다.($\theta_2 = 90°$)

⑵ 전속밀도는 불연속이다.($D_1 > D_2$)

⑶ 전계는 연속(일정)한다.($E_1 = E_2$)

15) 유전체 중의 정전 에너지 밀도

$$w = \frac{1}{2}\boldsymbol{E} \cdot \boldsymbol{D} = \frac{\epsilon E^2}{2} = \frac{D^2}{2\epsilon}\,[\mathrm{J/m^3}]$$

16) 유전체에 작용하는 힘 ($\epsilon_1 > \epsilon_2$인 경우)

(1) 전계가 경계면에 수직일 때

경계조건 ($\epsilon_1 > \epsilon_2$)
$D_1 = D_2 = D$
$E_1 < E_2$
$f_1 < f_2$

① $f_n = \frac{1}{2}\left(\frac{1}{\epsilon_2} - \frac{1}{\epsilon_1}\right)D^2\,[\mathrm{N/m^2}]$

② 법선 성분만 존재한다.

③ 경계면에 인장응력 작용

④ 힘의 방향 : 유전율이 큰 쪽에서 적은 쪽으로

(2) 전계가 경계면에 평행일 때($\epsilon_1 > \epsilon_2$인 경우)

경계조건 ($\epsilon_1 > \epsilon_2$)
$E_1 = E_2 = E$
$D_1 > D_2$
$f_1 > f_2$

① $f_n = \frac{1}{2}(\epsilon_1 - \epsilon_2)E^2\,[\mathrm{N/m^2}]$

② 접선 성분만 존재한다.

③ 경계면에 압축응력 작용

④ 힘의 방향 : 유전율이 큰 쪽에서 적은 쪽으로

출제예상문제

산기 22-3

01 고전압이 가해진 유전체 중에 공기의 기포가 있으면 유전체 중의 기포는 절연에 영향을 준다. 절연은 유전체의 유전율에 대하여 어떠한가?

① 유전율이 클수록 절연은 향상된다.

② 유전율이 작을수록 절연은 나빠진다.

③ 유전율에는 무관계하다.

④ 유전율이 클수록 절연은 나빠진다.

풀이 구형 기포 내의 전계의 세기 E_i는

$$E_i = \frac{3\epsilon_1}{2\epsilon_1 + \epsilon_2} E = \frac{3\epsilon_r}{2\epsilon_r + 1} E$$

따라서 유전체의 유전율이 클수록 기포 내부의 전계의 세기(=전기력선 밀도)는 커지게 되어 절연이 나빠진다.

기 17-3

02 다이아몬드와 같은 단결정 물체에 전장을 가할 때 유도되는 분극은?

① 전자분극

② 이온분극과 배향분극

③ 전자분극과 이온분극

④ 전자분극, 이온분극, 배향분극

풀이 전자 분극은 단결정 매질에서 전자운과 핵의 상대적인 변위에 의해 발생한다.

기 23-2, 기 21-1, 기 20-3, 기 17-2

03 전계 E[V/m], 전속밀도 D[C/m²], 유전율 $\epsilon = \epsilon_0\epsilon_r$[F/m], 분극의 세기 P[C/m²] 사이의 관계를 나타낸 것으로 옳은 것은?

① $P = D + \epsilon_0 E$

② $P = D - \epsilon_0 E$

③ $P = \dfrac{D+E}{\epsilon_0}$

④ $P = \dfrac{D-E}{\epsilon_0}$

풀이 전계 $E = \dfrac{\sigma - \sigma_p}{\epsilon_0} = \dfrac{D-P}{\epsilon_0}$[V/m]

$\therefore D = \epsilon_0 E + P$[C/m²]

그러므로, 분극의 세기 P는

$\therefore P = D - \epsilon_0 E = \epsilon_0\epsilon_r E - \epsilon_0 E = \epsilon_0(\epsilon_r - 1)E$[C/m²]

기 16-3

04 베이클라이트 중의 전속 밀도가 D[C/m²]일 때의 분극의 세기는 몇 [C/m²]인가? (단, 베이클라이트의 비유전율은 ϵ_s이다.)

① $D(\epsilon_s - 1)$

② $D\left(1 + \dfrac{1}{\epsilon_s}\right)$

③ $D\left(1 - \dfrac{1}{\epsilon_s}\right)$

④ $D(\epsilon_s + 1)$

풀이 $P = D - \epsilon_0 E = D - \epsilon_0 \times \dfrac{D}{\epsilon_0\epsilon_s} = D\left(1 - \dfrac{1}{\epsilon_s}\right)$[C/m²]

산기 22-2

05 반지름 a[m]인 도체구에 전하 Q[C]를 주었다. 도체구를 둘러싸고 있는 유전체의 유전율이 ϵ_s인 경우 경계면에 나타나는 분극 전하는 몇 [C/m²] 인가?

① $\dfrac{Q}{4\pi a^2}(1 - \epsilon_s)$

② $\dfrac{Q}{4\pi a^2}(\epsilon_s - 1)$

③ $\dfrac{Q}{4\pi a^2}(1 - \dfrac{1}{\epsilon_s})$

④ $\dfrac{Q}{4\pi a^2}(\dfrac{1}{\epsilon_s} - 1)$

풀이 $D = \epsilon_0 E + P$[C/m²], $D = \epsilon_0\epsilon_s E = \epsilon E$

$P = D\left(1 - \dfrac{1}{\epsilon_s}\right) = \epsilon E\left(1 - \dfrac{1}{\epsilon_s}\right) = \dfrac{Q}{4\pi a^2}\left(1 - \dfrac{1}{\epsilon_s}\right)$[C/m²]

산기 23-3

06 비유전율 $\epsilon_r = 5$인 유전체 내의 한 점에서 전계의 세기가 $10^4[V/m]$라면, 이 점의 분극의 세기는 약 몇 $[C/m^2]$ 인가?

① 3.5×10^{-7} ② 4.3×10^{-7}

③ 3.5×10^{-11} ④ 4.3×10^{-11}

풀이 분극의 세기

$$P = \epsilon_0(\epsilon_r - 1)E = \frac{1}{36\pi \times 10^9} \times (5-1) \times 10^4 = 3.5 \times 10^{-7}[C/m^2]$$

산기 22-3

07 평등 전계 내에 수직으로 비유전율 $\epsilon_s = 2$인 유전체 판을 놓았을 경우 판 내의 전속 밀도가 $D = 4 \times 10^{-6}[C/m^2]$이었다. 유전체 내의 분극의 세기 $P[C/m^2]$는?

① 1×10^{-6} ② 2×10^{-6}

③ 4×10^{-6} ④ 8×10^{-6}

풀이 $P = \epsilon_0(\epsilon_s - 1)E = D\left(1 - \frac{1}{\epsilon_s}\right) = 4 \times 10^{-6} \times \left(1 - \frac{1}{2}\right) = 2 \times 10^{-6}[C/m^2]$

산기 25-2

08 비유전율이 2.8인 유전체에서의 전속밀도가 $D = 3.0 \times 10^{-7}[C/m^2]$일 때 분극의 세기 P는 약 몇 $[C/m^2]$인가?

① 1.93×10^{-7} ② 2.93×10^{-7}

③ 3.50×10^{-7} ④ 4.07×10^{-7}

풀이 분극의 세기

$$P = D - \epsilon_0 E \quad (\text{단}, \ E = \frac{D}{\epsilon} = \frac{D}{\epsilon_0 \epsilon_r})$$

$$= D - \epsilon_0\left(\frac{D}{\epsilon_0 \epsilon_r}\right) = D - \frac{D}{\epsilon_r} = \left(1 - \frac{1}{\epsilon_r}\right)D$$

$$\therefore \ P = \left(1 - \frac{1}{2.8}\right) \times 3 \times 10^{-7} = 1.93 \times 10^{-7}[C/m^2]$$

기 23-1

09 두 평행판 축전기에 채워진 폴리에틸렌의 비유전율이 ϵ_r, 평행판간 거리 $d=1.5$[mm]일 때, 만일 평행판내의 전계의 세기가 10 [kV/m]라면 평행판간 폴리에틸렌 표면에 나타난 분극전하 밀도는?

① $\dfrac{\epsilon_r-1}{18\pi}\times 10^{-5}[\mathrm{C/m^2}]$

② $\dfrac{\epsilon_r-1}{36\pi}\times 10^{-6}[\mathrm{C/m^2}]$

③ $\dfrac{\epsilon_r}{18\pi}\times 10^{-5}[\mathrm{C/m^2}]$

④ $\dfrac{\epsilon_r-1}{36\pi}\times 10^{-5}[\mathrm{C/m^2}]$

풀이 분극 전하 밀도 σ'는 분극의 세기 P와 같으므로

$$\sigma' = P = \epsilon_0(\epsilon_r-1)E = \frac{10^7}{4\pi C^2}\times(\epsilon_r-1)\times 10\times 10^3$$

$$= \frac{10^7}{4\pi(3\times 10^8)^2}\times(\epsilon_r-1)\times 10^4 = \frac{10^{11}(\epsilon_r-1)}{36\pi\times 10^{16}} = \frac{\epsilon_r-1}{36\pi}\times 10^5[\mathrm{C/m^2}]$$

(단, 광속 $C=\dfrac{1}{\sqrt{\epsilon_0\mu_0}}$에서 $\epsilon_0=\dfrac{10^7}{4\pi C^2}$임)

산기 22-1, 산기 25-3

10 비유전율 $\epsilon_s=5$인 유전체 내의 분극률은 몇 [F/m]인가?

① $\dfrac{10^{-8}}{9\pi}$　　　　　　　　　② $\dfrac{10^9}{9\pi}$

③ $\dfrac{10^{-9}}{9\pi}$　　　　　　　　　④ $\dfrac{10^8}{9\pi}$

풀이 분극의 세기 $P=\epsilon_0(\epsilon_s-1)E$ 식에서

분극률 $\chi=\dfrac{P}{E}=\epsilon_0(\epsilon_s-1)=\dfrac{1}{36\pi\times 10^9}\times(5-1)=\dfrac{10^{-9}}{9\pi}[\mathrm{F/m}]$

$\left(\epsilon_0=\dfrac{10^7}{4\pi C^2}=\dfrac{1}{36\pi\times 10^9},\ C:\text{빛의 속도}=3\times 10^8[\mathrm{m/s}]\right)$

기 20-1,2

11 비유전율 ϵ_r이 4인 유전체의 분극률은 진공의 유전율 ϵ_0의 몇 배인가?

① 1

② 3

③ 9

④ 12

풀이▶ 분극률 $\chi = \epsilon_0(\epsilon_r - 1) = \epsilon_0(4-1) = 3\epsilon_0$이므로 3배가 된다.

기 22-3, 기 17-1

12 평행판 공기콘덴서의 양 극판에 $+\rho[\text{C/m}^2]$, $-\rho[\text{C/m}^2]$의 전하가 충전되어 있을 때 이 두 전극 사이에 유전율 $\epsilon[\text{F/m}]$인 유전체를 삽입한 경우의 전계의 세기는 몇 $[\text{V/m}]$인가? 단, 유전체의 분극전하밀도를 $+\rho_P[\text{C/m}^2]$, $-\rho_P[\text{C/m}^2]$라 한다.

① $\dfrac{\rho + \rho_P}{\epsilon_0}$

② $\dfrac{\rho - \rho_P}{\epsilon_0}$

③ $\dfrac{\rho}{\epsilon_0} - \dfrac{\rho_P}{\epsilon}$

④ $\dfrac{\rho_P}{\epsilon_0}$

풀이▶ 콘덴서 도체극판의 진전하밀도 ρ는 전속밀도 D, 유전체의 분극전하밀도 ρ_p는 분극의 세기(분극도) P로 정의한다. $(D = \rho,\ P = \rho_p)$

따라서, D, P 및 E의 관계식 $D = \epsilon_0 E + P$ 에서 전계의 세기 E는

$$\therefore E = \frac{D-P}{\epsilon_0} = \frac{\rho - \rho_p}{\epsilon_0}$$

기 22-2

13 정전용량이 20[μF]인 공기의 평행판 커패시터에 0.1[C]의 전하량을 충전하였다. 두 평행판 사이에 비유전율이 10인 유전체를 채웠을 때 유전체 표면에 나타나는 분극 전하량[C]은?

① 0.009

② 0.01

③ 0.09

④ 0.1

풀이 분극의 세기 P는 분극전하밀도 $\sigma'(P=\sigma')$, 전속밀도 D는 극판의 진전하 $\sigma(D=\sigma)$로 정의한다. 또 유전체 삽입 전과 후의 진전하는 일정하므로 전속밀도와 전하량도 동일하다.

즉 유전체 삽입 후의 전하량은

$Q= Q_0 = \sigma S = DS = 0.1$ [C]이고,

분극전하량은 $Q' = PS = \sigma' S$로 나타낼 수 있다.

$D=\epsilon E = \epsilon_0 \epsilon_s E$에 의해 분극의 세기 P와 전계의 세기 E의 관계식은

$$P=\epsilon_0(\epsilon_s-1)E=\epsilon_0(\epsilon_s-1)\frac{D}{\epsilon_0\epsilon_s}$$

$$\therefore \ P=\left(1-\frac{1}{\epsilon_s}\right)D$$

가 된다. 양변에 극판의 면적 S를 곱하면

$$PS=\left(1-\frac{1}{\epsilon_s}\right)DS$$

이고, $Q' = PS$, $Q= Q_0 = DS = 0.1$[C]을 적용하면 분극전하량 Q'은

$$Q'=\left(1-\frac{1}{\epsilon_s}\right)Q=\left(1-\frac{1}{10}\right)\times 0.1 = 0.09 \ [C]$$

기 21-3, 기 18-1

14 패러데이관(Faraday tube)의 성질에 대한 설명으로 틀린 것은?

① 패러데이관 중에 있는 전속수는 그 관속에 진전하가 없으면 일정하며 연속적이다.

② 패러데이관의 양단에는 양 또는 음의 단위 진전하가 존재하고 있다.

③ 패러데이관 한 개의 단위 전위차 당 보유에너지는 $\frac{1}{2}$[J]이다.

④ 패러데이관의 밀도는 전속밀도와 같지 않다.

풀이 단위전하에서 나오는 전속선의 관을 패러데이관이라 하며, 그 특징은 다음과 같다.
- 패러데이관 내의 전속수는 일정하다.
- **페러데이관의 밀도는 전속 밀도와 같다.**
  (패러데이관 수 = 전속선 수).
- 진전하가 없는 점에서 패러데이관은 연속이다.
- 패러데이관 양단에 정, 부의 단위 전하가 있다.

기 16–2

15 패러데이 관에 대한 설명으로 틀린 것은?

① 관내의 전속수는 일정하다.

② 관의 밀도는 전속밀도와 같다.

③ 진전하가 없는 점에서 불연속이다.

④ 관 양단에 양(+), 음(−)의 단위전하가 있다.

풀이 단위전하에서 나오는 전속선의 관을 패러데이관이라 하며, 그 특징은 다음과 같다.
- 패러데이관 내의 전속수는 일정하다.
- 페러데이관의 밀도는 전속 밀도와 같다.
  (패러데이관 수 = 전속선 수).
- **진전하가 없는 점에서 패러데이관은 연속이다.**
- 패러데이관 양단에 정, 부의 단위 전하가 있다.

기 19–1

16 서로 다른 두 유전체 사이의 경계면에 전하분포가 없다면 경계면 양쪽에서의 전계 및 전속밀도는?

① 전계 및 전속밀도의 접선성분은 서로 같다.

② 전계 및 전속밀도의 법선 성분은 서로 같다.

③ 전계의 법선성분이 서로 같고, 전속밀도의 접선성분이 서로 같다.

④ 전계의 접선성분이 서로 같고, 전속밀도의 법선성분이 서로 같다.

풀이 경계조건

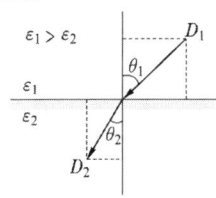

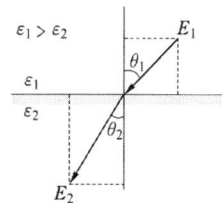

전속의 굴절   전기력선의 굴절

- **전속밀도의 법선성분(수직성분)이 같다.** ($D_1\cos\theta_1 = D_2\cos\theta_2$)
- **전계는 접선성분(평행성분)이 같다.** ($E_1\sin\theta_1 = E_2\sin\theta_2$)
- 두 경계면에서의 전위는 서로 같다. ($V_1 = V_2$)
- $\epsilon_1 > \epsilon_2$이면, $\theta_1 > \theta_2$이다.
- $\dfrac{\tan\theta_1}{\tan\theta_2} = \dfrac{\epsilon_1}{\epsilon_2}$

기 23-2

17 두 매질의 경계면 사이 조건 중 옳은 것은?(단, 경계면에 전하분포는 없다.)

① 유전체와 유전체 경계면의 전계 및 전속밀도의 접선성분은 서로 같다.

② 유전체와 유전체 경계면의 전계 및 전속밀도의 법선성분은 서로 같다.

③ 유전체와 도체 경계면의 전계의 접선성분은 0이다.

④ 유전체와 도체 경계면의 전계의 법선성분은 0이다.

풀이 (1) 두 매질의 경계면에서의 경계조건

- 전속밀도는 법선성분(수직성분)이 같다. ($D_{1n} = D_{2n}$, $D_1 \cos\theta_1 = D_2 \cos\theta_2$)
- 전계의 세기는 접선성분(수평성분)이 같다. ($E_{1t} = E_{2t}$, $E_1 \sin\theta_1 = E_2 \sin\theta_2$)
- 두 경계면에서의 전위는 서로 같다. ($V_1 = V_2$)
- 굴절의 법칙 : $\epsilon_1 > \epsilon_2$이면, $\theta_1 > \theta_2$이다. ($\dfrac{\tan\theta_1}{\tan\theta_2} = \dfrac{\epsilon_1}{\epsilon_2}$)

(2) 도체(매질 1) 와 유전체(매질 2)의 경계조건

- 도체내부의 전계는 0이므로 도체내부의 접선성분은 0이다.($E_{1t} = 0$)
- 전계의 세기는 접선성분이 같고($E_{1t} = E_{2t}$), 경계면에서 전위가 같은 등전위면이므로 유전체의 접선성분도 0이다. ($E_{2t} = 0$)
- 따라서 도체와 유전체 경계면의 전계의 세기는 0이 된다. ($E_{1t} = E_{2t} = 0$, $\therefore$ $E_t = 0$)

산기 23-3

18 그림과 같이 유전체 경계면에서 $\epsilon_1 < \epsilon_2$이었을 때 경계조건으로 옳은 것은?

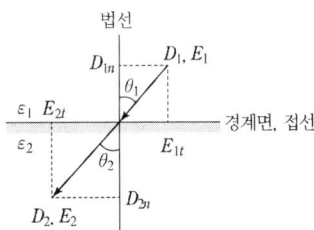

① $E_1 > E_2$

② $E_1\cos\theta_1 = E_2\cos\theta_2$

③ $D_1\sin\theta_1 = D_2\sin\theta_2$

④ $D_1 > D_2$

풀이▶ (1) 두 유전체의 경계면에서 경계조건
   • 전속밀도는 법선성분이 같다.($D_{1n} = D_{2n}$)

   $D_1\cos\theta_1 = D_2\cos\theta_2$

   • 전계의 세기는 접선성분이 같다.($E_{1t} = E_{2t}$)

   $E_1\sin\theta_1 = E_2\sin\theta_2$

   • 굴절의 법칙 : $\dfrac{\tan\theta_1}{\tan\theta_2} = \dfrac{\epsilon_1}{\epsilon_2}$

(2) 굴절의 법칙에서 $\epsilon_1 < \epsilon_2$이면, $\theta_1 < \theta_2$이다.

   따라서 $\sin\theta_1 < \sin\theta_2$, $\cos\theta_1 > \cos\theta_2$이다.

   전계의 세기의 관계 $\dfrac{E_1}{E_2} = \dfrac{\sin\theta_2}{\sin\theta_1} > 1$ ∴ $E_1 > E_2$

   전속밀도의 관계 $\dfrac{D_1}{D_2} = \dfrac{\cos\theta_2}{\cos\theta_1} < 1$ ∴ $D_1 < D_2$

기 23-1, 기 21-2, 기 16-2

19 두 종류의 유전율(ϵ_1, ϵ_2)을 가진 유전체 경계면에 진전하가 존재하지 않을 때 성립하는 경계 조건을 옳게 나타낸 것은? (단, θ_1, θ_2는 각각 유전체 경계면의 법선벡터와 E_1, E_2가 이루는 각이다.)

① $E_1 \sin\theta_1 = E_2 \sin\theta_2$, $D_1 \sin\theta_1 = D_2 \sin\theta_2$, $\dfrac{\tan\theta_1}{\tan\theta_2} = \dfrac{\epsilon_2}{\epsilon_1}$

② $E_1 \cos\theta_1 = E_2 \cos\theta_2$, $D_1 \sin\theta_1 = D_2 \sin\theta_2$, $\dfrac{\tan\theta_1}{\tan\theta_2} = \dfrac{\epsilon_2}{\epsilon_1}$

③ $E_1 \sin\theta_1 = E_2 \sin\theta_2$, $D_1 \cos\theta_1 = D_2 \cos\theta_2$, $\dfrac{\tan\theta_1}{\tan\theta_2} = \dfrac{\epsilon_1}{\epsilon_2}$

④ $E_1 \cos\theta_1 = E_2 \cos\theta_2$, $D_1 \cos\theta_1 = D_2 \cos\theta_2$, $\dfrac{\tan\theta_1}{\tan\theta_2} = \dfrac{\epsilon_1}{\epsilon_2}$

풀이 경계 조건
- 전속밀도의 법선 성분(수직 성분)이 같다. ($D_1 \cos\theta_1 = D_2 \cos\theta_2$)
- 전계는 접선 성분(평행 성분)이 같다. ($E_1 \sin\theta_1 = E_2 \sin\theta_2$)
- 두 경계면에서의 전위는 서로 같다. ($V_1 = V_2$)
- $\epsilon_1 > \epsilon_2$이면, $\theta_1 > \theta_2$ 이다.
- $\dfrac{\tan\theta_1}{\tan\theta_2} = \dfrac{\epsilon_1}{\epsilon_2}$
- 전속선은 유전율이 큰 유전체 쪽으로 모이려는 성질이 있다.

산기 25-1

20 유전율이 각각 ϵ_1, ϵ_2인 두 유전체가 접해 있다. 각 유전체 중의 전계 및 전속밀도가 각각 E_1, D_1 및 E_2, D_2이고, 경계면에 대한 입사각 및 굴절각이 θ_1, θ_2일 때 경계조건으로 옳은 것은?

① $\dfrac{\sin\theta_2}{\sin\theta_1} = \dfrac{\epsilon_2}{\epsilon_1}$　　　　② $\dfrac{\cos\theta_2}{\cos\theta_1} = \dfrac{D_2}{D_1}$

③ $\dfrac{\tan\theta_2}{\tan\theta_1} = \dfrac{\epsilon_2}{\epsilon_1}$　　　　④ $\dfrac{\cot\theta_2}{\cot\theta_1} = \dfrac{E_2}{E_1}$

풀이
- 전속밀도의 법선 성분(수직 성분)이 같다. ($D_1 \cos\theta_1 = D_2 \cos\theta_2$)
- 전계는 접선 성분(평행 성분)이 같다. ($E_1 \sin\theta_1 = E_2 \sin\theta_2$)
- 두 경계면에서의 전위는 서로 같다. ($V_1 = V_2$)
- $\epsilon_1 > \epsilon_2$이면, $\theta_1 > \theta_2$ 이다.
- $\dfrac{\tan\theta_2}{\tan\theta_1} = \dfrac{\epsilon_2}{\epsilon_1}$

산기 24-3

21 두 유전체의 경계면에서 정전계가 만족하는 것은?

① 전계의 법선 성분이 같다.

② 전속 밀도의 접선 성분이 같다.

③ 경계면상의 두 점의 전위는 서로 같다.

④ 전속은 유전율이 작은 유전체로 모인다.

풀이 경계 조건
- 전속밀도의 법선 성분(수직 성분)이 같다. $(D_1\cos\theta_1 = D_2\cos\theta_2)$
- 전계는 접선 성분(평행 성분)이 같다. $(E_1\sin\theta_1 = E_2\sin\theta_2)$
- **두 경계면에서의 전위는 서로 같다.** $(V_1 = V_2)$
- $\epsilon_1 > \epsilon_2$이면, $\theta_1 > \theta_2$ 이다.
- $\dfrac{\tan\theta_1}{\tan\theta_2} = \dfrac{\epsilon_1}{\epsilon_2}$
- 전속선은 유전율이 큰 유전체 쪽으로 모이려는 성질이 있다.

산기 24-2

22 두 종류의 유전체 경계면에서 전속과 전기력선이 경계면에 수직으로 도달할 때에 대한 설명으로 틀린 것은?

① 전속밀도는 변하지 않는다.

② 전속과 전기력선은 굴절하지 않는다.

③ 전계의 세기는 불연속적으로 변한다.

④ 전속선은 유전율이 작은 유전체 쪽으로 모이려는 성질이 있다.

풀이 ① $\theta_1 = \theta_2 = 0°$이므로 $D_1\cos\theta_1 = D_2\cos\theta_2$에서 $\cos 0° = 1$이므로 $D_1 = D_2$, 즉 전속 밀도는 불변(연속)이다.

② $E_1\sin\theta_1 = E_2\sin\theta_2$에서 입사각 $\theta_1 = 0°$이므로 $0 = E_2\sin\theta_2$에서 $E_2 \neq 0$가 아닌 경우 $\sin\theta_2 = 0$가 되어야 하므로 $\theta_2 = 0$ 즉, 굴절하지 않는다.

③ $D_1 = \epsilon_1 E_1$, $D_2 = \epsilon_2 E_2$이므로 $D_1 = D_2$인 경우 $\epsilon_1 E_1 = \epsilon_2 E_2$가 성립하는데 $\epsilon_1 \neq \epsilon_2$인 경우 $E_1 \neq E_2$이다. 즉, 전계의 세기는 크기가 같지 않다(불연속이다).

④ **전속선은 유전율이 큰 유전체 쪽으로 모이려는 성질이 있다.**

23 기 23-2

평행판 콘덴서의 극판 사이에 유전율이 각각 ϵ_1, ϵ_2인 두 유전체를 반씩 채우고 극판 사이에 일정한 전압을 걸어줄 때 매질 (1), (2) 내의 전계의 세기 E_1, E_2 사이에 성립하는 관계로 옳은 것은?

① $E_2 = 4E_1$

② $E_2 = 2E_1$

③ $E_2 = \dfrac{E_1}{4}$

④ $E_2 = E_1$

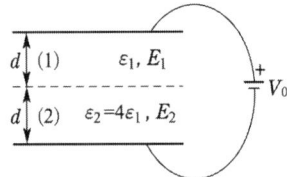

풀이 경계면에 수직($\theta_1 = \theta_2 = 0°$)이므로 경계조건 $D_1 \cos\theta_1 = D_2 \cos\theta_2$ 에서 $D_1 = D_2$
즉, $\epsilon_1 E_1 = \epsilon_2 E_2$ 에서

$$E_2 = \frac{\epsilon_1}{\epsilon_2}E_1 = \frac{\epsilon_1}{4\epsilon_1}E_1 = \frac{1}{4}E_1$$

$$\therefore \quad E_2 = \frac{1}{4}E_1$$

24 기 22-1

전계가 유리에서 공기로 입사할 때 입사각 θ_1과 굴절각 θ_2의 관계와 유리에서의 전계 E_1과 공기에서의 전계 E_2의 관계는?

① $\theta_1 > \theta_2$, $E_1 > E_2$

② $\theta_1 < \theta_2$, $E_1 > E_2$

③ $\theta_1 > \theta_2$, $E_1 < E_2$

④ $\theta_1 < \theta_2$, $E_1 < E_2$

풀이 ① 유리의 유전율 ϵ_1 : 3.5~10, 공기의 유전율 ϵ_2 : 약 1 이므로 $\epsilon_1 > \epsilon_2$인 경우가 된다.

② $\epsilon_1 > \epsilon_2$인 경우
- 입사각과 굴절각 : $\theta_1 > \theta_2$
- 전속밀도 : $D_1 > D_2$(불연속)
- 전계 : $E_1 < E_2$ (불연속)

기 23-1, 기 18-1

25 $x = 0$인 무한평면을 경계면으로 하여 $x < 0$인 영역에는 비유전율 $\epsilon_{r1} = 2$, $x > 0$인 영역에는 $\epsilon_{r2} = 4$인 유전체가 있다. ϵ_{r1}인 유전체내에서 전계 $E_1 = 20a_x - 10a_y + 5a_z$[V/m] 일 때 $x > 0$인 영역에 있는 ϵ_{r2}인 유전체내에서 전속밀도 D_2[C/m²]는? (단, 경계면상에는 자유전하가 없다고 한다.)

① $D_2 = \epsilon_0 (20a_x - 40a_y + 5a_z)$

② $D_2 = \epsilon_0 (40a_x - 40a_y + 20a_z)$

③ $D_2 = \epsilon_0 (80a_x - 20a_y + 10a_z)$

④ $D_2 = \epsilon_0 (40a_x - 20a_y + 20a_z)$

풀이 유전체의 경계조건에 의해 다음을 만족하며 그림으로부터 다음과 같이 표현된다.

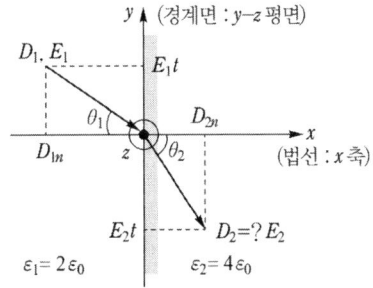

① **전속밀도는 법선 성분과 같다.**

$D_{1n} = D_{2n}$ (법선 성분은 x축이므로 $D_{1x} = D_{2x}$이고, $\epsilon_1 E_{1x} = \epsilon_2 E_{2x}$를 만족해야 함)

② **전계의 세기는 접선 성분과 같다.**

$E_{1t} = E_{2t}$ ($y - z$평면은 경계면과 일치하므로 접선 성분은 y, z축이 된다.

따라서 $E_{1y} = E_{2y}$, $E_{1z} = E_{2z}$를 만족해야 함)

따라서 유전체 ϵ_2 영역의 전계 E_2의 각 축성분 E_{2x}, E_{2y}, E_{2z}는

$$E_{2x} = \frac{\epsilon_1}{\epsilon_2} E_{1x} = \frac{2\epsilon_0}{4\epsilon_0} \times 20 = 10$$

$$E_{2y} = E_{1y} = -10, \quad E_{2z} = E_{1z} = 5$$

$$\therefore \ E_2 = 10a_x - 10a_y + 5a_z$$

또 전속밀도와 전계의 세기의 관계식 $D = \epsilon E$에서

$$D_2 = \epsilon_2 E_2 = \epsilon_0 \epsilon_{r2} E_2 = 4\epsilon_0 (10a_x - 10a_y + 5a_z)$$

$$= \epsilon_0 (40a_x - 40a_y + 20a_z)$$

26 기 19-1

$x > 0$인 영역에 비유전율 $\epsilon_{r1} = 3$인 유전체, $x < 0$인 영역에 비유전율 $\epsilon_{r2} = 5$인 유전체가 있다. $x < 0$인 영역에서 전계 $E_2 = 20a_x + 30a_y - 40a_z$ [V/m]일 때 $x > 0$인 영역에서의 전속밀도는 몇 [C/m²]인가?

① $10(10a_x + 9a_y - 12a_z)\epsilon_0$ ② $20(5a_x - 10a_y + 6a_z)\epsilon_0$

③ $50(2a_x + 3a_y - 4a_z)\epsilon_0$ ④ $50(2a_x - 3a_y + 4a_z)\epsilon_0$

풀이 경계면에 대해 a_x 성분은 법선 성분이고 a_y, a_z 성분은 접선 성분에 해당된다.
- 경계조건에 의하여 법선 성분 $D_{1x} = D_{2x}$ 이므로

$$\epsilon_0 \epsilon_{r1} E_{1x} = \epsilon_0 \epsilon_{r2} E_{2x}$$

$$\therefore E_{1x} = \frac{\epsilon_{r2}}{\epsilon_{r1}} E_{2x} = \frac{5}{3} 20a_x = \frac{100}{3} a_x$$

- 경계조건에 의하여 접선 성분 $E_{1y} = E_{2y}$, $E_{1z} = E_{2z}$ 이므로

$$\therefore E_{1y} = 30a_y, \quad E_{1z} = -40a_z$$

- 비유전율 ϵ_{r1}인 영역에서의 전계 E_1

$$E_1 = \frac{100}{3} a_x + 30a_y - 40a_z \text{[V/m]}$$

- 비유전율 ϵ_{r1}인 영역에서의 전속밀도 D_1

$$\begin{aligned} D_1 &= \epsilon_0 \epsilon_{r1} E_1 = \epsilon_0 \times 3 \times \left[\frac{100}{3} a_x + 30a_y - 40a_z \right] \\ &= (100a_x + 90a_y - 120a_z)\epsilon_0 = 10(10a_x + 9a_y - 12a_z)\epsilon_0 \text{[C/m²]} \end{aligned}$$

27 기 18-2

$x > 0$인 영역에 $\epsilon_1 = 3$인 유전체, $x < 0$인 영역에 $\epsilon_2 = 5$인 유전체가 있다. 유전율 ϵ_2인 영역에서 전계가 $E_2 = 20a_x + 30a_y - 40a_z$[V/m] 일 때, 유전율 ϵ_1인 영역에서의 전계 E_1[V/m]은?

① $\frac{100}{3} a_x + 30a_y - 40a_z$ ② $20a_x + 90a_y - 40a_z$

③ $100a_x + 10a_y - 40a_z$ ④ $60a_x + 30a_y - 40a_z$

풀이 경계면에 대해 a_x 성분은 법선 성분이고 a_y, a_z 성분은 접선 성분에 해당된다.
- 경계조건에 의하여 법선 성분 $D_{1x} = D_{2x}$ 이므로

$$\epsilon_1 E_{1x} = \epsilon_2 E_{2x}$$

$$\therefore E_{1x} = \frac{\epsilon_2}{\epsilon_1} E_{2x} = \frac{5}{3} 20a_x = \frac{100}{3} a_x$$

- 경계조건에 의하여 접선 성분 $E_{1y} = E_{2y}$, $E_{1z} = E_{2z}$ 이므로

$$\therefore E_{1y} = 30a_y, \quad E_{1z} = -40a_z$$

- 유전율 ϵ_1인 영역에서의 전계 E_1

$$E_1 = \frac{100}{3} a_x + 30a_y - 40a_z \text{[V/m]}$$

정답 26. ① 27. ①

기 18-2

28 매질 1의 $\mu_{s1} = 500$, 매질 2의 $\mu_{s2} = 1000$이다. 매질 2에서 경계면에 대하여 45°의 각도로 자계가 입사한 경우 매질 1에서 경계면과 자계의 각도에 가장 가까운 것은?

① 20°

② 30°

③ 60°

④ 80°

풀이 **굴절의 법칙**

$$\frac{\tan \theta_1}{\tan \theta_2} = \frac{\mu_1}{\mu_2} = \frac{\mu_{s1}}{\mu_{s2}} \text{ 에서 } \frac{\tan \theta_1}{\tan 45°} = \frac{500}{1000}$$

$$\tan \theta_1 = \frac{1}{2} \tan 45° = \frac{1}{2}$$

$$\theta_1 = \tan^{-1} \frac{1}{2} = 26.57°$$

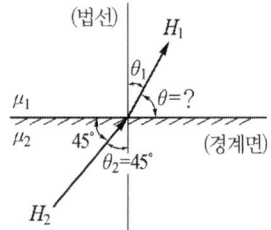

그림과 같이 입사각 θ_1과 굴절각 θ_2는 경계면의 법선에 대한 각도를 나타내므로 매질1에서 경계면과 이루는 각도

$$\theta = 90° - \theta_1 = 90° - 26.57° = 63.43°$$

기 17-1

29 매질1(ϵ_1)은 나일론(비유전율 $\epsilon_s = 4$)이고, 매질2(ϵ_2)는 진공일 때 전속밀도 D가 경계면에서 각각 θ_1, θ_2의 각을 이룰 때 $\theta_2 = 30°$라면 θ_1의 값은?

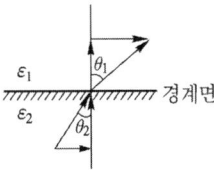

① $\tan^{-1} \dfrac{4}{\sqrt{3}}$

② $\tan^{-1} \dfrac{\sqrt{3}}{4}$

③ $\tan^{-1} \dfrac{\sqrt{3}}{2}$

④ $\tan^{-1} \dfrac{2}{\sqrt{3}}$

풀이 • 전계는 경계면에서 수평 성분이 서로 같으므로
$$E_1\sin\theta_1 = E_2\sin\theta_2$$

• 전속밀도는 경계면에서 수직 성분이 서로 같으므로
$$D_1\cos\theta_1 = D_2\cos\theta_2$$

따라서, $\dfrac{E_1\sin\theta_1}{D_1\cos\theta_1} = \dfrac{E_2\sin\theta_2}{D_2\cos\theta_2}$

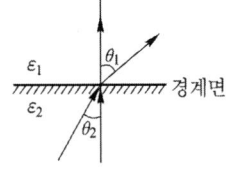

여기서 $D_1 = \epsilon_1 E_1$, $D_2 = \epsilon_2 E_2$ 이므로

$(\because \dfrac{1}{\epsilon_1} = \dfrac{E_1}{D_1},\ \dfrac{1}{\epsilon_2} = \dfrac{E_2}{D_2}$

따라서, $\dfrac{E_1\sin\theta_1}{D_1\cos\theta_1} = \dfrac{1}{\epsilon_1} \cdot \dfrac{\sin\theta_1}{\cos\theta_1} = \dfrac{1}{\epsilon_1} \cdot \tan\theta_1$

$\dfrac{E_2\sin\theta_2}{D_2\cos\theta_2} = \dfrac{1}{\epsilon_2} \cdot \dfrac{\sin\theta_2}{\cos\theta_2} = \dfrac{1}{\epsilon_2} \cdot \tan\theta_2$ 가 된다.)

$\dfrac{1}{\epsilon_1}\tan\theta_1 = \dfrac{1}{\epsilon_2}\tan\theta_2$

따라서, $\dfrac{\tan\theta_1}{\tan\theta_2} = \dfrac{\epsilon_1}{\epsilon_2}$

$\dfrac{\tan\theta_1}{\tan 30°} = \dfrac{4}{1} = \dfrac{\tan\theta_1}{\dfrac{1}{\sqrt{3}}}$ 에서 $\tan\theta_1 = \dfrac{4}{\sqrt{3}}$

$\therefore\ \theta_1 = \tan^{-1}\dfrac{4}{\sqrt{3}}$ ($\theta_2 = 30°$, $\epsilon_1 = 4$, $\epsilon_2 = 1$)

기 23-1, 기 22-1, 기 21-1, 기 17-3

30 평등 전계 중에 유전체 구에 의한 전속분포가 그림과 같이 되었을 때 ϵ_1과 ϵ_2의 크기 관계는?

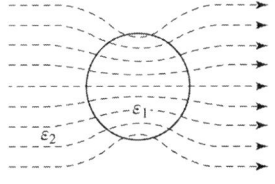

① $\epsilon_1 > \epsilon_2$ ② $\epsilon_1 < \epsilon_2$

③ $\epsilon_1 = \epsilon_2$ ④ 무관하다.

풀이 전속과 전기력선은 유전율이 큰 구의 경계면에서 모아지고, 유전율이 작은 구의 경계면에서 벌어지는 현상이 나타난다. 즉 그림과 같은 전속 분포에서 유전체구의 경계면에서 모아지므로 유전체 구의 유전율이 외부보다 큰 것($\epsilon_1 > \epsilon_2$)을 의미한다.

산기 23-2

31 평행판콘덴서의 극판 사이가 진공일 때의 용량을 C_0, 비유전율 ϵ_s의 유전체를 채웠을 때의 용량을 C라 할 때, 이들의 관계식은?

① $\dfrac{C}{C_0} = \dfrac{1}{\epsilon_0 \epsilon_s}$ ② $\dfrac{C}{C_0} = \dfrac{1}{\epsilon_s}$

③ $\dfrac{C}{C_0} = \epsilon_0 \epsilon_s$ ④ $\dfrac{C}{C_0} = \epsilon_s$

풀이 • 극판 사이가 진공일 때의 정전용량

$$C_0 = \frac{\epsilon_0 s}{d}$$

• 극판 사이를 비유전율 ϵ_s의 유전체를 채웠을 때의 정전용량

$$C = \frac{\epsilon_0 \epsilon_s s}{d} = \epsilon_s C_0$$

$$\therefore \ \frac{C}{C_0} = \epsilon_s$$

산기 23-3

32 정전용량이 C인 콘덴서에서 극판사이의 비유전율이 2인 유전체를 제거하고 공기로 채운 경우 그 때의 용량을 C_0라고 하면, C와 C_0의 관계는?

① $C = 2C_0$

② $C = 4C_0$

③ $C = \dfrac{C_0}{4}$

④ $C = \dfrac{C_0}{2}$

풀이 ▶
- $C_0 = \dfrac{\epsilon_0 S}{d}$
- $C = \dfrac{\epsilon_0 \epsilon_s S}{d}$

따라서, $C = \epsilon_s C_0 = 2C_0$

산기 23-3

33 면적 $S[\text{m}^2]$, 간격 $d[\text{m}]$인 평행판 콘덴서에 그림과 같이 두께 d_1, $d_2[\text{m}]$이며 유전율 ϵ_1, ϵ_2 [F/m]인 두 유전체를 극판 간에 평행으로 채웠을 때 정전용량[F]은?

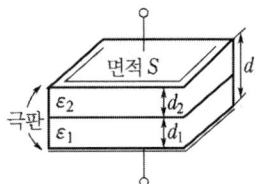

① $\dfrac{S}{\dfrac{d_1}{\epsilon_1} + \dfrac{d_2}{\epsilon_2}}$

② $\dfrac{S^2}{\dfrac{d_1}{\epsilon_2} + \dfrac{d_2}{\epsilon_1}}$

③ $\dfrac{\epsilon_1 S}{d_1} + \dfrac{\epsilon_2 S}{d_2}$

④ $\dfrac{\epsilon_1 \epsilon_2 S}{d}$

풀이 ▶ 유전율이 ϵ_1, ϵ_2인 각 유전체의 정전 용량을 C_1, C_2라 하면

$C_1 = \dfrac{\epsilon_1 S}{d_1}$, $C_2 = \dfrac{\epsilon_2 S}{d_2}$이므로

직렬 합성 용량 C는

$$\therefore C = \frac{1}{\dfrac{1}{C_1} + \dfrac{1}{C_2}} = \frac{C_1 C_2}{C_1 + C_2} = \frac{\dfrac{\epsilon_1 S \epsilon_2 S}{d_1 d_2}}{\dfrac{\epsilon_1 S}{d_1} + \dfrac{\epsilon_2 S}{d_2}} = \frac{\epsilon_1 \epsilon_2 S}{\epsilon_2 d_1 + \epsilon_1 d_2} = \frac{S}{\dfrac{d_1}{\epsilon_1} + \dfrac{d_2}{\epsilon_2}}$$

34　기 22-2

정전용량이 $C_0[\mu F]$인 평행판의 공기 커패시터가 있다. 두 극판 사이에 극판과 평행하게 절반을 비유전율이 ϵ_r인 유전체로 채우면 커패시터의 정전용량$[\mu F]$은?

① $\dfrac{C_0}{2\left(1+\dfrac{1}{\epsilon_r}\right)}$

② $\dfrac{C_0}{1+\dfrac{1}{\epsilon_r}}$

③ $\dfrac{2C_0}{1+\dfrac{1}{\epsilon_r}}$

④ $\dfrac{4C_0}{1+\dfrac{1}{\epsilon_r}}$

풀이 공기 부분의 정전 용량을 C_1이라 하면

$$C_1 = \frac{\epsilon_0 S}{d/2}[F] = \frac{2S\epsilon_0}{d}[F]$$

이고, 유전체 부분의 정전 용량을 C_2라 하면

$$C_2 = \frac{\epsilon S}{d/2} = \frac{2S\epsilon}{d}[F]$$

이다. 그러므로, 극판 간 공극의 두께 1/2 상당의 유전체를 넣는 경우 정전 용량 C는 **두 개의 콘덴서가 직렬 접속**된 것과 같으므로

$$C = \frac{1}{\dfrac{1}{C_1}+\dfrac{1}{C_2}} = \frac{1}{\dfrac{d}{2S}\left(\dfrac{1}{\epsilon_0}+\dfrac{1}{\epsilon}\right)} = \frac{1}{\dfrac{d}{2\epsilon_0 S}\left(1+\dfrac{\epsilon_0}{\epsilon}\right)}$$

$$= \frac{2\epsilon_0 S}{d} \cdot \frac{1}{1+\dfrac{\epsilon_0}{\epsilon}} = \frac{2C_0}{1+\dfrac{\epsilon_0}{\epsilon}} = \frac{2C_0}{1+\dfrac{1}{\epsilon_r}}[F]$$

(평행판 공기콘덴서의 정전용량 $C_0 = \dfrac{\epsilon_0 S}{d}[F]$)

기 17-2

35 정전용량이 C_0[F]인 평행판 공기콘덴서가 있다. 이것의 극판에 평행으로 판간격 d[m]의 1/2 두께인 유리판을 삽입하였을 때의 정전용량[F]은? (단, 유리판의 유전율은 ϵ[F/m]이라 한다.)

① $\dfrac{2C_0}{1 + \dfrac{1}{\epsilon}}$

② $\dfrac{C_0}{1 + \dfrac{1}{\epsilon}}$

③ $\dfrac{2C_0}{1 + \dfrac{\epsilon_0}{\epsilon}}$

④ $\dfrac{C_0}{1 + \dfrac{\epsilon}{\epsilon_0}}$

풀이 공기 부분 정전 용량을 C_1 이라 하면

$$C_1 = \frac{\epsilon_0 S}{d/2} = \frac{2S\epsilon_0}{d}\text{[F]}$$

이고, 유리판 부분 정전 용량을 C_2 라 하면

$$C_2 = \frac{\epsilon S}{d/2} = \frac{2S\epsilon}{d}\text{[F]}$$

이다. 그러므로, 극판간 공극의 두께 1/2 상당의 유리판을 넣을 경우 정전 용량 C

$$C = \frac{1}{\dfrac{1}{C_1} + \dfrac{1}{C_2}} = \frac{1}{\dfrac{d}{2S}\left(\dfrac{1}{\epsilon_0} + \dfrac{1}{\epsilon}\right)} = \frac{1}{\dfrac{d}{2S\epsilon_0}\left(1 + \dfrac{\epsilon_0}{\epsilon}\right)}$$

$$= \frac{2C_0}{1 + \dfrac{\epsilon_0}{\epsilon}} = \frac{2C_0}{1 + \dfrac{1}{\epsilon_s}}$$

기 19-3

36 정전용량이 1[μF]이고 판의 간격이 d인 공기콘덴서가 있다. 두께 $\frac{1}{2}d$, 비유전율 $\epsilon_r = 2$ 유전체를 그 콘덴서의 한 전극면에 접촉하여 넣었을 때 전체의 정전용량[μF]은?

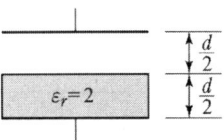

① 2

② $\frac{1}{2}$

③ $\frac{4}{3}$

④ $\frac{5}{3}$

풀이 콘덴서의 직렬 등가회로로 바꿀 수 있고 합성 정전용량 C는

$$C = \frac{1}{\dfrac{1}{C_1} + \dfrac{1}{C_2}} = \frac{C_1 C_2}{C_1 + C_2}$$

여기서, C_1, C_2는

$$C_1 = \frac{\epsilon_0 A}{\dfrac{d}{2}} = \frac{2\epsilon_0 A}{d}$$

$$C_2 = \frac{\epsilon_0 \epsilon_s A}{\dfrac{d}{2}} = \frac{2\epsilon_0 \epsilon_s A}{d}$$

$$\therefore \ C = \frac{\dfrac{2\epsilon_0 A}{d} \cdot \dfrac{2\epsilon_0 \epsilon_s A}{d}}{\dfrac{2\epsilon_0 A}{d} + \dfrac{2\epsilon_0 \epsilon_s A}{d}} = \frac{\dfrac{\epsilon_0 A}{d} 4\epsilon_s}{2 + 2\epsilon_s} = \frac{\epsilon_0 A \cdot 2\epsilon_s}{d(1+\epsilon_s)} = \frac{\epsilon_0 A}{d} \cdot \frac{2\epsilon_s}{1+\epsilon_s}$$

유전체를 삽입하기 전 정전용량 $C_0 = \dfrac{\epsilon_0 A}{d}$이므로

$$C = C_0 \cdot \frac{2\epsilon_s}{1+\epsilon_s} = 1 \cdot \frac{2 \times 2}{1+2} = \frac{4}{3} \ [\mu F]$$

기 22-1

37 평행 극판 사이 간격이 d[m]이고 정전용량이 0.3[μF]인 공기 커패시터가 있다. 그림과 같이 두 극판 사이에 비유전율이 5인 유전체를 절반 두께 만큼 넣었을 때 이 커패시터의 정전용량 은 몇 [μF]이 되는가?

① 0.01

② 0.05

③ 0.1

④ 0.5

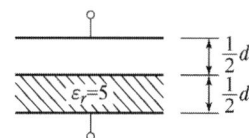

풀이 공기 부분의 정전 용량을 C_1이라 하면

$$C_1 = \frac{\epsilon_0 S}{d/2}[\text{F}] = \frac{2S\epsilon_0}{d}[\text{F}]$$

이고, 유전체 부분의 정전 용량을 C_2라 하면

$$C_2 = \frac{\epsilon S}{d/2} = \frac{2S\epsilon}{d}[\text{F}]$$

이다. 그러므로, 극판 간 공극의 두께 1/2 상당의 유전체를 넣는 경우 정전 용량 C_0는 두 개의 콘덴 서가 직렬 접속된 것과 같으므로

$$C_0 = \frac{1}{\dfrac{1}{C_1} + \dfrac{1}{C_2}} = \frac{1}{\dfrac{d}{2S}\left(\dfrac{1}{\epsilon_0} + \dfrac{1}{\epsilon}\right)} = \frac{1}{\dfrac{d}{2\epsilon_0 S}\left(1 + \dfrac{\epsilon_0}{\epsilon}\right)}$$

$$= \frac{2\epsilon_0 S}{d} \cdot \frac{1}{1 + \dfrac{\epsilon_0}{\epsilon}} = \frac{2C}{1 + \dfrac{\epsilon_0}{\epsilon}} = \frac{2C}{1 + \dfrac{1}{\epsilon_s}} \cdot \frac{\epsilon_s}{\epsilon_s}$$

$$= \frac{2\epsilon_s C}{1 + \epsilon_s}[\text{F}]$$

$$\therefore C_0 = \frac{2\epsilon_s C}{1 + \epsilon_s} = \frac{2 \times 5 \times 0.3 \times 10^{-6}}{1 + 5} = 0.5 \times 10^{-6}[\text{F}] = 0.5[\mu\text{F}]$$

기 20-3

38 정전용량이 0.03[μF]인 평행판 공기 콘덴서의 두 극판 사이에 절반 두께의 비유전율 10인 유리판을 극판과 평행하게 넣었다면 이 콘덴서의 정전용량은 약 몇 [μF]이 되는가?

① 1.83

② 18.3

③ 0.055

④ 0.55

풀이▶ 공기 부분의 정전 용량을 C_1이라 하면

$$C_1 = \frac{\epsilon_0 S}{d/2}[\text{F}] = \frac{2S\epsilon_0}{d}[\text{F}]$$

이고, 유리판 부분의 정전 용량을 C_2라 하면

$$C_2 = \frac{\epsilon S}{d/2} = \frac{2S\epsilon}{d}[\text{F}]$$

이다. 그러므로, 극판 간 공극의 두께 1/2 상당의 유리판을 넣는 경우 정전 용량 C_0는 두 개의 콘덴서가 **직렬 접속**된 것과 같으므로

$$C_0 = \frac{1}{\frac{1}{C_1} + \frac{1}{C_2}} = \frac{1}{\frac{d}{2S}\left(\frac{1}{\epsilon_0} + \frac{1}{\epsilon}\right)} = \frac{1}{\frac{d}{2\epsilon_0 S}\left(1 + \frac{\epsilon_0}{\epsilon}\right)}$$

$$= \frac{2\epsilon_0 S}{d} \cdot \frac{1}{1 + \frac{\epsilon_0}{\epsilon}} = \frac{2C}{1 + \frac{\epsilon_0}{\epsilon}} = \frac{2C}{1 + \frac{1}{\epsilon_s}} \cdot \frac{\epsilon_s}{\epsilon_s}$$

$$= \frac{2\epsilon_s C}{1 + \epsilon_s}[\text{F}] \quad (\text{평행판 공기콘덴서의 정전용량 } C = \frac{\epsilon_0 S}{d}[\text{F}])$$

$$\therefore\ C_0 = \frac{2 \times 10}{1 + 10} \times 0.03 = 0.055[\mu\text{F}]$$

기 17-1

39 0.2[μF]인 평행판 공기 콘덴서가 있다. 전극 간에 그 간격의 절반 두께의 유리판을 넣었다면 콘덴서의 용량은 약 몇 [μF]인가? (단, 유리의 비유전율은 10 이다.)

① 0.26

② 0.36

③ 0.46

④ 0.56

풀이 공기 부분 정전 용량을 C_1 이라 하면

$$C_1 = \frac{\epsilon_0 S}{d/2} = \frac{2S\epsilon_0}{d}[\text{F}]$$

이고, 유리판 부분 정전 용량을 C_2 라 하면

$$C_2 = \frac{\epsilon S}{d/2} = \frac{2S\epsilon}{d}[\text{F}]$$

이다. 그러므로, 극판간 공극의 두께 1/2 상당의 유리판을 넣을 경우 정전 용량 C

$$C = \cfrac{1}{\cfrac{1}{C_1} + \cfrac{1}{C_2}} = \cfrac{1}{\cfrac{d}{2S}\left(\cfrac{1}{\epsilon_0} + \cfrac{1}{\epsilon}\right)}$$

$$= \cfrac{1}{\cfrac{d}{2S\epsilon_0}\left(1 + \cfrac{\epsilon_0}{\epsilon}\right)} = \cfrac{2C_0}{1 + \cfrac{\epsilon_0}{\epsilon}} = \cfrac{2C_0}{1 + \cfrac{1}{\epsilon_s}}$$

$$\therefore \ C = \cfrac{2C_0}{1 + \cfrac{1}{\epsilon_s}} = \cfrac{2 \times 0.2}{1 + \cfrac{1}{10}} = 0.36[\mu\text{F}]$$

산기 23-1, 산기 25-2

40 그림과 같은 정전용량이 C_o[F]가 되는 평행판 공기콘덴서가 있다. 이 콘덴서의 판면적의 $\frac{2}{3}$ 가 되는 공간에 비유전율 ϵ_s인 유전체를 채우면 공기콘덴서의 정전용량[F]은?

① $\dfrac{2\epsilon_s}{3}C_0$

② $\dfrac{3}{1 + 2\epsilon_s}C_0$

③ $\dfrac{1 + \epsilon_s}{3}C_0$

④ $\dfrac{1 + 2\epsilon_s}{3}C_0$

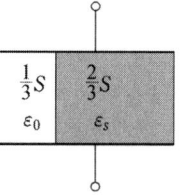

풀이 $C_1 = \dfrac{\epsilon_0\left(\dfrac{1}{3}S\right)}{d} = \dfrac{1}{3}C_0, \ \ C_2 = \dfrac{\epsilon_0\epsilon_s\left(\dfrac{2}{3}S\right)}{d} = \dfrac{2}{3}\epsilon_s C_0$

C_1, C_2는 **병렬 접속**이므로

$$C_t = C_1 + C_2 = \frac{1 + 2\epsilon_s}{3}C_0$$

기 23-3, 기 16-1

41 판 간격이 d인 평행판 공기콘덴서 중에 두께 t이고, 비유전율이 ϵ_s인 유전체를 삽입하였을 경우에 공기의 절연파괴를 발생하지 않고 가할 수 있는 판 간의 전위차는? (단, 유전체가 없을 때 가할 수 있는 전압을 V라 하고 공기의 절연내력은 E_o라 한다.)

① $V\left(1 - \dfrac{t}{\epsilon_s d}\right)$

② $\dfrac{Vt}{d}\left(1 - \dfrac{1}{\epsilon_s}\right)$

③ $V\left(1 + \dfrac{t}{\epsilon_s d}\right)$

④ $V\left(1 - \dfrac{t}{d}\left(1 - \dfrac{1}{\epsilon_s}\right)\right)$

풀이

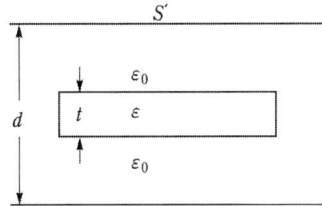

C : 유전체 삽입 전 정전용량 $C = \dfrac{\epsilon_0}{d}S$

C' : 유전체 삽입 후 정전용량

- C_1(유전체 없는 부분) $C_1 = \dfrac{\epsilon_0}{d-t}S$

- C_2(유전체 있는 부분) $C_2 = \dfrac{\epsilon}{t}S$

C'는 C_1과 C_2의 직렬 등가이므로

$$C' = \frac{1}{\dfrac{1}{C_1} + \dfrac{1}{C_2}} = \frac{1}{\dfrac{d-t}{\epsilon_0 S} + \dfrac{t}{\epsilon S}} = \frac{\epsilon_0 \epsilon S}{\epsilon(d-t) + \epsilon_0 t}$$

전하량 $Q = CV$는 유전체 삽입 전·후가 일정하므로

$$CV = C'V'$$

$$\therefore V' = \frac{C}{C'}V = \frac{\epsilon(d-t) + \epsilon_0 t}{\epsilon d}V = \left(1 - \frac{t}{d} + \frac{t}{\epsilon_s d}\right)V$$

따라서, $V' = V\left[1 - \dfrac{t}{d}\left(1 - \dfrac{1}{\epsilon_s}\right)\right]$

참고로 $\dfrac{C}{C'} = \dfrac{\epsilon(d-t) + \epsilon_0 t}{\epsilon_0 \epsilon S} \times \dfrac{\epsilon_0 S}{d} = \dfrac{\epsilon(d-t) + \epsilon_0 t}{\epsilon d}$

기 18-3

42 유전율 ϵ, 전계의 세기 E인 유전체의 단위 체적에 축적되는 에너지는?

① $\dfrac{E}{2\epsilon}$　　　　　　　　　　　　　② $\dfrac{\epsilon E}{2}$

③ $\dfrac{\epsilon E^2}{2}$　　　　　　　　　　　　④ $\dfrac{\epsilon^2 E^2}{2}$

풀이 단위 체적당 축적되는 에너지

$$w = \frac{1}{2}\boldsymbol{E} \cdot \boldsymbol{D} = \frac{\epsilon E^2}{2} = \frac{D^2}{2\epsilon}[\text{J/m}^3]$$

기 19-1

43 평행판 콘덴서에 어떤 유전체를 넣었을 때 전속밀도가 $2.4 \times 10^{-7}[\text{C/m}^2]$이고 단위 체적 중의 에너지가 $5.3 \times 10^{-3}[\text{J/m}^3]$이었다. 이 유전체의 유전율은 약 몇 [F/m]인가?

① 2.17×10^{-11}　　　　　　　　② 5.43×10^{-11}

③ 5.17×10^{-12}　　　　　　　　④ 5.43×10^{-12}

풀이 $W_e = \dfrac{D^2}{2\epsilon}[\text{J/m}^3]$ 에서

$$\epsilon = \frac{D^2}{2 \cdot W_e} = \frac{(2.4 \times 10^{-7})^2}{2 \times 5.3 \times 10^{-3}} = 5.43 \times 10^{-12}\,[\text{F/m}]$$

기 21-3, 기 16-2

44 평행판 커패시터에 어떤 유전체를 넣었을 때 전속밀도가 $4.8 \times 10^{-7}\,[\text{C/m}^2]$이고 단위 체적당 정전에너지가 $5.3 \times 10^{-3}\,[\text{J/m}^3]$이었다. 이 유전체의 유전율은 약 몇 [F/m]인가?

① 1.15×10^{-11}　　　　　　　　② 2.17×10^{-11}

③ 3.19×10^{-11}　　　　　　　　④ 4.21×10^{-11}

풀이 $W_e = \dfrac{D^2}{2\epsilon}[\text{J/m}^3]$ 에서

$$\epsilon = \frac{D^2}{2 \cdot W_e} = \frac{(4.8 \times 10^{-7})^2}{2 \times 5.3 \times 10^{-3}} = 2.17 \times 10^{-11}[\text{F/m}]$$

정답 42. ③　43. ④　44. ②

기 22-3

45 유전체(유전율= 9) 내의 전계의 세기가 100 [V/m]일 때 유전체 내에 저장되는 에너지 밀도 [J/m³]는?

① 5.55×10^4

② 4.5×10^4

③ 9×10^9

④ 4.05×10^5

풀이 유전체 내에 저장되는 에너지 밀도

$$w = \frac{ED}{2} = \frac{1}{2}\epsilon E^2 = \frac{1}{2}\frac{D^2}{\epsilon}[\text{J/m}^3] \text{ 식에서}$$

$$\therefore w = \frac{1}{2}\epsilon E^2 = \frac{1}{2} \times 9 \times (100)^2 = 4.5 \times 10^4 [\text{J/m}^3]$$

기 22-3, 기 21-1, 기 17-3

46 커패시터를 제조하는데 4가지(A, B, C, D)의 유전재료가 있다. 커패시터 내의 전계를 일정하게 하였을 때, 단위체적당 가장 큰 에너지 밀도를 나타내는 재료부터 순서대로 나열한 것은? (단, 유전재료 A, B, C, D의 비유전율은 각각 $\epsilon_{rA} = 8$, $\epsilon_{rB} = 10$, $\epsilon_{rC} = 2$, $\epsilon_{rD} = 4$이다.)

① C > D > A > B

② B > A > D > C

③ D > A > C > B

④ A > B > D > C

풀이 유전체 내에 저장되는 에너지 밀도

$$w = \frac{1}{2}\epsilon E^2 [\text{J/m}^3] \text{ 에서 } w \propto \epsilon_r$$

즉, 에너지 밀도는 비유전율에 비례한다.

따라서 $\epsilon_{rB} > \epsilon_{rA} > \epsilon_{rD} > \epsilon_{rC}$ 이므로

$$\therefore B > A > D > C$$

기 18-3

47 정전에너지, 전속밀도 및 유전상수 ϵ_r의 관계에 대한 설명 중 틀린 것은?

① 굴절각이 큰 유전체는 ϵ_r이 크다.

② 동일 전속밀도에서는 ϵ_r이 클수록 정전에너지는 작아진다.

③ 동일 정전에너지에서는 ϵ_r이 클수록 전속밀도가 커진다.

④ 전속은 매질에 축적되는 에너지가 최대가 되도록 분포된다.

풀이▶ 정전계는 에너지가 최소인 상태로 분포된다 (Thomson의 정리). 즉, **전속은 매질 내에 축적되는 에너지가 최소가 되도록** 분포한다.

산기 24-2

48 무한히 넓은 2개의 평행 도체판의 간격이 d[m]이며 그 전위차는 V[V]이다. 도체판의 단위면적에 작용하는 힘은 몇 [N/m^2] 인가? (단, 유전율은 ϵ_0이다.)

① $\epsilon_0\left(\dfrac{V}{d}\right)^2$

② $\dfrac{1}{2}\epsilon_0\left(\dfrac{V}{d}\right)^2$

③ $\dfrac{1}{2}\epsilon_0\left(\dfrac{V}{d}\right)$

④ $\epsilon_0\left(\dfrac{V}{d}\right)$

풀이▶ 도체판의 단위면적당 작용하는 힘

$$F = \frac{1}{2}\epsilon_0 E^2 = \frac{1}{2}\epsilon_0\left(\frac{V}{d}\right)^2 [\text{N/m}^2]$$

기 22–2

49 평행 극판 사이에 유전율이 각각 ϵ_1, ϵ_2인 유전체를 그림과 같이 채우고, 극판 사이에 일정한 전압을 걸었을 때 두 유전체 사이에 작용하는 힘은? (단, $\epsilon_1 > \epsilon_2$)

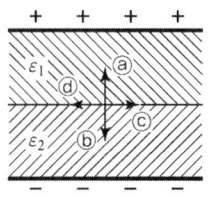

① ⓐ의 방향   ② ⓑ의 방향
③ ⓒ의 방향   ④ ⓓ의 방향

 풀이

그림과 같이 유전율이 다른 두 종류의 유전체가 채워지고 그 경계면에 전계가 수직으로 입사는 경우 경계면에서의 작용하는 힘

① 조건 : $\epsilon_1 > \epsilon_2$

② 전계가 경계면에 수직으로 입사할 경우
   • 전속밀도 $D_1 = D_2 = D$ (일정)
   • 전계 $E_1 = \dfrac{D}{\epsilon_1}$, $E_2 = \dfrac{D}{\epsilon_2}$
   $\epsilon_1 > \epsilon_2$ 이므로 $E_2 > E_1$

③ 유전체의 경계면에 가상의 전극 C를 생각하면, 전극 A, C 를 가진 콘덴서와 전극B, C를 가진 두 개의 콘덴서가 직렬로 연결된 것으로 생각 할 수 있다.

④ 콘덴서의 두 전극사이에는 흡인력이 작용
   • 전극C를 기준으로 하여 전극A 방향(위쪽)으로 단위 면적당
   $$f_1 = \frac{1}{2} D E_1 = \frac{1}{2} \frac{D^2}{\epsilon_1} [\text{N/m}^2]\ \text{의 힘이 작용}$$
   • 전극C를 기준으로 하여 전극B 방향(아래쪽)으로 단위 면적당
   $$f_2 = \frac{1}{2} D E_2 = \frac{1}{2} \frac{D^2}{\epsilon_2} [\text{N/m}^2]\ \text{의 힘이 작용}$$
   • $\epsilon_1 > \epsilon_2$ 이므로 $f_2 > f_1$가 되어 전극B 방향(아래쪽)으로
   $$f = f_2 - f_1 = \frac{1}{2}(E_2 - E_1)D = \frac{1}{2}\left(\frac{1}{\epsilon_2} - \frac{1}{\epsilon_1}\right)D^2 [\text{N/m}^2]\ \text{의 힘을 받게 된다.}$$

⑤ **결론** : $\epsilon_1 > \epsilon_2$이면 $f_2 > f_1$의 관계가 성립되어 **유전율이 작은 방향으로 힘이 작용**하게 된다.

기 20-1,2, 기 20-4, 기 18-1, 기 16-3

50 유전율이 ϵ_1, ϵ_2[F/m]인 유전체 경계면에 단위 면적당 작용하는 힘의 크기는 몇 [N/m²]인가? (단, 전계가 경계면에 수직인 경우이며, 두 유전체에서의 전속밀도는 $D_1 = D_2 = D$[C/m²] 이다.)

① $2\left(\dfrac{1}{\epsilon_1} - \dfrac{1}{\epsilon_2}\right)D^2$

② $2\left(\dfrac{1}{\epsilon_1} + \dfrac{1}{\epsilon_2}\right)D^2$

③ $\dfrac{1}{2}\left(\dfrac{1}{\epsilon_1} + \dfrac{1}{\epsilon_2}\right)D^2$

④ $\dfrac{1}{2}\left(\dfrac{1}{\epsilon_2} - \dfrac{1}{\epsilon_1}\right)D^2$

풀이

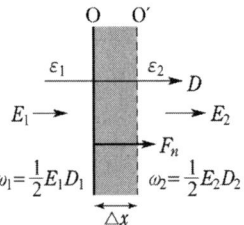

단위 면적당 작용하는 힘

$$F_n = w_2 - w_1 = \frac{1}{2}E_2D_2 - \frac{1}{2}E_1D_1 \, [\text{N/m}^2]$$

인데, 경계면에 수직으로 입사되므로

$$D_1 = D_2 = D$$

$$F_n = \frac{1}{2}(E_2 - E_1)D = \frac{1}{2}\left(\frac{1}{\epsilon_2} - \frac{1}{\epsilon_1}\right)D^2 \, [\text{N/m}^2] \text{ 이다.}$$

(여기서, $E_2 = \dfrac{D_2}{\epsilon_2} = \dfrac{D}{\epsilon_2}$, $E_1 = \dfrac{D_1}{\epsilon_1} = \dfrac{D}{\epsilon_1}$)

산기 23-2

51 $\epsilon_1 > \epsilon_2$인 두 유전체의 경계면에 전계가 수직으로 입사할 때 단위면적당 경계면에 작용하는 힘은?

① 힘 $f = \dfrac{1}{2}\left(\dfrac{1}{\epsilon_1} - \dfrac{1}{\epsilon_2}\right)D^2$이 ϵ_2에서 ϵ_1로 작용한다.

② 힘 $f = \dfrac{1}{2}\left(\dfrac{1}{\epsilon_1} - \dfrac{1}{\epsilon_2}\right)E^2$이 ϵ_2에서 ϵ_1로 작용한다.

③ 힘 $f = \dfrac{1}{2}\left(\dfrac{1}{\epsilon_2} - \dfrac{1}{\epsilon_1}\right)D^2$이 ϵ_1에서 ϵ_2로 작용한다.

④ 힘 $f = \dfrac{1}{2}\left(\dfrac{1}{\epsilon_1} - \dfrac{1}{\epsilon_2}\right)E^2$이 ϵ_1에서 ϵ_2로 작용한다.

풀이

$\epsilon_1 > \epsilon_2$인 경우

전계가 경계면에 수직으로 입사할 때, 경계면을 공통 전극으로 취하는 2개의 콘덴서가 직렬로 되어 있는 회로로 볼 수 있다. 따라서, 콘덴서의 두 전극 사이에는 흡인력이 작용하므로 f_1과 f_2의 방향은 서로 반대 방향이 되고 이때 단위면적당 작용하는 힘 f_1, f_2는

• $f_1 = \dfrac{1}{2}\dfrac{D^2}{\epsilon_1}$, $f_2 = \dfrac{1}{2}\dfrac{D^2}{\epsilon_2}$ 이 된다.

따라서, $\epsilon_1 > \epsilon_2$이면 $f_1 < f_2$가 되므로 경계면에 작용하는 힘 f는

$$f = f_2 - f_1 = \frac{1}{2}\left(\frac{1}{\epsilon_2} - \frac{1}{\epsilon_1}\right)D^2$$

즉, 경계면에서의 정전력은 유전율이 큰 쪽에서 작은 쪽으로 향한다.

기 21-2

52 전계 E[V/m]가 두 유전체의 경계면에 평행으로 작용하는 경우 경계면에 단위 면적당 작용하는 힘의 크기는 몇 [N/m²]인가? (단, ϵ_1, ϵ_2는 각 유전체의 유전율이다.)

① $f = E^2(\epsilon_1 - \epsilon_2)$ ② $f = \dfrac{1}{E^2}(\epsilon_1 - \epsilon_2)$

③ $f = \dfrac{1}{2}E^2(\epsilon_1 - \epsilon_2)$ ④ $f = \dfrac{1}{2E^2}(\epsilon_1 - \epsilon_2)$

풀이▶ 전계가 경계면에 평행일 때($\epsilon_1 > \epsilon_2$인 경우)

경계면에 작용하는 단위 면적당 힘 $f = \dfrac{1}{2}\epsilon E^2$[N/m²]

• ϵ_1에서의 힘 $f_1 = \dfrac{1}{2}\epsilon_1 E^2$[N/m²]

• ϵ_2에서의 힘 $f_2 = \dfrac{1}{2}\epsilon_2 E^2$[N/m²]

• 전체적인 힘 f_n는 $f_1 > f_2$ 이므로 $f_n = f_1 - f_2$

  $f_n = \dfrac{1}{2}(\epsilon_1 - \epsilon_2)E^2$ [N/m²]

• 힘의 방향 : 유전율이 큰 쪽에서 적은 쪽으로

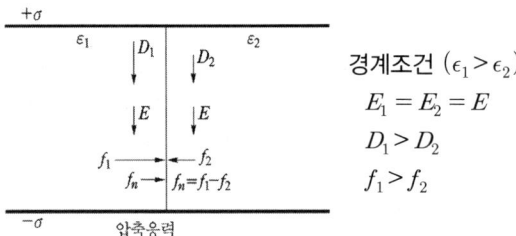

경계조건 ($\epsilon_1 > \epsilon_2$)

$E_1 = E_2 = E$

$D_1 > D_2$

$f_1 > f_2$

기 21-3

53 간격이 d[m]이고 면적이 S[m²]인 평행판 커패시터의 전극 사이에 유전율이 ϵ인 유전체를 넣고 전극 간에 V[V]의 전압을 가했을 때, 이 커패시터의 전극판을 떼어내는데 필요한 힘의 크기[N]는?

① $\dfrac{1}{2\epsilon}\dfrac{V^2}{d^2 S}$ ② $\dfrac{1}{2\epsilon}\dfrac{dV^2}{S}$

③ $\dfrac{1}{2}\epsilon\dfrac{V}{d}S$ ④ $\dfrac{1}{2}\epsilon\dfrac{V^2}{d^2}S$

풀이▶ $F = f \cdot S = \dfrac{1}{2}\epsilon E^2 \cdot S = \dfrac{1}{2}\epsilon\left(\dfrac{V}{d}\right)^2 \cdot S$[N]

정답 52. ③ 53. ④

기 21-3, 기 16-3

54 그림과 같이 극판의 면적이 $S[\text{m}^2]$인 평행판 커패시터에 유전율이 각각 $\epsilon_1 = 4$, $\epsilon_2 = 2$인 유전체를 채우고 a, b 양단에 $V[\text{V}]$의 전압을 인가했을 때 ϵ_1, ϵ_2인 유전체 내부의 전계의 세기 E_1과 E_2의 관계식은? (단, $\sigma[\text{C/m}^2]$는 면전하밀도이다.)

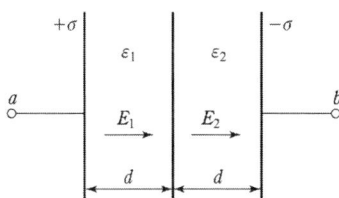

① $E_1 = 2E_2$　　　　　　　　② $E_1 = 4E_2$

③ $2E_1 = E_2$　　　　　　　　④ $E_1 = E_2$

 경계면에 수직($\theta_1 = \theta_2 = 0°$)이므로
경계조건 $D_1 \cos\theta_1 = D_2 \cos\theta_2$ 에서 $D_1 = D_2$

즉, $\epsilon_1 E_1 = \epsilon_2 E_2$ 에서 $E_1 = \dfrac{\epsilon_2}{\epsilon_1} E_2 = \dfrac{2}{4} \times E_2 = \dfrac{1}{2} E_2$

$\therefore 2E_1 = E_2$

기 19-3, 산기 22-1

55 평행판 콘덴서의 극간 전압이 일정한 상태에서 극간에 공기가 있을 때의 흡인력을 F_1, 극판 사이에 극판 간격의 $\dfrac{2}{3}$ 두께의 유리판($\epsilon_r = 10$)을 삽입할 때의 흡인력을 F_2라 하면 $\dfrac{F_2}{F_1}$는?

① 0.6　　　　　　　　② 0.8

③ 1.5　　　　　　　　④ 2.5

 • 공기 콘덴서의 정전용량 $C_1 = \dfrac{\epsilon_0 S}{d}$

• 유전체 삽입한 콘덴서의 정전용량
　(복합유전체의 등가회로 그림 참고)

$$C_2 = \dfrac{\dfrac{\epsilon_0 S}{d/3} \cdot \dfrac{10\epsilon_0 S}{2d/3}}{\dfrac{\epsilon_0 S}{d/3} + \dfrac{10\epsilon_0 S}{2d/3}} = \dfrac{5}{2} \dfrac{\epsilon_0 S}{d} = \dfrac{5}{2} C_1$$

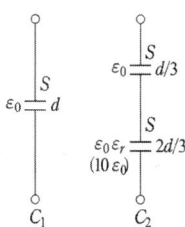

• 힘은 에너지에 비례($F \propto W$)하고, **전압이 일정할 때 에너지는 정전용량에 비례($W \propto C$)하므로 힘도 정전용량에 비례하는 관계($F \propto C$)**로부터 다음의 관계식이 성립하므로

$$\therefore \dfrac{F_2}{F_1} = \dfrac{W_2}{W_1} = \dfrac{C_2}{C_1} = \dfrac{5}{2} = 2.5$$

기 20-3
56 압전기 현상에서 전기 분극이 기계적 응력에 수직한 방향으로 발생하는 현상은?

① 종효과 　　　　　　　　　　② 횡효과
③ 역효과 　　　　　　　　　　④ 직접효과

> **풀이** ▶ 결정에 가한 **기계적 응력과 전기 분극이 동일 방향으로 발생하는 경우를 종효과**, **수직 방향으로 발생하는 경우를 횡효과**라 한다.

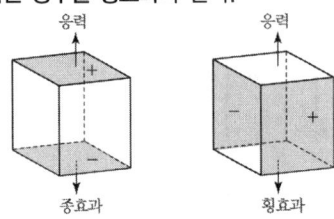

기 17-1
57 기계적인 변형력을 가할 때, 결정체의 표면에 전위차가 발생되는 현상은?

① 볼타 효과 　　　　　　　　② 전계 효과
③ 압전 효과 　　　　　　　　④ 파이로 효과

> **풀이** ▶ ① 어떤 특수한 결정을 가진 물질은 **기계적 응력을 주면 그 물질속에 전기분극이 일어난다.** 이 현상을 **압전 현상**이라고 한다.
> ② 이 현상은 방향성을 가지고 있으며, 결정에 가한 기계적 응력과 전기 분극이 동일 방향으로 발생하는 경우를 종효과, 수직 방향으로 발생하는 경우를 횡효과라 한다.

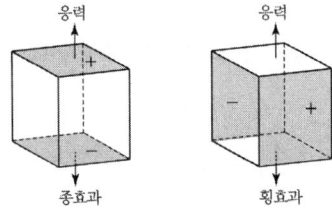

기 16-2
58 압전효과를 이용하지 않은 것은?

① 수정발진기 　　　　　　　② 마이크로폰
③ 초음파 발생기 　　　　　　④ 자속계

> **풀이** ▶ 수정, 전기석, 로셀염 등의 **압전기가 수정 발진자, 마이크로폰, 초음파** 발진자, crystal pick-up (일정 주파수의 발진 회로, 수중 탐색, 금속 탐상) 등 여러 방면에 이용되고 있다.

산기 24-3

59 열전대는 무슨 효과를 이용한 것인가?

① 압전효과

② 제벡효과

③ 홀효과

④ 가우스효과

풀이 **제벡 효과**(Seebeck effect)

서로 다른 두 종류의 금속선을 접합하여 폐회로를 만든 후 두 접합점의 온도를 달리하였을 때, 폐회로에 열기전력이 발생하여 열전류가 흐르게 된다. 이러한 현상을 제벡 효과라 하며 이때 연결한 **금속 루프를 열전대**라 한다.

산기 24-2

60 다른 종류의 금속선으로 된 폐회로의 두 접합점의 온도를 달리하였을 때 전기가 발생하는 효과는?

① 제벡 효과

② 펠티에 효과

③ 톰슨 효과

④ 파이로 효과

풀이 ① **제벡(지벡) 효과** : 두 종류 금속 접속면에 온도차가 있으면 기전력이 발생하는 효과

② **펠티에 효과**(Peltier effect) : 서로 다른 두 종류의 금속선으로 폐회로를 만들고 온도를 일정하게 유지하면서 전류를 흘리면 금속선의 접속점에서 열의 흡수(온도 강하) 또는 발생(온도 상승)이 일어나는 현상을 펠티에 효과라 한다. 이때, 발열 및 흡수 현상은 전류의 방향을 반대로 흘려주면 바뀌게 된다.

③ **톰슨 효과** : 동일한 금속 도선의 두 점간에 온도차를 주고, 고온 쪽에서 저온 쪽으로 전류를 흘리면 도선 속에서 열이 발생되거나 흡수가 일어나는 이러한 현상을 톰슨 효과라 한다.

④ **파이로 전기(초전기)** : 로셀염, 수정 등에 열을 가하거나 냉각을 하면 전기 분극이 발생

산기 25-3

61 두 종류의 금속 접합면에 전류를 흘리면 접속점에서 열의 흡수 또는 발생이 일어나는 현상은?

① 제벡효과

② 펠티에효과

③ 톰슨효과

④ 파이로효과

풀이 • **제어벡(지벡) 효과** : 두 종류 금속 접속면에 온도차가 있으면 기전력이 발생하는 효과

• **펠티에 효과** : 두 종류 금속 접속면에 전류를 흘리면 접속점에서 **열의 흡수, 발생이 일어나는 효과**

• **톰슨 효과** : 동일한 금속 도선의 두 점간에 온도차를 주고, 고온 쪽에서 저온 쪽으로 전류를 흘리면 도선 속에서 열이 발생되거나 흡수가 일어나는 현상

• **파이로 전기(초전기)** : 로셀염, 수정 등에 열을 가하거나 냉각을 하면 전기 분극이 발생

기 21-1
62 동일한 금속 도선의 두 점 사이에 온도차를 주고 전류를 흘렸을 때 열의 발생 또는 흡수가 일어나는 현상은?

① 펠티에(Peltier) 효과

② 볼타(Volta) 효과

③ 제벡(Seebeck) 효과

④ 톰슨(Thomson) 효과

풀이 • 펠티에 효과 : 두 종류 금속 접속면에 전류를 흘리면 접속점에서 열의 흡수, 발생이 일어나는 효과
• 제벡 효과 : 두 종류 금속 접속면에 온도차가 있으면 기전력이 발생하는 효과
• **톰슨 효과 : 동일한 금속 도선의 두 점간에 온도차를 주고, 고온 쪽에서 저온 쪽으로 전류를 흘리면 도선 속에서 열이 발생되거나 흡수**가 일어나는 이러한 현상을 톰슨 효과라 한다.

산기 22-3
63 하나의 금속에서 전류의 흐름으로 인한 온도 구배부분의 줄열 이외의 발열 또는 흡열에 관한 현상은?

① 펠티에 효과(Peltier effect)

② 볼타 법칙(Volta law)

③ 지벡 효과(Seebeck effect)

④ 톰슨 효과(Thomson effect)

풀이 • 제어벡 효과 : 두 종류 금속 접속면에 온도차가 있으면 기전력이 발생하는 효과
• 펠티에 효과 : 두 종류 금속 접속면에 전류를 흘리면 접속점에서 열의 흡수, 발생이 일어나는 효과
• **톰슨 효과 : 동일한 금속 도선의 두 점간에 온도차를 주고, 고온 쪽에서 저온 쪽으로 전류를 흘리면 도선 속에서 열이 발생되거나 흡수**가 일어나는 이러한 현상을 톰슨 효과라 한다.

산기 22-3
64 진공 중의 도체계에서 임의의 도체를 일정 전위의 도체로 완전 포위하면 내외공간의 전계를 완전 차단시킬 수 있는데 이것을 무엇이라 하는가?

① 홀효과   ② 정전차폐

③ 핀치효과   ④ 전자차폐

풀이 임의의 도체를 **접지된 도체**로 완전 포위하면 외부에서 유도되는 전하를 차단할 수 있다. 이것을 **정전차폐**라고 한다.

5 전기 영상법

1) 평면 도체와 점 전하

(1) 유도전하 $-Q$와 점전하 Q사이에 작용하는 힘 F(영상력)

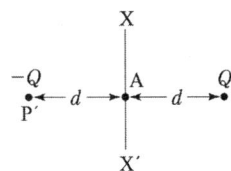

$$F = \frac{Q \times (-Q)}{4\pi\epsilon_0 (2d)^2} = -\frac{Q^2}{16\pi\epsilon_0 d^2} [\text{N}] \ (-\text{부호 : 인력})$$

영상력은 전하의 종류에 관계없이 항상 흡인력이 작용한다.

(2) 원점으로부터 거리 x 만큼 떨어진 도체 위의 한 점의 전계 E

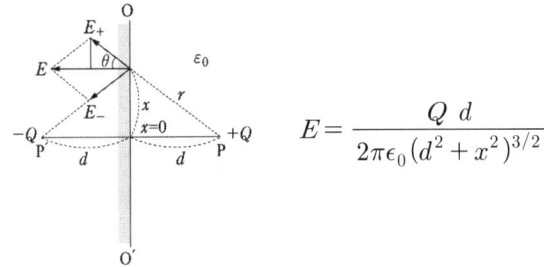 $\quad E = \dfrac{Q\,d}{2\pi\epsilon_0 (d^2 + x^2)^{3/2}}$

(3) 도체 표면의 전하 밀도 $\quad \sigma = \epsilon_0 E = \dfrac{Qd}{2\pi(d^2 + x^2)^{3/2}} [\text{C/m}^2]$

(4) 도체 표면의 최대 전하 밀도 $\quad |\sigma|_{\max} = \dfrac{Q}{2\pi d^2} [\text{C/m}^2]$

(5) 영상전하 수량 $n = \dfrac{360}{\theta} - 1 [\text{개}]$

2) 접지 도체구와 점전하

반지름 a의 접지 도체구의 중심으로부터
$d\,(>a)$인 점에 점전하 Q가 있는 경우

(1) 영상점 : 중심으로부터 $\dfrac{a^2}{d}$인 점

(2) 영상전하 $Q' = -\dfrac{a}{d}Q$

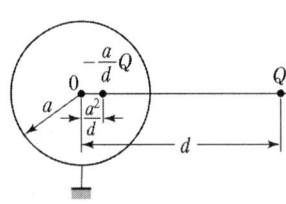

3) 절연 도체구와 점전하

전계의 세기는 점전하 Q, 영상전하 $-\left(\dfrac{a}{d}\right)Q$ 및 $+\left(\dfrac{a}{d}\right)Q$ 의 세 개의 점전하에 의한 것이 된다.

(1) 제1 영상전하

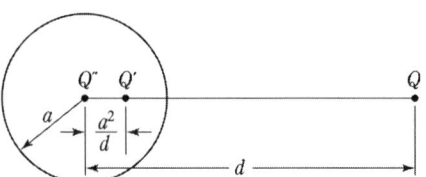

- 영상점 : $\dfrac{a^2}{d}$

- 영상전하의 크기 : $Q' = -\dfrac{a}{d}Q$

(2) 제2 영상전하

- 영상점 : 원점

- 영상전하의 크기 : $Q'' = \dfrac{a}{d}Q$

4) 평판 도체와 선 전하

무한 평판 도체와 높이 h에 선전하밀도 λ를 갖는 반지름 a인 무한 직선도체가 평행으로 놓여 있는 경우의 정전용량

$$C = \frac{2\pi\epsilon_0}{\ln \dfrac{2h}{a}}[\text{F/m}]$$

5) 평등전계 중의 유전체구

(1) 유전체 구의 전계의 세기 E_i

유전율 ϵ_1인 유전체 내의 평등전계 E_0 중에 유전율 ϵ_2 반지름 a인 유전체구를 놓은 경우

$$E_i = \frac{3\epsilon_1}{2\epsilon_1 + \epsilon_2}E_0[\text{V/m}]$$

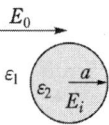

(2) 유전체구 내부의 전속밀도 D_i

$$D_i = \epsilon_2 E_i = \frac{3\epsilon_2}{2\epsilon_1 + \epsilon_2}D_0 \quad (D_0 : \text{최초의 전속밀도})$$

(3) 전속은 유전율이 큰 부분으로 집중된다.

(4) 전계는 유전율이 작은 부분으로 집중된다.

출제예상문제

산기 22-3, 산기 24-3

01 점전하 + Q[C]의 무한 평면도체에 대한 영상전하는?

① Q[C]와 같다.

② − Q[C]와 같다.

③ Q[C] 보다 작다.

④ Q[C] 보다 크다.

> **풀이** 전기 영상법
> 그림과 같이 도체 평면 XX′에서 거리 d인 점 P에 점 전
> 하 Q가 있는 경우 도체면에 대하여 대칭인 영상점 P′에
> **크기는 점전하와 같고 부호는 반대인 영상 전하 − Q가
> 있다고 가상**하고 해석 한다.

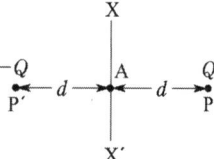

기 23-3

02 접지된 무한 평면도체 전방의 한 점 P 에 있는 점전하 + Q [C]의 평면도체에 대한 영상전하
는?

① 점 P의 대칭점에 있으며, 전하는 − Q [C]이다.

② 점 P의 대칭점에 있으며, 전하는 − $2Q$ [C]이다.

③ 평면 도체상에 있으며, 전하는 − Q [C]이다.

④ 평면 도체상에 있으며, 전하는 − $2Q$ [C]이다.

> **풀이** 무한 평면도체와 점전하
>
>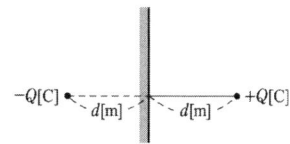
>
> • 영상점 : d (평면도체로부터 점전하까지의 거리와 동일)
> • 영상전하 : − Q (점전하와 크기는 같고, 부호는 반대)

산기 25-1
03 무한 평면 도체로부터 a[m]의 거리에 점전하 Q[C]가 있을 때 이 점전하와 평면 도체간의 작용력은 몇 [N]인가?

① $\dfrac{Q^2}{2\pi\epsilon a^2}$ ② $-\dfrac{Q^2}{4\pi\epsilon a^2}$

③ $\dfrac{Q^2}{8\pi\epsilon a^2}$ ④ $-\dfrac{Q^2}{16\pi\epsilon a^2}$

풀이 ① 전기 영상법

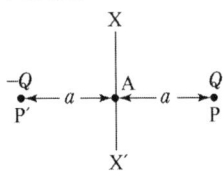

그림과 같이 도체 평면 XX'에서 거리 a인 점 P에 점 전하 Q가 있는 경우 도체면에 대하여 대칭인 영상점 P'에 크기는 점전하와 같고 부호는 반대인 영상 전하 $-Q$가 있다고 가상하고 해석한다.

② 점전하 Q[C]과 무한 평면 도체간의 작용력[N]은 점전하 Q[C]과 영상 전하 $-Q$[C]과의 작용력[N]이므로

$$F = \dfrac{-Q^2}{4\pi\epsilon(2a)^2}[\text{N}] = \dfrac{-Q^2}{16\pi\epsilon a^2}[\text{N}]$$

여기서, (−)는 흡인력이다.

기 21-3
04 공기 중 무한 평면도체의 표면으로부터 2[m] 떨어진 곳에 4[C]의 점전하가 있다. 이 점전하가 받는 힘은 몇 [N]인가?

① $\dfrac{1}{\pi\epsilon_0}$ ② $\dfrac{1}{4\pi\epsilon_0}$

③ $\dfrac{1}{8\pi\epsilon_0}$ ④ $\dfrac{1}{16\pi\epsilon_0}$

풀이 점전하 $+Q$[C]과 무한 평면 도체간의 작용력 F[N]은 영상 전하 $-Q$[C]와의 작용력[N]이므로

$$F = \dfrac{Q \cdot (-Q)}{4\pi\epsilon_0(2d)^2} = \dfrac{-Q^2}{16\pi\epsilon_0 d^2}[\text{N}]$$

여기서, 부호 (−)는 흡인력이다.

$$\therefore F = \dfrac{4^2}{16\pi\epsilon_0 \times 2^2} = \dfrac{1}{4\pi\epsilon_0} = 9 \times 10^9[\text{N}]$$

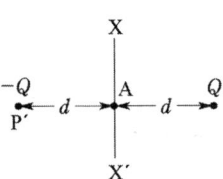

기 16-1

05 그림과 같이 공기 중에서 무한평면도체의 표면으로부터 2[m]인 곳에 점전하 4[C]이 있다. 전하가 받는 힘은 몇 [N]인가?

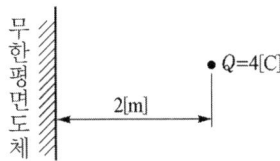

① 3×10^9

② 9×10^9

③ 1.2×10^{10}

④ 3.6×10^{10}

풀이 점전하 $+Q$[C]과 무한 평면 도체간의 작용력 F[N]은
영상 전하 $-Q$[C]와의 작용력[N]이므로

$$F = \frac{Q \cdot (-Q)}{4\pi\epsilon_0 (2d)^2} = \frac{-Q^2}{16\pi\epsilon_0 d^2} [\text{N}]$$

여기서, 부호 (−)는 흡인력이다.

$$\therefore \ F = \frac{4^2}{16\pi\epsilon_0 \times 2^2} = \frac{1}{4\pi\epsilon_0} = 9 \times 10^9 [\text{N}]$$

기 18-1, 기 18-3

06 평면도체 표면에서 r[m]의 거리에 점전하 Q[C]이 있을 때 이 전하를 무한원까지 운반하는데 필요한 일은 몇 [J] 인가?

① $\dfrac{Q^2}{4\pi\epsilon_0 r}$

② $\dfrac{Q^2}{8\pi\epsilon_0 r}$

③ $\dfrac{Q^2}{16\pi\epsilon_0 r}$

④ $\dfrac{Q^2}{32\pi\epsilon_0 r}$

풀이 작용력 F은

$$F = \frac{-Q^2}{4\pi\epsilon_0 (2r)^2} = \frac{-Q^2}{16\pi\epsilon_0 r^2} [\text{N}](\text{흡인력})$$

요하는 일 W은

$$W = \int_r^\infty F dr = \frac{Q^2}{16\pi\epsilon_0} \int_r^\infty \frac{1}{r^2} dr = \frac{Q^2}{16\pi\epsilon_0} \left[-\frac{1}{r} \right]_r^\infty = \frac{Q^2}{16\pi\epsilon_0 r} [\text{J}]$$

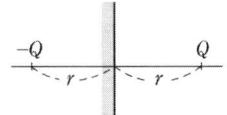

기 17-2

07 그림과 같이 무한평면 도체 앞 a[m] 거리에 점전하 Q[C]가 있다. 점 0에서 x[m]인 P점의 전하밀도 σ[C/m²]는?

① $\dfrac{Q}{4\pi} \cdot \dfrac{a}{\left(a^2 + x^2\right)^{\frac{3}{2}}}$

② $\dfrac{Q}{2\pi} \cdot \dfrac{a}{\left(a^2 + x^2\right)^{\frac{3}{2}}}$

③ $\dfrac{Q}{4\pi} \cdot \dfrac{a}{\left(a^2 + x^2\right)^{\frac{2}{3}}}$

④ $\dfrac{Q}{2\pi} \cdot \dfrac{a}{\left(a^2 + x^2\right)^{\frac{2}{3}}}$

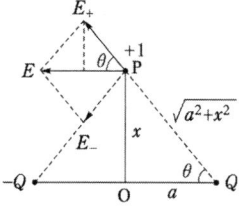

풀이 무한 평판 대 점전하이므로 전기 영상법을 적용

영상 전하 $-Q$, 점 P에서 전계의 세기 E

$$E_+ = E_- = \frac{Q}{4\pi\epsilon_0\left(\sqrt{a^2 + x^2}\right)^2} = \frac{Q}{4\pi\epsilon_0(a^2 + x^2)}$$

$$E = 2E_+\cos\theta = 2 \cdot \frac{Q}{4\pi\epsilon_0(a^2 + x^2)} \cdot \frac{a}{\sqrt{a^2 + x^2}}$$

$$\therefore \ E = \frac{Q}{2\pi\epsilon_0} \cdot \frac{a}{\left(a^2 + x^2\right)^{\frac{3}{2}}}$$

면전하밀도와 전계의 세기의 관계식 $\sigma = D = \epsilon_0 E$로부터

$$\therefore \ \sigma = D = \epsilon_0 E = \frac{Q}{2\pi} \cdot \frac{a}{\left(a^2 + x^2\right)^{\frac{3}{2}}}[\text{C/m}^2]$$

기 21-1, 산기 23-1, 산기 25-3

08 접지된 직교 도체 평면과 점전하 사이에는 몇 개의 영상 전하가 존재하는가?

① 1 ② 2

③ 3 ④ 4

풀이 $n = \dfrac{360°}{\theta°} - 1 = \dfrac{360}{90} - 1 = 3$개

(직교하므로 $\theta = 90°$)

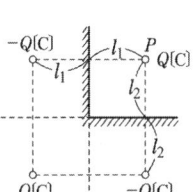

기 22-2

09 유전율이 ϵ_1과 ϵ_2인 두 유전체가 경계를 이루어 평행하게 접하고 있는 경우 유전율이 ϵ_1인 영역에 전하 Q가 존재할 때 이 전하와 ϵ_2인 유전체 사이에 작용하는 힘에 대한 설명으로 옳은 것은?

① $\epsilon_1 > \epsilon_2$인 경우 반발력이 작용한다.

② $\epsilon_1 > \epsilon_2$인 경우 흡인력이 작용한다.

③ ϵ_1과 ϵ_2에 상관없이 반발력이 작용한다.

④ ϵ_1과 ϵ_2에 상관없이 흡인력이 작용한다.

풀이 매질 ϵ_1중의 전계는 모든 매질을 ϵ_1로 하고 Q의 대칭점(거리 $2a$)에 $Q' = -\dfrac{\epsilon_2 - \epsilon_1}{\epsilon_2 + \epsilon_1}Q$의 전하가

있는 경우와 같다. 즉, Q에 작동하는 힘 F는 거리 $2a$가 떨어진 경우의 쿨롱력과 같으며

$$F = \frac{1}{4\pi\epsilon_1} \cdot \frac{QQ'}{(2a)^2} = -\frac{Q^2}{16\pi\epsilon_1 a^2} \cdot \frac{\epsilon_2 - \epsilon_1}{\epsilon_2 + \epsilon_1}[\text{N}]$$

∴ $\epsilon_1 > \epsilon_2$이면 F는 (+)가 되어 반발력이 작용한다.

10 비유전율 ϵ_{r1}, ϵ_{r2}인 두 유전체가 나란히 무한평면으로 접하고 있고, 이 경계면에 평행으로 유전체의 비유전율 ϵ_{r1} 내에 경계면으로부터 d[m]인 위치에 선전하 밀도 ρ[C/m]인 선상전하가 있을 때, 이 선전하와 유전체 ϵ_{r2} 간의 단위 길이당의 작용력은 몇 [N/m]인가?

① $9 \times 10^9 \times \dfrac{\rho^2}{\epsilon_{r2}d} \times \dfrac{\epsilon_{r1} + \epsilon_{r2}}{\epsilon_{r1} - \epsilon_{r2}}$

② $2.25 \times 10^9 \times \dfrac{\rho^2}{\epsilon_{r2}d} \times \dfrac{\epsilon_{r1} - \epsilon_{r2}}{\epsilon_{r1} + \epsilon_{r2}}$

③ $9 \times 10^9 \times \dfrac{\rho^2}{\epsilon_{r1}d} \times \dfrac{\epsilon_{r1} - \epsilon_{r2}}{\epsilon_{r1} + \epsilon_{r2}}$

④ $2.25 \times 10^9 \times \dfrac{\rho^2}{\epsilon_{r1}d} \times \dfrac{\epsilon_{r1} - \epsilon_{r2}}{\epsilon_{r1} + \epsilon_{r2}}$

풀이 전 공간이 ϵ_1의 유전체로 채워져 있고 점 P′에 직선전하 ρ'을 놓은 경우와 전 공간이 ϵ_2의 유전체로 채워져 있고 점 P에 직선 전하 ρ''을 놓은 경우의 각각에 대해 유전체 경계조건을 만족하도록 전속밀도와 전계의 세기를 각각 구하여 등가로 놓으면 각각의 영상 선전하밀도 ρ', ρ''은

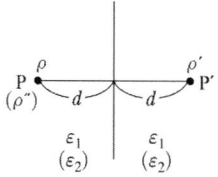

$$\rho' = \frac{\epsilon_1 - \epsilon_2}{\epsilon_1 + \epsilon_2}\rho, \quad \rho'' = \frac{2\epsilon_2}{\epsilon_1 + \epsilon_2}\rho$$

가 된다. 선전하 ρ와 유전체 ϵ_2 간의 작용력은 전 공간이 유전체 ϵ_1으로 채워져 있고 ρ, ρ'이 거리 $2d$만큼 떨어진 경우의 영상력 F를 의미한다.
따라서 직선전하가 받는 힘 $F = \rho' E$으로부터

$$F = \rho' E = \frac{\rho\rho'}{2\pi\epsilon_1(2d)} = \frac{\rho^2}{4\pi\epsilon_1 d} \cdot \frac{\epsilon_1 - \epsilon_2}{\epsilon_1 + \epsilon_2}$$

$$= \frac{\rho^2}{4\pi\epsilon_0\epsilon_{r1}d} \cdot \frac{\epsilon_{r1} - \epsilon_{r2}}{\epsilon_{r1} + \epsilon_{r2}}$$

$$= 9 \times 10^9 \cdot \frac{\rho^2}{\epsilon_{r1}d} \cdot \frac{\epsilon_{r1} - \epsilon_{r2}}{\epsilon_{r1} + \epsilon_{r2}}$$

가 구해진다.

기 23-1, 기 19-1, 산기 22-3, 산기 24-3

11　접지된 구도체와 점전하 간에 작용하는 힘은?

① 항상 흡인력이다.

② 항상 반발력이다.

③ 조건적 흡인력이다.

④ 조건적 반발력이다.

> **풀이**　**접지 구도체**에는 항상 점전하(Q)와 반대 극성인 전하($Q' = -\dfrac{a}{d} Q$ [C])가 유도되므로 **항상 흡인력이 작용**한다.

산기 22-2, 산기 24-1

12　반지름 a[m]인 접지 도체구의 중심에서 r[m]되는 거리에 점전하 Q[C]을 놓았을 때 도체구에 유도된 총 전하는 몇 [C] 인가?

① 0

② $-Q$

③ $-\dfrac{a}{r} Q$

④ $-\dfrac{r}{a} Q$

> **풀이**
>
>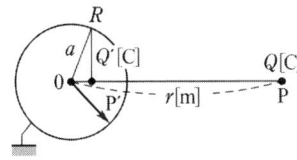
>
> 점 P'의 영상 전하는 도체에 유기되는 전하를 대표할 수 있다.
>
> • 영상전하 $Q' = -\dfrac{a}{r} Q$ [C] (실제로 유기된 구도체상의 전하 밀도는 불균일)
>
> • 영상점 $\overline{OP'} = \dfrac{a^2}{r}$ [m]

기 22-1

13 반지름이 a[m]인 접지된 구도체와 구도체의 중심에서 거리 d[m] 떨어진 곳에 점전하가 존재할 때, 점전하에 의한 접지된 구도체에서의 영상전하에 대한 설명으로 틀린 것은?

① 영상전하는 구도체 내부에 존재한다.

② 영상전하는 점전하와 구도체 중심을 이은 직선상에 존재한다.

③ 영상전하의 전하량과 점전하의 전하량은 크기는 같고 부호는 반대이다.

④ 영상전하의 위치는 구도체의 중심과 점전하 사이 거리(d[m])와 구도체의 반지름(a[m])에 의해 결정된다.

풀이 접지 도체구와 점전하

그림과 같이 반지름 a의 접지 도체구의 중심으로부터 $d\,(>a)$인 점에 점전하 Q가 있는 경우

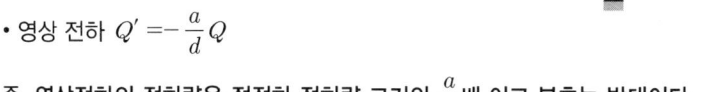

• 영상점 : 중심으로부터 $\dfrac{a^2}{d}$인 점

• 영상 전하 $Q' = -\dfrac{a}{d}Q$

즉, 영상전하의 전하량은 점전하 전하량 크기의 $\dfrac{a}{d}$배 이고 부호는 반대이다.

기 23-1

14 반지름 a인 접지 구형 도체와 점전하가 유전율 ϵ인 공간에서 각각 원점과 $(d, 0, 0)$인 점에 있다. 구형 도체를 제외한 공간의 전계를 구할 수 있도록 구형 도체를 영상 전하로 대치할 때의 영상 점전하의 위치는? 단, $d > a$ 이다.

① $\left(-\dfrac{a^2}{d},\ 0,\ 0\right)$ ② $\left(+\dfrac{a^2}{d},\ 0,\ 0\right)$

③ $\left(0,\ +\dfrac{a^2}{d},\ 0\right)$ ④ $\left(+\dfrac{d^2}{4a},\ 0,\ 0\right)$

풀이 접지 도체구와 점전하

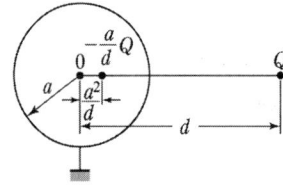

그림과 같이 반지름 a의 접지 도체구의 중심으로부터 $d\,(>a)$인 점에 점전하 Q가 있는 경우

• 영상점 : 중심으로부터 $\dfrac{a^2}{d}$인 점

• 영상 전하 $Q' = -\dfrac{a}{d}Q$

산기 23-2, 산기 25-1

15 질량이 m[kg]인 작은 물체가 전하 Q[C]를 가지고 중력 방향과 직각인 무한도체평면 아래쪽 d[m]의 거리에 놓여있다. 정전력이 중력과 같게 되는데 필요한 Q[C]의 크기는?

① $d\sqrt{\pi\epsilon_0\,mg}$

② $\dfrac{d}{2}\sqrt{\pi\epsilon_0\,mg}$

③ $2d\sqrt{\pi\epsilon_0\,mg}$

④ $4d\sqrt{\pi\epsilon_0\,mg}$

풀이 전기 영상법에 의해

$$F=\frac{Q^2}{4\pi\epsilon_0 r^2}=\frac{Q^2}{4\pi\epsilon_0(2d)^2}=mg$$

$$\frac{Q^2}{16\pi\epsilon_0 d^2}=mg$$

$Q^2=16\pi\epsilon_0 d^2 mg$ 에서 $Q=4d\sqrt{\pi\epsilon_0 mg}$

기 22-2

16 진공 중에 무한 평면도체와 d[m] 만큼 떨어진 곳에 선전하밀도 λ[C/m]의 무한 직선도체가 평행하게 놓여 있는 경우 직선 도체의 단위 길이당 받는 힘은 몇 [N/m]인가?

① $\dfrac{\lambda^2}{\pi\epsilon_0 d}$

② $\dfrac{\lambda^2}{2\pi\epsilon_0 d}$

③ $\dfrac{\lambda^2}{4\pi\epsilon_0 d}$

④ $\dfrac{\lambda^2}{16\pi\epsilon_0 d}$

풀이 지상의 높이 d[m]와 같은 깊이에 $-\lambda$[C/m]의 영상 도선을 평행 배선한 것으로 생각하면 된다.
직선 도체에서의 전계 E는

$$E=\frac{\lambda}{2\pi\epsilon_0(2d)}\,[\text{V/m}]$$

가 되므로 직선 도체가 단위 길이 당 받는 힘 F는

$$F=\lambda E=\frac{\lambda^2}{4\pi\epsilon_0 d}\,[\text{N/m}]$$

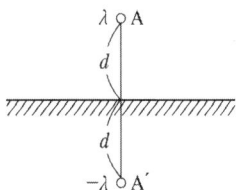

17 기 23-3, 기 18-3, 기 16-1

대지면에 높이 h[m]로 평행하게 가설된 매우 긴 선전하가 지면으로부터 받는 힘은?

① h에 비례

② h에 반비례

③ h^2에 비례

④ h^2에 반비례

풀이 지상의 높이 h[m]와 같은 거리에 선전하 밀도 $-\lambda$[C/m]인 영상 전하를 고려하여 선전하간의 작용력을 구하면

$$f = -\lambda E = -\lambda \cdot \frac{\lambda}{2\pi\epsilon_0 (2h)} = \frac{-\lambda^2}{4\pi\epsilon_0 h} \propto \frac{1}{h}$$

18 산기 23-1

공기 중에서 무한평면 도체로부터 수직으로 10^{-10}[m] 떨어진 점에 한 개의 전자가 있다. 이 전자에 작용하는 힘은 약 몇 [N]인가? (단, 전자의 전하량 : -1.602×10^{-19}[C] 이다.)

① 5.77×10^{-9}

② 1.602×10^{-9}

③ 5.77×10^{-19}

④ 1.602×10^{-19}

풀이 무한 평면 도체에서 r[m] 떨어진 점전하 Q[C]이 받는 힘은 전기 영상법에 의해

$$F = \frac{1}{4\pi\epsilon_0} \frac{QQ'}{(2r)^2} = \frac{Q^2}{16\pi\epsilon_0 r^2}$$

$$= \frac{1}{4} \times 9 \times 10^9 \times \frac{(1.602 \times 10^{-19})^2}{(1 \times 10^{-10})^2}$$

$$= 5.77 \times 10^{-9} \text{[N]} \quad \left(\because \frac{1}{4\pi\epsilon_0} = 9 \times 10^9 \right)$$

기 16-2

19 그림과 같은 원통상 도선 한 가닥이 유전율 ϵ[F/m]인 매질 내에 지상 h[m] 높이로 지면과 나란히 가선되어 있을 때 대지와 도선간의 단위 길이 당 정전용량[F/m]은?

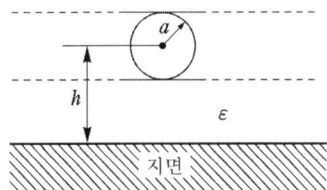

① $\dfrac{2\pi\epsilon}{\sinh^{-1}\dfrac{h}{a}}$

② $\dfrac{\pi\epsilon}{\sinh^{-1}\dfrac{h}{a}}$

③ $\dfrac{2\pi\epsilon}{\cosh^{-1}\dfrac{h}{a}}$

④ $\dfrac{\pi\epsilon}{\cosh^{-1}\dfrac{h}{a}}$

풀이 ▶ $C' = \dfrac{\pi\epsilon}{\ln\dfrac{2h}{a}}$

도선과 지면 사이의 정전용량 C일 때 C'는
두 개의 C가 직렬 접속의 등가회로이므로

$$C' = \dfrac{C}{2} \quad \therefore\ C = 2C' = \dfrac{2\pi\epsilon}{\ln\dfrac{2h}{a}}\,[\text{F/m}]$$

$(\ln\dfrac{2h}{a} \fallingdotseq \cosh^{-1}\dfrac{h}{a})$에서 $C = \dfrac{2\pi\epsilon}{\cosh^{-1}\dfrac{h}{a}}\,[\text{F/m}]$

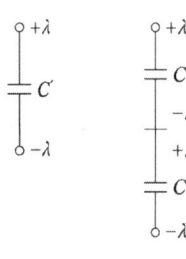

6 전류

1) 전류는 미소시간 dt 사이에 그 단면을 통과한 전하량의 비율로써 정의한다.

$$I = \frac{dQ}{dt}[\text{A}]$$

2) **전도 전류 I_c (conduction current)** : 금속 도체 중을 흐르는 전류

- 순시값 $i_c = \dfrac{V_m}{R}\sin\omega\,t[\text{A}]$

- 실효값 $I_c = \dfrac{V}{R}[\text{A}]$

3) **변위 전류 I_d(displac-ement current)** : 전속밀도의 시간적 변화에 의하여 발생

- 순시값 $i_d = \omega C V_m \sin(\omega t + 90°)$

- 실효값 $I_d = \omega C V$

4) **전류밀도와 도전율**

 (1) 전   류 $I = neSv = \rho_v Sv\,[\text{A}]$

 (2) 전류밀도 $i = \dfrac{I}{S} = nev = \rho_v v\,[\text{A/m}^2]$

 (3) 전류밀도 $i = \sigma \boldsymbol{E}$: 정상전류의 미분형

 (4) 도 전 율 $\sigma = ne\mu = \rho_v \mu\,[\Omega \cdot \text{m}]^{-1}$

 (5) 체적전하밀도 $\rho_v = ne\,[\text{C/m}^3]$

 (6) 전하의 이동속도 $v = \mu \boldsymbol{E}$

 (7) 전자의 비전하 $= \dfrac{e}{m} = \dfrac{-1.602 \times 10^{-19}[\text{C}]}{9.107 \times 10^{-31}[\text{kg}]} = -1.759 \times 10^{11}\,[\text{C/kg}]$

    여기서, n : 단위체적당 전하의 수 μ : 하전입자의 이동도(mobility)

            v : 전하의 이동속도 [m/sec] S : 단면적 $[\text{m}^2]$

            ρ_v : 체적전하밀도 $[\text{C/m}^3]$ σ : 도전율(conductivity)

            ρ : 고유저항$[\Omega \cdot \text{m}]$

            e : 한 개 입자의 전하량 [C] $(1.602 \times 10^{-19}\,[\text{C}])$

5) 저항 $R = \dfrac{l}{\sigma S} = \rho \dfrac{l}{S} [\Omega]$

6) 저항률 $\rho = \dfrac{RS}{l} [\Omega \cdot m]$ 로 저항과 면적에 비례하며, 길이에 반비례한다.

7) 콘덕턴스 $G = \dfrac{1}{R} = \sigma \dfrac{S}{l} = \dfrac{S}{\rho l} [\mho]$ 또는 $[S]$ $(\rho = \dfrac{1}{\text{도전율}} = \dfrac{1}{\sigma} [\Omega \cdot m])$

8) 전기 저항과 정전 용량

물질의 도전율과 유전율을 알고 있으면 저항만을 측정하여 정전용량을 구할 수 있다.

$$RC = \dfrac{\epsilon}{\sigma} = \epsilon \rho \qquad \therefore\ RC = \epsilon \rho$$

9) 임의의 온도 $t[\degree C]$ 및 $t_0[\degree C]$에서의 고유저항을 ρ_t, ρ_0라 하면

$$\rho_t = \rho_0 \{1 + \alpha_0 (t + t_0)\}$$

10) 온도 t_1일 때의 저항 온도계수

$$\alpha_1 = \dfrac{1}{\dfrac{1}{\alpha_0} + t_1} = \dfrac{\alpha_0}{1 + \alpha_0 t_1}$$

(단, $0[\degree C]$에서의 동선의 온도계수 : $\alpha_0 = \dfrac{1}{234.5}$)

11) 온도 t_1 및 t_2일 때 저항을 각각 R_1, R_2라 하고, t_1에서의 온도계수 α_1이라 하면

$$R_2 = R_1 \{1 + \alpha_1 (t_2 - t_1)\}$$

12) 합성저항 온도계수 $\alpha_t = \dfrac{R_1 \alpha_1 + R_2 \alpha_2}{R_1 + R_2}$

13) 전력 $P = \dfrac{W}{t} = V \dfrac{Q}{t} = VI [J/s] = VI [W]$

14) 줄의 법칙

- 에너지(전력량) $W = P \cdot t = VIt = I^2Rt = \dfrac{V^2}{R}t \ [\mathrm{W \cdot s}]$

- 열량 $Q = 0.24W = 0.24P \cdot t = 0.24I^2Rt = 0.24\dfrac{V^2}{R}t \ [\mathrm{cal}]$

15) 열전현상

(1) 제베크 효과(Seebeck effect)
① 서로 다른 두 종류의 금속선으로 폐회로 구성
② 두 접합점의 온도를 달리하였을 때, 폐회로에 열기전력이 발생
③ 열전대에 이용

(2) 펠티에 효과(Peltier effect)
① 서로 다른 두 종류의 금속선으로 폐회로 구성
② 전류를 흘리면 금속선의 접속점에서 열의 흡수(온도 강하) 또는 발생(온도 상승)
③ 제베크 효과의 역효과로서 이 현상을 이용하여 저온을 얻는 것을 전자냉동이라 한다.

(3) 톰슨 효과(Thomson effect)
① 동일한 금속 도선
② 고온 쪽에서 저온 쪽으로 전류를 흘리면 도선 속에서 열이 발생되거나 흡수가 일어나는 현상

출제예상문제

기 21-1

01 전하 e[C], 질량 m[kg]인 전자가 전계 E[V/m] 내에 놓여 있을 때 최초에 정지하고 있었다면 t초 후에 전자의 속도[m/s]는?

① $\dfrac{meE}{t}$

② $\dfrac{me}{E}t$

③ $\dfrac{mE}{e}t$

④ $\dfrac{Ee}{m}t$

풀이 ① 전자의 질량 m[kg]이 가속도 a[m/s^2]로 운동할 때 작용하는 역학적인 힘은 뉴턴의 제2법칙에 의해 $F_m = ma$[N]

또 가속도 a와 속도 v의 관계 $a = \dfrac{v}{t}$에 의해

역학적인 힘 $F_m = ma = m\dfrac{v}{t}$[N]

② 전계 E[V/m]내에서 전하 e[C]에 작용하는 전기적인 힘, 즉 정전력 $F_e = eE$[N]

③ 역학적인 힘과 정전력은 같으므로

$$F_m = F_e, \qquad m\dfrac{v}{t} = eE$$

$$\therefore \ v = \dfrac{Ee}{m}t\,[\text{m/s}]$$

기 20-1,2

02 10[mm]의 지름을 가진 동선에 50[A]의 전류가 흐르고 있을 때 단위시간 동안 동선의 단면을 통과하는 전자의 수는 약 몇 개인가?

① 7.85×10^{16}

② 20.45×10^{15}

③ 31.21×10^{19}

④ 50×10^{19}

풀이 통과한 전기량은 $Q = it$[C]

전자 1개당 전하량 $e = 1.602 \times 10^{-19}$[C] 이므로
동선 단면을 단위 시간에 통과하는 전자의 수

$$N = \dfrac{Q}{e} = \dfrac{50 \times 1}{1.602 \times 10^{-19}} = 31.21 \times 10^{19}\,[\text{개}]$$

산기 22-1

03 반지름이 5 [mm]인 구리선에 10 [A]의 전류가 흐르고 있을 때 단위 시간당 구리선의 단면을 통과하는 전자의 개수는? (단, 전자의 전하량 $e = 1.602 \times 10^{-19}$[C] 이다.)

① 6.24×10^{17} ② 6.24×10^{19}

③ 1.28×10^{21} ④ 1.28×10^{23}

풀이▶ 단위시간당 통과한 전기량 $Q = it = 10 \times 1 = 10$ [C]이고

전자 1개의 전하량 $e = 1.602 \times 10^{-19}$ [C] 이므로

∴ 전자의 개수 $n = \dfrac{Q}{e} = \dfrac{10}{1.602 \times 10^{-19}} = 6.24 \times 10^{19}$

기 18-1

04 1 [μA]의 전류가 흐르고 있을 때, 1초 동안 통과하는 전자 수는 약 몇 개인가? (단, 전자 1개의 전하는 1.602×10^{-19}[C] 이다.)

① 6.24×10^{10} ② 6.24×10^{11}

③ 6.24×10^{12} ④ 6.24×10^{13}

풀이▶ 단위시간당 통과한 전기량

$Q = it = 1 \times 10^{-6} \times 1 = 1 \times 10^{-6}$ [C]이고

전자 1개의 전하량 $e = 1.602 \times 10^{-19}$ [C] 이므로

∴ 전자의 개수 $n = \dfrac{Q}{e} = \dfrac{1 \times 10^{-6}}{1.602 \times 10^{-19}} = 6.24 \times 10^{12}$[개]

기 17-1

05 길이가 1 [cm], 지름이 5[mm] 인 동선에 1 [A]의 전류를 흘렸을 때 전자가 동선을 흐르는 데 걸리는 평균 시간은 약 몇 초인가? (단, 동선의 전자밀도는 1×10^{28}[개/m^3] 이다.)

① 3   ② 31

③ 314   ④ 3147

풀이▶ 동선의 단위체적당 전자수(전자밀도) n, 전자 한 개의 전하량 e라 하면

총 전하량 $Q = nSl \times e$ 이므로

$$I = \frac{Q}{t} \text{에서 시간 } t \text{는 } t = \frac{Q}{I} = \frac{neSl}{I} = \frac{ne\left(\dfrac{\pi D^2}{4}\right)l}{I}[\text{sec}]$$

$$\therefore t = 1 \times 10^{28} \times 1.602 \times 10^{-19} \times \frac{\pi(5 \times 10^{-3})^2}{4} \times 1 \times 10^{-2} = 314[\text{sec}]$$

기 21-1

06 정상전류계에서 $\nabla \cdot i = 0$에 대한 설명으로 틀린 것은?

① 도체 내에 흐르는 전류는 연속이다.

② 도체 내에 흐르는 전류는 일정하다.

③ 단위 시간당 전하의 변화가 없다.

④ 도체 내에 전류가 흐르지 않는다.

풀이 $\nabla \cdot i = \operatorname{div} i = -\dfrac{\partial \rho}{\partial t}$ 에서 정상 전류가 흐를 때 전하의 축적 또는 소멸이 없을 것이므로

$\dfrac{\partial \rho}{\partial t} = 0$, 즉 $\operatorname{div} i = 0$가 된다.

이 결과 ①, ②, ③의 의미를 가진다.

기 21-3

07 정상 전류계에서 J는 전류밀도, σ는 도전율, ρ는 고유저항, E는 전계의 세기일 때, 옴의 법칙의 미분형은?

① $J = \sigma E$

② $J = \dfrac{E}{\sigma}$

③ $J = \rho E$

④ $J = \rho \sigma E$

풀이 (1) 옴 법칙의 거시적 고찰

$$I = \frac{V}{R}\left(R = \rho\frac{l}{S}\right) \rightarrow I = \frac{SV}{\rho l}\left(E = \frac{V}{l}\right) : I = \frac{SE}{\rho}$$

(2) 옴 법칙의 미시적 고찰 : 위의 전체 전류 I를 전류밀도 J로 표현하면

$J = \dfrac{I}{S}$에 의해 다음과 같이 나타낼 수 있다.

즉, $J = \dfrac{I}{S} = \dfrac{E}{\rho}$

$\therefore J = \dfrac{1}{\rho}E = \sigma E \ (\because \dfrac{1}{\rho} = \sigma)$

기 17-1

08 옴의 법칙을 미분형태로 표시하면? (단, i는 전류밀도이고, ρ는 저항률, E는 전계이다.)

① $i = \dfrac{1}{\rho} E$

② $i = \rho E$

③ $i = \operatorname{div} E$

④ $i = \nabla \times E$

풀이 정전계와 전류계의 유사성

정 전 계	전 류 계
전속밀도 D	전류밀도 i
유전율 ϵ	도전율 σ
전계의 세기 E	전계의 세기 E
$D = \epsilon E$	$i = \sigma E$

$\therefore \ i = \sigma E = \dfrac{1}{\rho} E$ (저항률과 도전율 : 역수 관계)

기 19-2

09 정상전류계에서 옴의 법칙에 대한 미분형은? (단, i는 전류밀도, k는 도전율, ρ는 고유저항, E는 전계의 세기이다.)

① $i = kE$

② $i = \dfrac{E}{k}$

③ $i = \rho E$

④ $i = -kE$

풀이 정전계와 전류계의 유사성

정 전 계	전 류 계
전속밀도 D	전류밀도 i
유전율 ϵ	도전율 k
전계의 세기 E	전계의 세기 E
$D = \epsilon E$	$i = kE$

$\therefore \ i = kE = \dfrac{1}{\rho} E$ (저항률과 도전율 : 역수 관계)

기 19-2

10 도전율 σ인 도체에서 전장 E에 의해 전류밀도 J가 흘렀을 때 이 도체에서 소비되는 전력을 표시한 식은?

① $\int_v \boldsymbol{E} \cdot \boldsymbol{J}\,dv$　　　　　　② $\int_v \boldsymbol{E} \times \boldsymbol{J}\,dv$

③ $\dfrac{1}{\sigma}\int \boldsymbol{E} \cdot \boldsymbol{J}\,dv$　　　　　④ $\dfrac{1}{\sigma}\int_v \boldsymbol{E} \times \boldsymbol{J}\,dv$

풀이 도전율 σ인 도체 공간 내의 단면적 dS, 미소길이 dl인 미소체적 dv에서 전류와 전위차
$dV = Edl, \quad dI = JdS$
미소체적의 전력
$dP = dVdI = Edl \cdot JdS = \boldsymbol{E} \cdot \boldsymbol{J}(dl\,dS) = \boldsymbol{E} \cdot \boldsymbol{J}\,dv$
$\therefore dP = \boldsymbol{E} \cdot \boldsymbol{J}\,dv$
전 공간의 전력 $P = \int_v \boldsymbol{E} \cdot \boldsymbol{J}\,dv$

산기 22-2, 산기 24-3

11 원점 주위의 전류 밀도가 $J = \dfrac{2}{r}a_r$[A/m^2]의 분포를 가질 때 반지름 5[cm]의 구면을 지나는 전 전류는 몇 [A] 인가?

① 0.1π　　　　　　② 0.2π

③ 0.3π　　　　　　④ 0.4π

풀이 $I = J \cdot S = \dfrac{2}{r} \times 4\pi r^2 = 8\pi r = 8\pi \times 0.05 = 0.4\pi$[A]

산기 23-2

12 지름 2[mm]의 동선에 π[A]의 전류가 균일하게 흐를 때 전류밀도는 몇 [A/m^2]인가?

① 10^3　　　　　　② 10^4

③ 10^5　　　　　　④ 10^6

풀이 전류밀도 $J = \dfrac{I}{S} = \dfrac{I}{\pi r^2} = \dfrac{\pi}{\pi \times (1 \times 10^{-3})^2} = 10^6$[A/m^2]
($\because$ 반지름 1 [mm] $= 1 \times 10^{-3}$[m])

기 19-3

13 전기 저항에 대한 설명으로 틀린 것은?

① 저항의 단위는 옴[Ω]을 사용한다.

② 저항률(ρ)의 역수를 도전율이라고 한다.

③ 금속선의 저항 R은 길이 l에 반비례한다.

④ 전류가 흐르고 있는 금속선에 있어서 임의 두 점간의 전위차는 전류에 비례한다.

풀이 전기저항 $R = \rho \dfrac{l}{S}[\Omega]$

여기서, R : 저항 $[\Omega]$, σ : 도전율,

$\rho = \dfrac{1}{\sigma}$: 저항률 또는 고유저항 $[\Omega \cdot m]$

따라서 **저항 R은 길이 l에 비례**한다.

산기 25-3

14 도전율이 $5.8 \times 10^7 [\mho/m]$이고, 길이가 1[km]이며, 단면적이 $1.309 \times 10^{-6}[m^2]$인 물체가 갖는 저항값은 약 몇 [Ω]인가?

① 7.64

② 13.2

③ 21.2

④ 32.4

풀이 도체 저항 $R = \rho \dfrac{l}{S} = \dfrac{l}{\sigma S} = \dfrac{1 \times 10^3}{5.8 \times 10^7 \times 1.309 \times 10^{-6}} = 13.2[\Omega]$

기 19-3

15 다음 금속 중 저항률이 가장 작은 것은?

① 은

② 철

③ 백금

④ 알루미늄

풀이 금속의 저항률 　　　　　　　　　　　　　(단위 : $\rho \times 10^{-8}[\Omega \cdot m]$)

금　　속	은	금	알루미늄	철	백금
고유저항(저항률)	1.62	2.44	2.83	10	10.5

산기 23-1

16 도전율의 단위로 옳은 것은?

① m/Ω

② Ω/m^2

③ $1/\mho \cdot m$

④ $\mho/m$

> **풀이** · 저항 $R = \rho \dfrac{l}{S}$ 에서 저항율 $\rho = \dfrac{RS}{l} = \dfrac{\Omega \cdot m^2}{m} = \Omega \cdot m$
>
> · 도전율 $\sigma = \dfrac{1}{저항율} = \dfrac{1}{\rho}$ 이므로
>
> $\sigma = \dfrac{l}{RS} = \dfrac{m}{\Omega \cdot m^2} = \dfrac{1}{\Omega} \cdot \dfrac{1}{m} = \mho/m \quad (\because \mho = \dfrac{1}{\Omega})$

산기 25-1

17 자유 전자 e 가 전계 E 중을 열에너지에 의해 진동하고 있는 원자와 충돌하면서 운동하는 경우 평균 자유 시간을 τ 라 하면 도전율 σ 는 얼마인가? 단, 자유 전자의 밀도는 n, 질량은 m 이라 한다.

① $\dfrac{ne\tau}{2m}$　　　　　　　　　② $\dfrac{ne^2\tau}{2m}$

③ $\dfrac{ne\tau}{m}$　　　　　　　　　④ $\dfrac{ne^2\tau}{m}$

> **풀이** 충돌과 충돌 사이에서 전하의 운동 방정식
>
> $m\dfrac{dv}{dt} = eE, \quad \dfrac{dv}{dt} = \dfrac{eE}{m}$
>
> $\therefore v = \dfrac{eE}{m}t + v(0)$
>
> 이 식에서 충돌시 초기 속도 $v(0) = 0$, 충돌과 충돌 사이의 시간 $t = \tau$ 를 대입하면 속도 v 는 다음과 같이 된다.
>
> $v = \dfrac{eE}{m}\tau$
>
> 따라서 전류밀도 $i = nev = \sigma E$ 의 관계식으로부터
>
> $ne \times \dfrac{eE}{m}\tau = \sigma E \quad \therefore \sigma = \dfrac{ne^2}{m}\tau$

18 산기 24-1

㉠ $\Omega \cdot \sec$, ㉡ $\sec/\Omega$과 같은 단위는?

① ㉠ H,   ㉡ F   ② ㉠ H/m,   ㉡ F/m
③ ㉠ F,   ㉡ H   ④ ㉠ F/m,   ㉡ H/m

풀이 시정수 $t[\sec]$와 $R[\Omega]$, $L[\text{H}]$, $C[\text{F}]$의 관계에서

$t = \dfrac{L}{R}$ 에서 $L = Rt$, $\therefore [\text{H}] = [\Omega \cdot \sec]$

$t = RC$ 에서 $C = \dfrac{t}{R}$, $\therefore [\text{F}] = [\sec/\Omega]$

19 기 20-4

저항의 크기가 $1[\Omega]$인 전선이 있다. 전선의 체적을 동일하게 유지하면서 길이를 2배로 늘였을 때 전선의 저항$[\Omega]$은?

① 0.5   ② 1
③ 2   ④ 4

풀이 체적이 동일하므로

$S_1 \times l_1 = S_2 \times l_2 = S_2 \times 2l_1$

따라서, 전선의 단면적 $S_2 = \dfrac{1}{2}S_1$ 가 된다.

저항 $R_2 = \rho \times \dfrac{l_2}{S_2} = \rho \times \dfrac{2l_1}{\dfrac{1}{2}S_1} = 4 \times \rho \times \dfrac{l_1}{S_1} = 4R_1 = 4 \times 1 = 4[\Omega]$

20 기 16-1

전선을 균일하게 2배의 길이로 당겨 늘였을 때 전선의 체적이 불변이라면 저항은 몇 배가 되는가?

① 2   ② 4
③ 6   ④ 8

풀이 체적이 동일하므로 $S_1 \times l_1 = S_2 \times l_2 = S_2 \times 2l_1$

따라서, 전선의 단면적 $S_2 = \dfrac{1}{2}S_1$가 된다.

저항 $R_2 = \rho \times \dfrac{l_2}{S_2} = \rho \times \dfrac{2l_1}{\dfrac{1}{2}S_1} = 4 \times \rho \times \dfrac{l_1}{S_1} = 4R_1$

정답 18. ① 19. ④ 20. ②

기 23-2

21 한 변의 저항이 R_o인 그림과 같은 무한히 긴 회로에서 AB간의 합성저항은 어떻게 되는가?

① $(\sqrt{2}-1)R_o$

② $(\sqrt{3}-1)R_o$

③ $\dfrac{2}{3}R_o$

④ $\dfrac{3}{4}R_o$

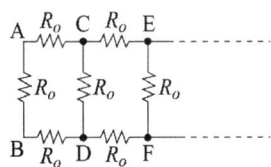

풀이 CD에서 우측으로 본 합성저항을 R이라 하면 회로는 그림과 같다.

AB에서의 합성저항

$$R_{AB} = \frac{R_o \cdot (2R_o + R)}{R_o + (2R_o + R)}$$

그런데 무한히 긴 회로이므로 A, B에서 본 합성저항은 R이라 해도 무방하다.

$$\therefore R_{AB} = \frac{2R_o^2 + R_o R}{3R_o + R} = R$$

$$2R_o^2 + R_o R = 3R_o R + R^2$$

$$R^2 + 2R_o R - 2R_o^2 = 0$$

근의 방정식에서

$$R = \frac{-2R_o \pm \sqrt{(2R_o)^2 + 8R_o^2}}{2}$$

$$\therefore R = -R_o \pm \sqrt{3}R_o = R_o(\sqrt{3}-1)$$

기 16-1

22 내부저항이 $r[\Omega]$인 전지 M개를 병렬로 연결 했을 때, 전지로부터 최대 전력을 공급받기 위한 부하저항[Ω]은?

① $\dfrac{r}{M}$ ② Mr

③ r ④ $M^2 r$

풀이 • 최대전력 공급 조건은 "내부 저항 = 부하 저항"일 때이다.

• 내부저항 $r[\Omega]$인 전지 M개를 병렬연결하면 내부 합성저항은 $\dfrac{r}{M}[\Omega]$

• 최대전력 공급 조건에 따라 부하저항 $R_L = \dfrac{r}{M}[\Omega]$이 되어야 한다.

기 18-2

23 일정전압의 직류전원에 저항을 접속하여 전류를 흘릴 때, 저항값을 20[%] 감소시키면 흐르는 전류는 처음 저항에 흐르는 전류의 몇 배가 되는가?

① 1.0배

② 1.1배

③ 1.25배

④ 1.5배

풀이 • 저항 감소 전 전류 $I_1 = \dfrac{E}{R}$[A]

• 저항 감소 후 전류 $I_2 = \dfrac{E}{(1-0.2)R} = 1.25\dfrac{E}{R} = 1.25 I_1$

기 23-3, 기 19-1

24 평행판 콘덴서의 극판 사이에 유전율 ϵ, 저항률 ρ인 유전체를 삽입하였을 때, 두 전극간의 저항 R과 정전용량 C의 관계는?

① $R = \rho \epsilon C$

② $RC = \dfrac{\epsilon}{\rho}$

③ $RC = \rho \epsilon$

④ $RC\rho\epsilon = 1$

풀이 $RC = \rho\dfrac{l}{S} \cdot \epsilon\dfrac{S}{l} = \rho\,\epsilon = \dfrac{\epsilon}{\sigma}$ $\therefore RC = \rho\epsilon$

여기서, R : 저항, C : 정전용량, ϵ : 유전률, σ : 도전률,

ρ : 저항률 또는 고유저항$(\rho = \dfrac{1}{\sigma})$

기 20-4, 기 17-1

25 반지름 a, b인 두 개의 구 형상 도체 전극이 도전율 k인 매질 속에 중심거리 r만큼 떨어져 있다. 양 전극 간의 저항은? (단, $r \gg a$, b 이다)

① $4\pi k \left(\dfrac{1}{a} + \dfrac{1}{b} \right)$

② $4\pi k \left(\dfrac{1}{a} - \dfrac{1}{b} \right)$

③ $\dfrac{1}{4\pi k} \left(\dfrac{1}{a} + \dfrac{1}{b} \right)$

④ $\dfrac{1}{4\pi k} \left(\dfrac{1}{a} - \dfrac{1}{b} \right)$

풀이 구도체 a, b 사이의 정전용량 C는

$$C = \frac{Q}{V_a - V_b} = \frac{4\pi\epsilon}{\dfrac{1}{a} + \dfrac{1}{b}} [\text{F}]$$

(전기저항 R과 정전용량 C를 곱하면 다음과 같다.

$$R \times C = \rho \frac{l}{S} \times \frac{\epsilon S}{d} = \rho\epsilon \text{, 여기서 } l = d \text{ 이다.})$$

$$\therefore R = \frac{\rho\epsilon}{C} = \frac{\rho\epsilon}{4\pi\epsilon / \left(\dfrac{1}{a} + \dfrac{1}{b} \right)} = \frac{\rho}{4\pi} \left(\frac{1}{a} + \frac{1}{b} \right) = \frac{1}{4\pi k} \left(\frac{1}{a} + \frac{1}{b} \right) [\Omega]$$

($\rho = \dfrac{1}{k}$, $\rho =$ 고유저항, $k =$ 도전율)

산기 22-3, 산기 24-3

26 정전 용량 C[F]와 컨덕턴스 G[S]와의 관계는 어떤 관계에 있는가?
단, k : 도전율[℧/m], ϵ : 유전율 [F/m]

① $\dfrac{C}{G} = \dfrac{\epsilon}{k}$

② $Ck = \dfrac{\epsilon}{G}$

③ $CG = k\epsilon$

④ $\dfrac{C}{G} = \dfrac{k}{\epsilon}$

풀이 $R = \rho \dfrac{d}{S} = \dfrac{d}{kS} [\Omega]$

$C = \dfrac{\epsilon S}{d} [\text{F}]$

$RC = \dfrac{d}{kS} \times \dfrac{\epsilon S}{d} = \dfrac{\epsilon}{k} = \rho\epsilon$

$RC = \rho\epsilon$ 또는 $\dfrac{C}{G} = \dfrac{\epsilon}{k}$

기 18-2, 기 20-3

27 대지의 고유저항이 $\rho[\Omega \cdot \text{m}]$일 때 반지름 $a[\text{m}]$인 그림과 같은 반구 접지극의 접지저항$[\Omega]$은?

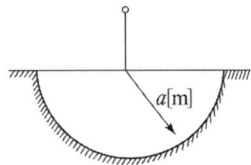

① $\dfrac{\rho}{4\pi a}$

② $\dfrac{\rho}{2\pi a}$

③ $\dfrac{2\pi\rho}{a}$

④ $2\pi\rho a$

풀이 $RC = \rho\epsilon$ 에서 반구의 정전용량

$C = \dfrac{4\pi\epsilon a}{2} = 2\pi\epsilon a$ 이므로

$\therefore R = \dfrac{\rho\epsilon}{C} = \dfrac{\rho\epsilon}{2\pi\epsilon a} = \dfrac{\rho}{2\pi a}[\Omega]$

기 21-1

28 내구의 반지름이 2[cm], 외구의 반지름이 3[cm]인 동심 구 도체 간에 고유저항이 $1.884 \times 10^2[\Omega \cdot \text{m}]$인 저항 물질로 채워져 있을 때, 내외구 간의 합성 저항은 약 몇 $[\Omega]$인가?

① 2.5

② 5.0

③ 250

④ 500

풀이 동심 구 도체 사이의 정전용량

$C = \dfrac{Q}{V} = \dfrac{4\pi\epsilon}{\dfrac{1}{a} - \dfrac{1}{b}} = 4\pi\epsilon \cdot \dfrac{ab}{b-a}$

$= 4\pi\epsilon \times \dfrac{2 \times 3 \times 10^{-4}}{(3-2) \times 10^{-2}} = 4\pi\epsilon \times 6 \times 10^{-2}[\text{F}]$

(여기서, a : 내구의 반지름[m], b : 외구의 반지름[m])

$RC = \rho\epsilon$ 에서

$R = \dfrac{\rho\epsilon}{C} = \dfrac{1.884 \times 10^2 \times \epsilon}{4\pi\epsilon \times 6 \times 10^{-2}} = 249.87[\Omega]$

기 17-1, 산기 23-2

29 구리로 만든 지름 20[cm]의 반구에 물을 채우고 그 중에 지름 10[cm]의 구를 띄운다. 이 때에 두 개의 구가 동심구라면 두 구 사이의 저항은 약 몇 [Ω] 인가?

(단, 물의 도전율은 10^{-3}[℧/m]라 하고, 물이 충만 되어 있다고 한다.)

① 1590　　　　　　　　　　② 2590

③ 2800　　　　　　　　　　④ 3180

풀이 동심구의 정전용량에서 반구이므로

$$C = \frac{4\pi\epsilon}{\dfrac{1}{a} - \dfrac{1}{b}} \times \frac{1}{2} = \frac{2\pi\epsilon}{\dfrac{1}{a} - \dfrac{1}{b}}\text{[F]}$$

$$RC = \epsilon\rho = \frac{\epsilon}{\sigma}\text{에서}$$

$$\therefore R = \frac{\epsilon}{\sigma C} = \frac{1}{2\pi\sigma}\left(\frac{1}{a} - \frac{1}{b}\right) = \frac{1}{2\pi \times 10^{-3}}\left(\frac{1}{0.05} - \frac{1}{0.1}\right) = 1591[\Omega]$$

기 19-2

30 유전율이 ϵ, 도전율이 σ, 반경이 $r_1, r_2(r_1 < r_2)$, 길이가 l인 동축케이블에서 저항 R은 얼마인가?

① $\dfrac{2\pi r l}{\ln\dfrac{r_2}{r_1}}$　　　　　　　　② $\dfrac{2\pi\epsilon l}{\dfrac{1}{r_1} - \dfrac{1}{r_2}}$

③ $\dfrac{1}{2\pi\sigma l}\ln\dfrac{r_2}{r_1}$　　　　　　　④ $\dfrac{1}{2\pi r l}\ln\dfrac{r_2}{r_1}$

풀이 $RC = \rho\epsilon = \dfrac{\epsilon}{\sigma}$이므로

$$\therefore R = \frac{\epsilon}{C\sigma} = \frac{\epsilon}{\dfrac{2\pi\epsilon l}{\ln\dfrac{r_2}{r_1}} \times \sigma} = \frac{1}{2\pi\sigma l}\ln\frac{r_2}{r_1}[\Omega]$$

기 22-1

31 내부 원통 도체의 반지름이 a[m], 외부 원통 도체의 반지름이 b[m]인 동축 원통 도체에서 내외 도체 간 물질의 도전율이 σ[℧/m]일 때 내외 도체 간의 단위 길이당 컨덕턴스[℧/m]는?

① $\dfrac{2\pi\sigma}{\ln\dfrac{b}{a}}$

② $\dfrac{2\pi\sigma}{\ln\dfrac{a}{b}}$

③ $\dfrac{4\pi\sigma}{\ln\dfrac{b}{a}}$

④ $\dfrac{4\pi\sigma}{\ln\dfrac{a}{b}}$

풀이 ▶ 동축케이블의 정전용량 $C = \dfrac{2\pi\epsilon l}{\ln\dfrac{b}{a}}$[F]

$RC = \rho\epsilon = \dfrac{\epsilon}{\sigma}$에서

$R = \dfrac{\epsilon}{\sigma C} = \dfrac{\epsilon}{\dfrac{2\pi\epsilon l}{\ln\dfrac{b}{a}}\cdot\sigma} = \dfrac{\ln\dfrac{b}{a}}{2\pi\sigma l}$[Ω]

컨덕턴스 $G = \dfrac{1}{R}$[S] 이므로 단위 길이당($l = 1$) 컨덕턴스는

$G = \dfrac{1}{R} = \dfrac{2\pi\sigma}{\ln\dfrac{b}{a}}$[S/m]

기 17-3

32 액체 유전체를 포함한 콘덴서 용량이 C[F]인 것에 V[V]의 전압을 가했을 경우에 흐르는 누설전류[A]는?(단, 유전체의 유전율은 ϵ[F/m], 고유저항은 ρ[Ω·m] 이다.)

① $\dfrac{\rho\epsilon}{CV}$

② $\dfrac{C}{\rho\epsilon V}$

③ $\dfrac{CV}{\rho\epsilon}$

④ $\dfrac{\rho\epsilon V}{C}$

풀이 ▶ $RC = \rho\epsilon$ 에서 $R = \dfrac{\rho\epsilon}{C}$

$I = \dfrac{V}{R} = \dfrac{V}{\dfrac{\rho\epsilon}{C}} = \dfrac{CV}{\rho\epsilon}$[A]

산기 22-1

33 직류 500[V] 절연저항계로 절연저항을 측정하니 2[MΩ]이 되었다면 누설전류는?

① 25[μA] ② 250[μA]

③ 1000[μA] ④ 1250[μA]

풀이 누설 전류 $i = \dfrac{E}{R_g} = \dfrac{500}{2 \times 10^6} = 250 \times 10^{-6}[\text{A}] = 250[\mu\text{A}]$

기 23-2

34 비유전율 $\epsilon_s = 2.2$, 고유저항 $\rho = 10^{11}[\Omega \cdot \text{m}]$인 유전체를 넣은 콘덴서의 용량이 200[$\mu$F] 이었다. 여기에 500 [kV]전압을 가하였을 때 누설전류는 약 몇 [A]인가?

① 4.2 [A] ② 5.1 [A]

③ 51.3 [A] ④ 61.0 [A]

풀이 $RC = \rho\epsilon$에서

$R = \dfrac{\rho\epsilon}{C} = \dfrac{10^{11} \times 8.855 \times 10^{-12} \times 2.2}{200 \times 10^{-6}} = 9.74 \times 10^3[\Omega]$

누설전류 $I = \dfrac{V}{R} = \dfrac{500 \times 10^3}{9.74 \times 10^3} = 51.33[\text{A}]$

산기 22-3, 산기 24-1

35 액체 유전체를 넣은 콘덴서의 용량이 30 [μF]이다. 여기에 500 [V]의 전압을 가했을 때 누설전류는 약 얼마인가? (단, 고유저항 ρ는 10^{11} [$\Omega \cdot \text{m}$], 비유전율 ϵ_s는 2.2 이다.)

① 5.1[mA] ② 7.7[mA]

③ 10.2[mA] ④ 15.4[mA]

풀이 $RC = \rho\epsilon$ [s], $R = \dfrac{\rho\epsilon}{C}[\Omega]$

$\therefore I = \dfrac{V}{R} = \dfrac{CV}{\rho\epsilon} = \dfrac{CV}{\rho\epsilon_0\epsilon_s} = \dfrac{30 \times 10^{-6} \times 500}{10^{11} \times 8.855 \times 10^{-12} \times 2.2}$

$= 7.7 \times 10^{-3}[\text{A}] = 7.7[\text{mA}]$

산기 22-1

36 금속도체의 전기저항은 일반적으로 온도와 어떤 관계인가?

① 전기저항은 온도의 변화에 무관하다.

② 전기저항은 온도의 변화에 대해 정특성을 갖는다.

③ 전기저항은 온도의 변화에 대해 부특성을 갖는다.

④ 금속도체의 종류에 따라 전기저항의 온도특성은 일관성이 없다.

풀이 • 금속 도체 : 온도의 상승과 더불어 전기 저항은 증가한다.
  • 절연체 또는 반도체 : 온도의 상승과 더불어 전기 저항은 감소한다.

기 20-1,2

37 20[℃]에서 저항의 온도계수가 0.002인 니크롬선의 저항이 100[Ω]이다. 온도가 60[℃]로 상승되면 저항은 몇 [Ω]이 되겠는가?

① 108
② 112
③ 115
④ 120

풀이 온도 t_1 및 t_2일 때 저항을 각각 R_1, R_2라 하고, t_1에서의 온도계수 α_1이라 하면
$R_2 = R_1 \left[1 + \alpha_1 \left(t_2 - t_1 \right) \right]$ 에서
$R_2 = 100 \left[1 + 0.002 \left(60 - 20 \right) \right] = 108[\Omega]$

기 23-2, 기 20-3

38 구리의 고유저항은 20[℃]에서 1.69×10^{-8}[Ω·m]이고 온도계수는 0.00393이다. 단면적이 2[mm²]이고 100[m]인 구리선의 저항값은 40[℃]에서 약 몇 [Ω]인가?

① 0.91×10^{-3}
② 1.89×10^{-3}
③ 0.91
④ 1.89

풀이 • 20[℃]에서의 구리의 저항
  $R_{20} = \rho \dfrac{l}{A} = 1.69 \times 10^{-8} \times \dfrac{100}{2 \times 10^{-6}} = 0.845[\Omega]$
  • 40[℃]에서의 구리의 저항
  $R_{40} = R_{20} [1 + \alpha_{20} (t - 20)]$
  $\qquad = 0.845 \times [1 + 0.00393 \times (40 - 20)] = 0.91[\Omega]$

정답 36. ② 37. ① 38. ③

기 23-2

39 정전계와 반대방향으로 전하를 2 [m]이동시키는데 240 [J]의 에너지가 소모되었다. 이 두점 사이의 전위차가 60 [V]이면 전하의 전기량은 몇 [C]인가?

① 1[C]   ② 2[C]

③ 4[C]   ④ 8[C]

풀이 $W = QV[\text{J}]$

$$\therefore \ Q = \frac{W}{V} = \frac{240}{60} = 4[\text{C}]$$

7 정자계

1) 쿨롱의 법칙

$$F = \frac{m_1 m_2}{4\pi\mu_0 r^2} = 6.33 \times 10^4 \times \frac{m_1 m_2}{r^2} [\text{N}]$$

(m_1, m_2 : 자극의 세기[Wb], r : 자극간의 거리[m])

- 진공의 투자율 $\mu_0 = 4\pi \times 10^{-7}$[H/m]

- $\dfrac{1}{4\pi\mu_0} = 6.33 \times 10^4$

- 동일 부호의 자극 사이에는 반발력, 서로 다른 부호의 자극 사이에는 흡인력이 작용

2) m[Wb]의 점자극에서 나오는 자력선 수 N

$$N = \frac{m}{\mu} = \frac{m}{\mu_0 \mu_s} [\text{개}]$$

3) 자속밀도 B

$$B = \frac{\phi}{S} = \frac{m}{S} \ [\text{Wb/m}^2] \ \text{또는} \ \phi = \boldsymbol{B} \cdot \boldsymbol{S}$$

(ϕ : 자속[Wb], S : 면적[m^2])

4) 자속밀도 B와 자계의 세기 H와의 관계

$$B = \mu H \, [\text{Wb/m}^2]$$

5) 자계의 세기 H

자계 중의 한 점에 단위자하 $(+1\,[\text{Wb}])$를 놓았을 때, 이에 작용하는 힘

$$H = \frac{m}{4\pi\mu_0 r^2} = 6.33 \times 10^4 \times \frac{m}{r^2} \ [\text{AT/m}]$$

6) 쿨롱력과 자계

- 진공 중 $F = \dfrac{m^2}{4\pi\mu_0 r^2}[\text{N}]$

- 진공 이외의 매질 $F = \dfrac{m^2}{4\pi\mu r^2}[\text{N}]$

7) 점자극 m에서 r 거리인 점의 자위

$$U_m = \frac{m}{4\pi\mu r}[\text{AT}]$$

8) 자기 모멘트 M

- 크기 : $M = ml\,[\text{Wb}\cdot\text{m}]$
- 방향 : $-m$에서 $+m$으로 향하는 방향

9) 자기 쌍극자에서 거리 r만큼 떨어진 임의의 한 점에서의 자위 U

$$U = \frac{M\cos\theta}{4\pi\mu_0 r^2} = 6.33\times10^4\times\frac{M\cos\theta}{r^2}\,[\text{AT}]$$

10) 자기 쌍극자에서 거리 r만큼 떨어진 임의의 한 점에서의 자계의 세기 H

$$H = \frac{M}{4\pi\mu_0 r^3}\sqrt{1+3\cos^2\theta}\,[\text{AT/m}]$$

11) 판자석의 자위 $U_m = \pm\dfrac{M\omega}{4\pi\mu_0}[\text{AT}]$

12) 판자석 양면의 자위차 $U_{NS} = \dfrac{M}{\mu_0}[\text{AT}]$

13) 자석의 자기 모멘트

$M = ml[\text{Wb}\cdot\text{m}]$ (m : 자극, l : 자극간의 거리)

14) 길이 l, 자극의 세기 $\pm m$인 자석이 자계와 θ의 각을 이루고 있을 때 자석이 받는 회전력

$T = Fl' = Fl\sin\theta = mHl\sin\theta\,[\text{N}\cdot\text{m}]$

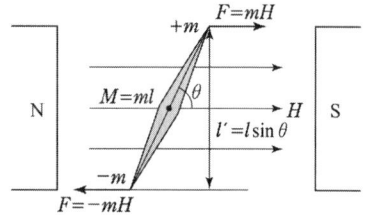

15) 정전계와 정자계의 유사성

정 전 계		정 자 계	
전하	$Q[\text{C}]$	자하 (자극의 세기)	$m[\text{Wb}]$
진공의 유전율	$\epsilon_0 = 8.85 \times 10^{-12}[\text{F/m}]$	진공의 투자율	$\mu_0 = 4\pi \times 10^{-7}[\text{H/m}]$
전속	$\Psi = Q[\text{C}]$	자속	$\phi = m[\text{Wb}]$
전속밀도	$D = \dfrac{\Psi}{S} = \dfrac{Q}{S}[\text{C/m}^2]$ $\therefore \Psi = DS[\text{C}]$	자속밀도	$B = \dfrac{\phi}{S} = \dfrac{m}{S}[\text{Wb/m}^2]$ $\therefore \phi = BS[\text{Wb}]$
전기력선	$N = \dfrac{\Psi}{\epsilon_0} = \dfrac{Q}{\epsilon_0}[\text{lines}]$	자력선	$N = \dfrac{\phi}{\mu_0} = \dfrac{m}{\mu_0}[\text{lines}]$
전계의 세기 (=전기력선밀도)	$E = \dfrac{D}{\epsilon_0}[\text{V/m}]$ $\therefore D = \epsilon_0 E$	자계의 세기 (=자력선밀도)	$H = \dfrac{B}{\mu_0}[\text{AT/m}]$ $\therefore B = \mu_0 H$
쿨롱의 법칙 (전기력)	$F = \dfrac{Q_1 Q_2}{4\pi \epsilon_0 r^2}[\text{N}]$	쿨롱의 법칙 (전기력)	$F = \dfrac{m_1 m_2}{4\pi \mu_0 r^2}[\text{N}]$
전계의 세기	$E = \dfrac{Q}{4\pi \epsilon_0 r^2}[\text{V/m}]$	자계의 세기	$H = \dfrac{m}{4\pi \mu_0 r^2}[\text{AT/m}]$
힘과 전계	$F = QE[\text{N}]$	힘과 전계	$F = mH[\text{N}]$
전위	$V = \dfrac{Q}{4\pi \epsilon_0 r}[\text{V}]$	자위	$U = \dfrac{m}{4\pi \mu_0 r}[\text{AT}]$
전기쌍극자	$V = \dfrac{M\cos\theta}{4\pi \epsilon_0 r^2}[\text{V}]$	소자석	$U = \dfrac{M\cos\theta}{4\pi \mu_0 r^2}[\text{AT}]$
전기이중층	$V = \dfrac{M}{4\pi \epsilon_0}\omega[\text{V}]$	판자석	$U = \dfrac{M}{4\pi \mu_0}\omega[\text{AT}]$
전위경도	$\boldsymbol{E} = -\operatorname{grad} V$	자위경도	$\boldsymbol{H} = -\operatorname{grad} U$

16) 전류에 의한 자계

(1) 암페어의 오른나사 법칙
도체에 수직인 평면상에서 오른나사가 진행하는 방향으로 전류가 흐를 때 나사를 돌리는 방향으로 자계가 발생한다.

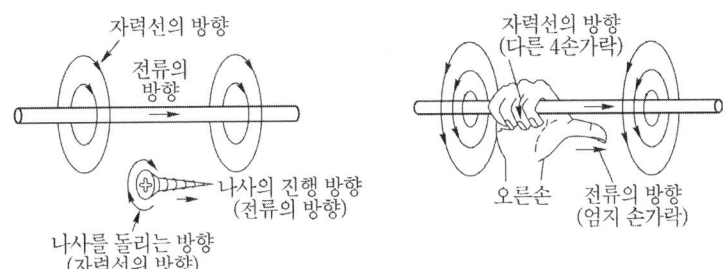

(2) 암페어의 주회적분 법칙
임의의 폐곡선에 대한 자계의 선적분은 이 폐곡선을 관통하는 전류와 같다.

$$\oint_c \boldsymbol{H} \cdot dl = I$$

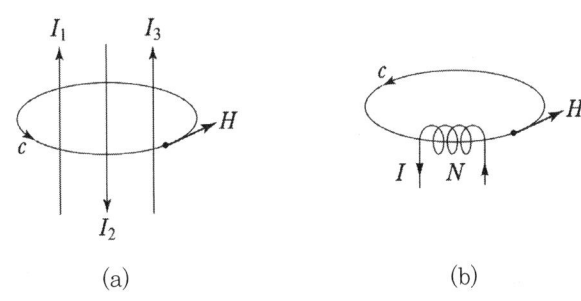

(a)　　　　　　　　(b)

⟨전류와 적분로의 쇄교⟩

17) 전류에 의한 자계의 계산

(1) 무한직선 전류에 의한 자계 H

$$H = \frac{I}{2\pi r}[\text{AT/m}] \quad (r : 거리[\text{m}])$$

(2) 반지름 a[m]인 원통형(원주형) 도체의 전류에 의한 자계

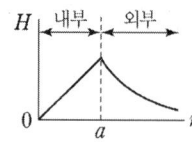

- 도체 내부($r \leq a$) : $H = \dfrac{rI}{2\pi a^2}$[AT/m]

- 도체 외부($r \geq a$) : $H = \dfrac{I}{2\pi r}$[AT/m]

- 도체 내부에서는 축으로부터 떨어진 거리 r에 비례하나 도체 외부에서는 r에 반비례하게 된다.

(3) 유한 직선도체에 전류 I[A]가 흐를 때 자계

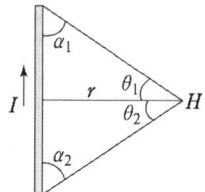

$$H = \dfrac{I}{4\pi r}(\sin\theta_1 + \sin\theta_2)$$

$$= \dfrac{I}{4\pi r}(\cos\alpha_1 + \cos\alpha_2)\text{[AT/m]}$$

(4) 한 변이 l인 정삼각형 중심의 자계 : $H = \dfrac{9I}{2\pi l}$[AT/m]

(5) 한 변이 l인 정사각형 중심의 자계 : $H = \dfrac{2\sqrt{2}I}{\pi l}$[AT/m]

(6) 한 변이 l인 정육각형 중심의 자계 : $H = \dfrac{\sqrt{3}I}{\pi l}$[AT/m]

(7) 반지름 r인 원에 내접하는 정n각형의 회로에 전류 I가 흐를 때 원 중심점에서의 자계

- 전류에 의한 한 변의 자계 : $H_1 = \dfrac{I}{2\pi r}\tan\dfrac{\pi}{n}$[AT/m]

- n변형 중심의 자계 : $H = \dfrac{nI}{2\pi r}\tan\dfrac{\pi}{n}$[AT/m]

(8) 원형 전류 중심의 자계의 세기

$$H_0 = \dfrac{I}{2a}\text{[AT/m]}$$

(9) 원형전류 중심 축상 점 P에서의 자계의 세기

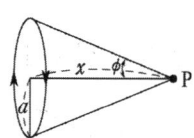

$$H_x = \dfrac{a^2 I}{2(a^2 + x^2)^{3/2}}\text{[AT/m]}$$

(10) 무한장 솔레노이드

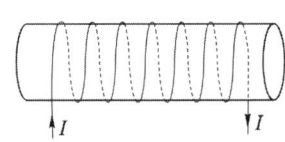
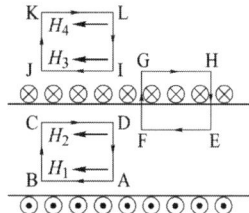

- 내부 : $H = nI$ (내부에서는 평등자계 임)
- 외부 : $H = 0$

(11) 평등자계를 얻는 방법

- 단면적에 비하여 길이가 충분히 긴 solenoid
- 솔레노이드에 도선을 촘촘히 감는다.
- 무한장 솔레노이드 ($\because$ 누설 자속이 발생하지 않도록 하기 위함)

(12) 환상 솔레노이드

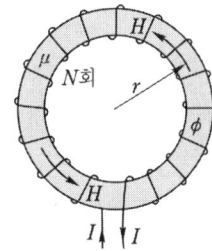
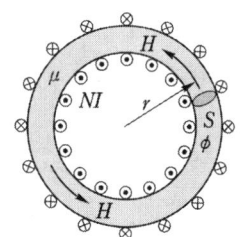

- 내부 : $H = \dfrac{NI}{2\pi r}$ (내부에서는 균등자계 임)
- 외부 : $H = 0$

18) 비오-사바르 법칙

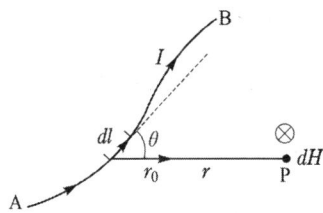

임의의 형상의 도선에 전류 I[A]가 흐를 때, 도선 상의 미소길이 dl 부분에 흐르는 전류에 의하여 거리 r 만큼 떨어진 점 P에서의 자계의 세기 $d\boldsymbol{H}$는

$$dH = \frac{Idl\sin\theta}{4\pi r^2}$$

19) 자계 내에서 전류 도체가 받는 힘

- $F = BIl\sin\theta[\text{N}]$
- 자계와 전류와 도체가 받는 힘의 관계를 구체적으로 표현
  할 수 있는 방법에는 플레밍의 왼손 법칙이 있다.
  - 엄지 : 힘(F)의 방향
  - 인지 : 자속(B)의 방향
  - 중지 : 전류(I)의 방향

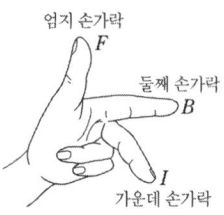

20) 전하 q 가 자속밀도 B 인 평등자계 내를 이동할 때의 전자력 F

- $\boldsymbol{F} = q(\boldsymbol{v} \times \boldsymbol{B})[\text{N}]$
- $F = Bqv\sin\theta[\text{N}]$
- 자계와 평행 입사 : $F = 0$ 이 되어 처음 상태와 같은 직선 궤적
- 자계와 수직 입사 : $F = qvB$ 가 되고 플레밍 왼손법칙에 의해 등속 원운동
- 회전 반경 $r = \dfrac{mv}{qB}[\text{m}]$
- 각속도 $\omega = \dfrac{qB}{m}[\text{rad/sec}]$
- 주기 $T = \dfrac{2\pi m}{qB}[\text{sec}]$

  여기서, m : 질량[kg], q : 전기량[C], v : 속도[m/sec]
          ω : 각속도[rad/sec], B : 자속밀도[Wb/m^2]

21) 운동 전하 q 에 전계 E 와 자계 H 가 동시에 작용하고 있는 경우

$$\boldsymbol{F} = q(\boldsymbol{E} + \boldsymbol{v} \times \boldsymbol{B})[\text{N}] : 로렌쯔의 힘(\text{Lorentz's force})$$

22) 평행도체 상호간에 작용하는 힘

- 도체 A에 의한 도체 B의 단위길이에 작용하는 힘

$$F = \mu_0 H_1 I_2 = \frac{\mu_0 I_1 I_2}{2\pi r}[\text{N/m}]$$

- 두 도체의 전류가 동일 방향 : 흡인력
- 두 도체의 전류가 반대 방향 : 반발력

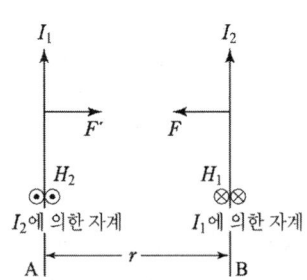

출제예상문제

기 22-2

01 자계의 세기를 나타내는 단위가 아닌 것은?

① A/m

② N/Wb

③ $(H \cdot A)/m^2$

④ $Wb/(H \cdot m)$

풀이 자계의 세기는 1 [Wb]당의 작용력이므로

$$\left[\frac{N}{Wb}\right] = \left[\frac{N \cdot m}{Wb \cdot m}\right] = \left[\frac{J/Wb}{m}\right] = \left[\frac{A}{m}\right] = \left[\frac{Wb}{H \cdot m}\right]$$

산기 23-3

02 그림과 같이 공기 중에서 1 [m]의 거리를 사이에 둔 2점 A, B에 각각 3×10^{-4}[Wb]와 -3×10^{-4}[Wb]의 점자극을 두었다. 이때 점 P에 단위 정(+)자극을 두었을 때 이 극에 작용하는 힘의 합력은 약 몇 [N]인가? (단, $m(\overline{AP}) = m(\overline{BP})$, $m(\angle APB) = 90°$ 이다.)

① 0

② 18.9

③ 37.9

④ 53.7

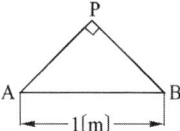

풀이 $\overline{AP} = \overline{BP} = \dfrac{1}{\sqrt{2}}$

$$F = \frac{m_1 m_2}{4\pi\mu_0 r^2} = 6.33 \times 10^4 \times \frac{m_1 m_2}{r^2}[N]$$

$$F_1 = 6.33 \times 10^4 \times \frac{1 \times 3 \times 10^{-4}}{\left(\dfrac{1}{\sqrt{2}}\right)^2} = 12.66 \times 3 = 37.98\,[N]$$

$$F_2 = 6.33 \times 10^4 \times \frac{1 \times (-3) \times 10^{-4}}{\left(\dfrac{1}{\sqrt{2}}\right)^2} = 12.66 \times (-3) = -37.98[N]$$

$$\therefore\ F = 2F_1 \cos 45° = 2 \times 37.98 \times \frac{1}{\sqrt{2}} = 53.71[N]$$

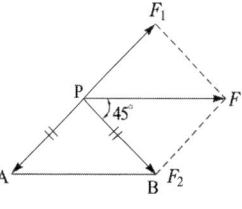

기 16-3
03 진공중의 자계 10[AT/m]인 점에 5×10^{-3}[Wb]의 자극을 놓으면 그 자극에 작용하는 힘[N]은?

① 5×10^{-2} ② 5×10^{-3}

③ 2.5×10^{-2} ④ 2.5×10^{-3}

풀이 $F = mH$에서
$$F = 5 \times 10^{-3} \times 10 = 5 \times 10^{-2}[\text{N}]$$

산기 22-1
04 500 [AT/m]의 자계 중에 어떤 자극을 놓았을 때 3×10^3[N]의 힘이 작용했다면 이 때 자극의 세기는 몇 [Wb]인가?

① 2[Wb]   ② 3[Wb]

③ 5[Wb]   ④ 6[Wb]

풀이 $F = mH$에서
$$\therefore m = \frac{F}{H} = \frac{3 \times 10^3}{500} = \frac{3000}{500} = 6 \, [\text{Wb}]$$

기 22-3
05 500[AT/m]의 자계 중에 어떤 자극을 놓았을 때 5×10^3[N]의 힘이 작용했을 때의 자극의 세기는 몇 [Wb] 인가?

① 10   ② 20

③ 30   ④ 40

풀이 $F = mH$에서
$$\therefore m = \frac{F}{H} = \frac{5 \times 10^3}{500} = \frac{5000}{500} = 10[\text{Wb}]$$

산기 24-2

06 진공 중에서 8π[Wb]의 자하(磁荷)로부터 발산되는 총자력선의 수는?

① 10^7[개]

② 2×10^7[개]

③ $8\pi\times10^7$[개]

④ $\dfrac{10^7}{8\pi}$[개]

풀이 진공 중에서 m[Wb]의 자하로부터 나오는 자력선의 수는

$$\Phi=\frac{m}{\mu_0}=\frac{8\pi}{\mu_0}=\frac{8\pi}{4\pi\times10^{-7}}=2\times10^7\,[\text{개}]$$

산기 25-3

07 자위의 단위에 해당되는 것은?

① A

② J/C

③ N/Wb

④ Gauss

풀이 무한 원점에서 자계 중의 한 점 P까지 단위 점자극(+1 [Wb])을 운반할 때, 소요되는 일을 그 점에 대한 자위라고 한다.

$$U_m=-\int_\infty^P \boldsymbol{H}\cdot dl \ \text{에서} \ [\text{A/m}]\cdot[\text{m}]=[\text{A}]$$

산기 23-3

08 판자석의 세기가 P[Wb/m]되는 판자석을 보는 입체각 ω인 점의 자위는 몇 [A]인가?

① $\dfrac{P}{4\pi\mu_0\omega}$

② $\dfrac{P\omega}{4\pi\mu_0}$

③ $\dfrac{P}{2\pi\mu_0\omega}$

④ $\dfrac{P\omega}{2\pi\mu_0}$

풀이 그림에서 미소 면적 dS인 소자석에 의한 점 P의 자위는

$$dU=\frac{1}{4\pi\mu_0}\cdot\frac{PdS\cos\theta}{r^2}=\frac{P}{4\pi\mu_0}\cdot\frac{dS\cos\theta}{r^2}\,[\text{A}]$$

따라서 판 전체에 의한 자위는

$$U=\frac{P}{4\pi\mu_0}\int_s\frac{dS\cos\theta}{r^2}$$

여기서, $\displaystyle\int_s\frac{dS\cos\theta}{r^2}$는 판 S가 점 P에 대하여 짓는

입체각 ω가 되므로

$$\therefore\ U=\frac{P\omega}{4\pi\mu_0}\,[\text{A}]$$

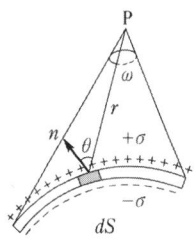

기 18-3, 산기 22-3

09 판자석의 세기가 0.01[Wb/m], 반지름이 5[cm]인 원형 자석판이 있다. 자석의 중심에서 축상 10[cm]인 점에서의 자위의 세기는 몇 [AT] 인가?

① 100 ② 175
③ 370 ④ 420

풀이 자위의 세기

$$U = \frac{\phi_m \omega}{4\pi\mu_0} = \frac{\phi_m 2\pi(1-\cos\theta)}{4\pi\mu_0} = \frac{\phi_m(1-\cos\theta)}{2\mu_0}$$

$$= \frac{\phi_m\left(1 - \dfrac{x}{\sqrt{x^2+a^2}}\right)}{2\mu_0} = \frac{0.01 \times \left(1 - \dfrac{10}{\sqrt{5^2+10^2}}\right)}{2 \times 4\pi \times 10^{-7}} = 420[\text{AT}]$$

산기 24-2

10 그림과 같이 Ox, Oy, Oz를 직각 좌표축이라 하고, 무한장 직선 도선 l이 z축상에 있으며, 이것에 z의 +방향으로 전류 i_1이 흐르고 있다. 그리고 $y-z$ 면상에 직사각형 도선 ABCD가 있고 이것에 ABCD 방향으로 전류 i_2가 흐르고 있을 때 z의 +방향으로 힘이 발생하는 변은?

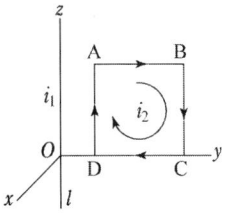

① AB ② BC
③ CD ④ DA

풀이 평행 도선 간에 작용하는 힘(전자력)
{ 전류 같은 방향 : 흡인력
{ 전류 반대 방향 : 반발력
마주보는 도선 AB와 CD, BC와 DA는 각각 전류가 반대 방향으로 흐르는 평행도선으로 볼 수 있으므로 전자력의 방향은 서로 반발력이 작용한다.
즉 전자력에 의한 각 도선에 작용하는 힘의 방향은 각각
도선 AB : $+z$ 방향, 도선 BC : $+y$ 방향
도선 CD : $-z$ 방향, 도선 DA : $-y$ 방향

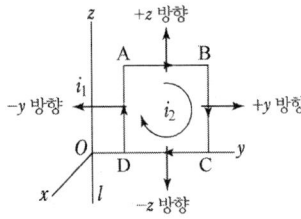

(그림과 같이 직사각형 도선의 외부로 향하는 방향이 됨)
따라서 $+z$방향의 도선(변)은 AB가 된다. (전류도체 i_1을 고려하지 않아도 됨)

기 21-3

11 길이가 10[cm]이고 단면의 반지름이 1 [cm]인 원통형 자성체가 길이 방향으로 균일하게 자화되어 있을 때 자화의 세기가 0.5[Wb/m²] 이라면 이 자성체의 자기모멘트[Wb · m]는?

① 1.57×10^{-5}

② 1.57×10^{-4}

③ 1.57×10^{-3}

④ 1.57×10^{-2}

풀이 $M = ml = \pi a^2 J \cdot l$
$$= 3.14 \times (0.01)^2 \times 0.5 \times 0.1$$
$$= 1.57 \times 10^{-5} [\text{Wb} \cdot \text{m}]$$

산기 24-2

12 그림과 같이 균일한 자계의 세기 H[AT/m]내에 자극의 세기가 $+m$[Wb], 길이 l[m]인 막대자석을 그 중심 주위에 회전할 수 있도록 놓는다. 이때 자석과 자계의 방향이 이룬각을 θ라고 하면 자석이 받는 회전력 [N·m]은?

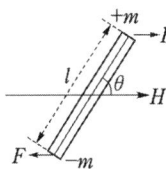

① $mHl\cos\theta$ ② $mHl\sin\theta$
③ $2mHl\cos\theta$ ④ $2mHl\tan\theta$

풀이

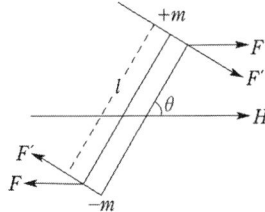

그림에서 자석의 축 방향에 직각인 수직 방향의 분력 F'는
$$F' = F\sin\theta = mH\sin\theta$$
$$\therefore \ T = 2F'\frac{l}{2} = mHl\sin\theta = MH\sin\theta \ [\text{N} \cdot \text{m}]$$

기 22-1

13 자극의 세기가 7.4×10^{-5}[Wb], 길이가 10[cm]인 막대자석이 100[AT/m]의 평등자계 내에 자계의 방향과 30°로 놓여 있을 때 이 자석에 작용하는 회전력[N · m]은?

① 2.5×10^{-3}

② 3.7×10^{-4}

③ 5.3×10^{-5}

④ 6.2×10^{-6}

풀이▶ 회전력 $T = MH\sin\theta = mlH\sin\theta$
$$= 7.4 \times 10^{-5} \times 10 \times 10^{-2} \times 100 \times \sin 30°$$
$$= 3.7 \times 10^{-4}[\text{N} \cdot \text{m}]$$

기 23-1, 기 19-2, 산기 25-2

14 자극의 세기가 8×10^{-6}[Wb], 길이가 3[cm]인 막대자석을 120[AT/m]의 평등자계 내에 자력선과 30°의 각도로 놓으면 이 막대자석이 받는 회전력은 몇 [N · m]인가?

① 1.44×10^{-4}

② 1.44×10^{-5}

③ 3.02×10^{-4}

④ 3.02×10^{-5}

풀이▶ $T = MH\sin\theta = mlH\sin\theta$
$$= 8 \times 10^{-6} \times 0.03 \times 120 \times \sin 30°$$
$$= 1.44 \times 10^{-5}[\text{N} \cdot \text{m}]$$

산기 24-1

15 권선수가 400회, 면적이 9π[cm²]인 장방형 코일에 1[A]의 직류가 흐르고 있다. 코일의 장방형 면과 평행한 방향으로 자속밀도가 0.8[Wb/m²]인 균일한 자계가 가해져 있다. 코일의 평행한 두 변의 중심을 연결하는 선을 축으로 할 때 이 코일에 작용하는 회전력은 약 몇 [N · m]인가?

① 0.3

② 0.5

③ 0.7

④ 0.9

풀이▶ 회전력 $T = nBIl_1 l_2 \sin\theta$
$$= 400 \times 0.8 \times 1 \times 9\pi \times 10^{-4} \times \sin 90°$$
$$= 0.9[\text{N} \cdot \text{m}]$$
여기서 n : 코일의 권수, B : 자속밀도[Wb/m²], I : 전류[A]
l_1 : 코일의 길이[m], l_2 : 코일의 폭[m]
θ : 코일면의 법선과 자계가 이루는 각

기 22-3, 기 20-3, 기 17-2

16 그림과 같은 직사각형의 평면 코일이 $B = \dfrac{0.05}{\sqrt{2}}(a_x + a_y)$[Wb/m^2]인 자계에 위치하고 있다.

이 코일에 흐르는 전류가 5[A] 일 때 z축에 있는 코일에서의 토크는 약 몇 [N · m]인가?

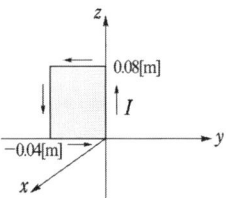

① $2.66 \times 10^{-4} a_x$

② $5.66 \times 10^{-4} a_x$

③ $2.66 \times 10^{-4} a_z$

④ $5.66 \times 10^{-4} a_z$

풀이 $\quad I = 5a_z, \quad B = 0.03536(a_x + a_y)$

z축상의 전류 도체가 받는 힘

$\quad F = (I \times B)\, l$

$\quad I \times B = 5 \times 0.03536(a_z \times a_x + a_z \times a_y) = 0.1768(a_y - a_x)$

$\quad \therefore F = (I \times B)\, l = 0.1768 \times 0.08(-a_x + a_y) = 0.01414(-a_x + a_y)$[N]

토크 $T = r \times F$ 이고 $r = 0.04 a_y$ 이므로

$\quad T = 5.66 \times 10^{-4}(-a_y \times a_x + a_y \times a_y)$

$\quad\quad = 5.66 \times 10^{-4}\{-(-a_z)\}$

$\quad\quad = 5.66 \times 10^{-4} a_z$[N·m]

기 16-2

17 자기 모멘트 9.8×10^{-5} [Wb · m]의 막대자석을 지구자계의 수평 성분 10.5 [AT/m]의 곳에서 지자기 자오면으로부터 90° 회전시키는데 필요한 일은 약 몇 [J]인가?

① 1.03×10^{-3}

② 1.03×10^{-5}

③ 9.03×10^{-3}

④ 9.03×10^{-5}

풀이 지구 자계가 자석에 작용하는 회전력은 $T = MH\sin\theta$이고,

각 θ만큼 회전시키는데 필요한 일은

$$W = \int_0^\theta T \cdot d\theta = MH \int_0^\theta \sin\theta \cdot d\theta = MH(1 - \cos\theta)$$

$$= 9.8 \times 10^{-5} \times 10.5(1 - \cos 90°)$$

$$\fallingdotseq 1.03 \times 10^{-3}\,[\text{J}]$$

기 18-1

18 그림과 같이 반지름 a[m]의 한번 감긴 원형코일이 균일한 자속밀도 B[Wb/m²]인 자계에 놓여 있다. 지금 코일 면을 자계와 나란하게 전류 I[A]를 흘리면 원형코일이 자계로부터 받는 회전 모멘트는 몇 [N·m/rad] 인가?

① πaBI

② $2\pi aBI$

③ πa^2BI

④ $2\pi a^2BI$

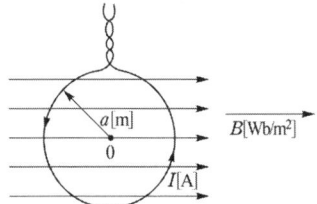

풀이 회전력 $T = NSBI\cos\theta = \pi a^2BI$[N·m/rad]

여기서, $N=1$, $S=\pi a^2$

코일 면을 자계와 나란하게 전류를 흘렸으므로 $\theta = 0°$, 즉 $\cos 0° = 1$

산기 22-2, 산기 24-3, 산기 25-1

19 전류에 의한 자계의 발생 방향을 결정하는 법칙은?

① 비오사바르의 법칙   ② 쿨롱의 법칙

③ 패러데이의 법칙   ④ 암페어의 오른손 법칙

풀이 • 비오사바르(Biot Savart)의 법칙 : 전류에 의한 자계의 세기

• 쿨롱의 법칙 : 전하들간에 작용하는 힘

• 패러데이 법칙 : 전자유도 법칙에 의한 기전력

• 암페어의 오른나사 법칙 : 전류에 의한 자계의 방향

산기 25-3

20 직선 전류에 의해서 그 주위에 생기는 환상의 자계 방향은?

① 전류의 방향

② 전류와 반대 방향

③ 오른 나사의 진행 방향

④ 오른 나사의 회전 방향

풀이 암페어의 오른나사 법칙 : 전류가 만드는 자계의 방향

즉, 전류에 의한 자계의 방향은 암페어의 오른 나사 법칙에 따르며 그림과 같은 방향이다.

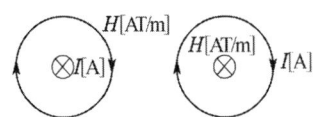

⊗ : 들어가는 방향

⊙ : 나오는 방향

기 23-3

21 무한장 직선 도선에 흐르는 직류전류 I에 의해, 무한장 직선 도선의 전류 상하에 존재하는 자침이, 그림과 같이 자침중심축을 중심으로 회전하여 정지하였다. (ㄱ)(ㄴ)(ㄷ)(ㄹ)의 극을 순서적으로 잘 배열한 것은?

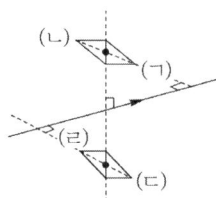

① S, N, S, N
② S, N, N, S
③ N, S, N, S
④ N, S, S, N

풀이 전류 도체에 의한 **자계의 방향**은 암페어 **오른나사법칙**으로 결정된다. 자계 내에 있는 자침의 N극을 자계방향과 일치하도록 맞춘다.

산기 25-2

22 6.28 [A]가 흐르는 무한장 직선 도선상에서 1 [m] 떨어진 점의 자계의 세기 [A/m]는?

① 0.5
② 1
③ 2
④ 3

풀이 무한장 직선 전류에 의한 자계의 세기
$H = \dfrac{I}{2\pi r}$ [AT/m]에서　$H = \dfrac{6.28}{2\pi \times 1} = 1$ [AT/m]

기 18-2

23 무한장 직선 전류에 의한 자계의 세기[AT/m]는?

① 거리 r에 비례한다.
② 거리 r^2에 비례한다.
③ 거리 r에 반비례한다.
④ 거리 r^2에 반비례한다.

풀이 무한장 직선도체에 전류 I[A]가 흐를 때 이 도체에 의한 자계 H
$H = \dfrac{I}{2\pi r}$ [AT/m]로 거리에 반비례한다. $\left(H \propto \dfrac{1}{r} \right)$

기 20-4

24 전류 I가 흐르는 무한 직선 도체가 있다. 이 도체로부터 수직으로 0.1[m] 떨어진 점에서 자계의 세기가 180[AT/m] 이다. 도체로부터 수직으로 0.3[m] 떨어진 점에서 자계의 세기[AT/m]는?

① 20

② 60

③ 180

④ 540

풀이▶ 무한장 직선 전류에 의한 자계의 세기

$$H = \frac{I}{2\pi r}[\text{A/m}]\text{에서 } H \propto \frac{1}{r}$$

따라서, $180 : H_x = \dfrac{1}{0.1} : \dfrac{1}{0.3}$

$$\therefore H_x = \frac{0.1}{0.3} \times 180 = 60[\text{AT/m}]$$

기 22-2, 기 19-2

25 그림과 같이 평행한 무한장 직선의 두 도선에 I[A], $4I$[A]인 전류가 각각 흐른다. 두 도선 사이 점 P에서의 자계의 세기가 0이라면 $\dfrac{a}{b}$는?

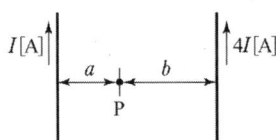

① 2

② 4

③ $\dfrac{1}{2}$

④ $\dfrac{1}{4}$

풀이▶ I와 $4I$ 도선에 의한 자계의 방향은 서로 반대이므로 크기가 같으면 $H = 0$가 된다.

I 도선에 의한 자계 $H_I = \dfrac{I}{2\pi a}[\text{AT/m}]$ ($\otimes$ 방향)

$4I$ 도선에 의한 자계 $H_{4I} = \dfrac{4I}{2\pi b}[\text{AT/m}]$ ($\odot$ 방향)

$H_I = H_{4I}$ 이므로

$$\frac{I}{2\pi a} = \frac{4I}{2\pi b} \qquad \therefore \frac{a}{b} = \frac{1}{4}$$

산기 24-3

26 그림과 같이 평행 왕복 도선에 $\pm I$[A]가 흐르고 있을 때 점 P $(\theta = 90°)$의 자계의 세기는 몇 [AT/m]인가?

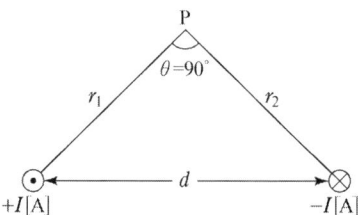

① $\dfrac{I}{2\pi d}$

② $\dfrac{I}{2\pi r_1 r_2}$

③ $\dfrac{I\sqrt{r_1 + r_2}}{2\pi d}$

④ $\dfrac{Id}{2\pi r_1 r_2}$

풀이

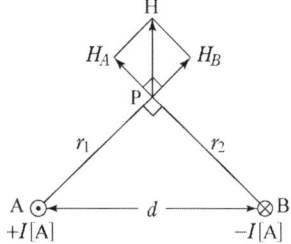

그림에서 A와 B 도선 전류에 의한 자계는 암페어 오른나사 법칙에 의해 동심원을 그리므로 점 P에서의 자계 방향은 접선 방향 H_A, $H_B (H_A \neq H_B)$가 되고, 크기는 각각

$$H_A = \frac{I}{2\pi r_1}, \quad H_B = \frac{I}{2\pi r_2}$$

이다. 두 자계 H_A, H_B가 이루는 각은 기하학적으로 90°이므로 두 자계 H_A, H_B의 합성자계 H는 피타고라스 정리에 의해

$$\therefore H = \sqrt{H_A^2 + H_B^2}$$
$$= \sqrt{\left(\frac{I}{2\pi r_1}\right)^2 + \left(\frac{I}{2\pi r_2}\right)^2} = \sqrt{\frac{I^2}{(2\pi)^2}\left(\frac{1}{r_1^2} + \frac{1}{r_2^2}\right)}$$
$$= \sqrt{\frac{I^2}{(2\pi)^2}\left(\frac{r_1^2 + r_2^2}{r_1^2 r_2^2}\right)} \quad (r_1^2 + r_2^2 = d^2)$$
$$= \sqrt{\frac{I^2}{(2\pi)^2}\left(\frac{d^2}{r_1^2 r_2^2}\right)}$$
$$= \frac{Id}{2\pi r_1 r_2} \text{[AT/m]}$$

정답 26. ④

산기 22-3

27 반지름 25 [cm]의 원주형 도선에 π [A]의 전류가 흐를 때 도선의 중심축에서 50 [cm] 되는 점의 자계의 세기[AT/m]는? 단, 도선의 길이 l은 매우 길다.

① 1

② π

③ $\frac{1}{2}\pi$

④ $\frac{1}{4}\pi$

풀이 $H = \dfrac{I}{2\pi r} = \dfrac{\pi}{2\pi \times 0.5} = 1$ [AT/m]

기 20-1,2

28 반지름 a[m]인 무한장 원통형 도체에 전류가 균일하게 흐를 때 도체 내부에서 자계의 세기 [AT/m]는?

① 원통 중심축으로부터 거리에 비례한다.
② 원통 중심축으로부터 거리에 반비례한다.
③ 원통 중심축으로부터 거리의 제곱에 비례한다.
④ 원통 중심축으로부터 거리의 제곱에 반비례한다.

풀이

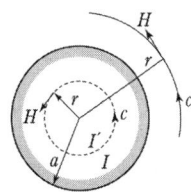 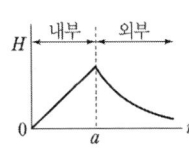

반지름 a[m]인 원통형(원주형) 도체에 의한 자계
① 원통형 외부의 자계($r > a$)

$H = \dfrac{I}{2\pi r}$ [AT/m] $\left(\therefore H \propto \dfrac{1}{r} \right)$

② 원통형 내부의 자계($r < a$)

- 균일전류 분포 : $H = \dfrac{rI}{2\pi a^2}$ [AT/m] $(\therefore H \propto r)$
- 전류가 도체 표면에서만 흐르는 경우 : $H = 0$[AT/m]
  (여기서, a : 도체의 반지름, r : 원통축으로부터의 거리)

산기 23-2

29 반지름 $r = a$[m]인 원통 도선에 I[A]의 전류가 균일하게 흐를 때, 자계의 최대값 [AT/m]는?

① $\dfrac{I}{\pi a}$　　　　　　　　　　② $\dfrac{I}{2\pi a}$

③ $\dfrac{I}{3\pi a}$　　　　　　　　　　④ $\dfrac{I}{4\pi a}$

풀이▶

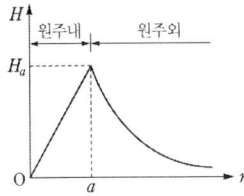

원통형(원주형) 도체에서 표면($r = a$)에서 자계의 세기가 최대가 되므로

$$H = \frac{I}{2\pi r} = \frac{I}{2\pi a} \, [\text{AT/m}]$$

기 16-1

30 한 변의 길이가 l[m]인 정삼각형 회로에 전류 I[A]가 흐르고 있을 때 삼각형 중심에서의 자계의 세기[AT/m]는?

① $\dfrac{\sqrt{2}\,I}{3\pi l}$　　　　　　　　　② $\dfrac{9I}{\pi l}$

③ $\dfrac{2\sqrt{2}\,I}{3\pi l}$　　　　　　　　　④ $\dfrac{9I}{2\pi l}$

풀이▶ 그림에서 한 변의 전류에 의한 자계는

$$H_1 = \frac{I}{4\pi b}(\sin\phi_1 + \sin\phi_2)$$
$$= \frac{I}{4\pi b}\sin\phi \times 2$$
$$= \frac{I}{2\pi b} \times \frac{\sqrt{3}}{2}$$

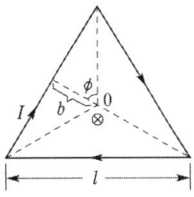

삼각형 중심의 자계는

$$\therefore H = 3H_1 = \frac{3\sqrt{3}}{4}\frac{I}{\pi b} = \frac{3\sqrt{3}}{4} \times \frac{I}{\pi\left(\dfrac{l}{2\sqrt{3}}\right)} = \frac{9I}{2\pi l}\,[\text{AT/m}]$$

$$\left(\because \tan 30° = \frac{b}{l/2}, \quad b = \frac{l}{2}\tan 30° = \frac{l}{2\sqrt{3}}\right)$$

정답 29. ② 30. ④

기 16-1

31 한 변의 길이가 3[m]인 정삼각형 회로에 2[A]의 전류가 흐를 때 정삼각형 중심에서의 자계의 크기는 몇 [AT/m]인가?

① $\dfrac{1}{\pi}$
② $\dfrac{2}{\pi}$

③ $\dfrac{3}{\pi}$
④ $\dfrac{4}{\pi}$

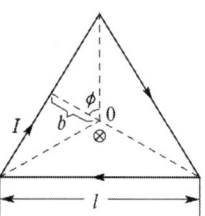

풀이 그림에서 한 변의 전류에 의한 자계는

$$H_1 = \frac{I}{4\pi b}(\sin\phi_1 + \sin\phi_2)$$
$$= \frac{I}{4\pi b}\sin\phi \times 2 = \frac{I}{2\pi b} \times \frac{\sqrt{3}}{2}$$

삼각형 중심의 자계는

$$\therefore H = 3H_1 = \frac{3\sqrt{3}}{4}\frac{I}{\pi b} = \frac{3\sqrt{3}}{4} \times \frac{I}{\pi\left(\dfrac{l}{2\sqrt{3}}\right)} = \frac{9I}{2\pi l}[\text{AT/m}]$$

$$\left(\because \tan 30° = \frac{b}{l/2}, \ b = \frac{l}{2}\tan 30° = \frac{l}{2\sqrt{3}}\right)$$

∴ 정삼각형 중심의 자계 $H = \dfrac{9I}{2\pi l} = \dfrac{9 \times 2}{2\pi \times 3} = \dfrac{3}{\pi}[\text{AT/m}]$

기 21-1, 기 20-3, 기 19-2, 기 18-2

32 한 변의 길이가 l[m]인 정사각형 도체에 전류 I[A]가 흐르고 있을 때 중심점 P에서의 자계의 세기는 몇 [A/m]인가?

① $16\pi l I$

② $4\pi l I$

③ $\dfrac{\sqrt{3}\,\pi}{2l}I$

④ $\dfrac{2\sqrt{2}}{\pi l}I$

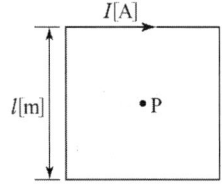

풀이 한 변 AB에 대한 중심점의 자계는

$$H_{AB} = \frac{I}{4\pi a}(\sin\beta_1 + \sin\beta_2) \text{이므로} \ a = \frac{l}{2}$$

$\sin\beta_1 = \sin\beta_2 = \sin 45° = \dfrac{1}{\sqrt{2}}$ 을 대입하면

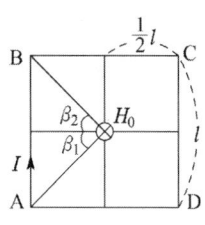

$$H_{AB} = \frac{I}{4\pi\left(\dfrac{l}{2}\right)} \times 2 \times \frac{1}{\sqrt{2}} = \frac{I}{\sqrt{2}\,\pi l}[\text{AT/m}]$$

$$\therefore H_0 = H_{AB} + H_{BC} + H_{CD} + H_{DA} = 4H_{AB} = 4 \times \frac{I}{\sqrt{2}\,\pi l} = \frac{2\sqrt{2}\,I}{\pi l}[\text{AT/m}]$$

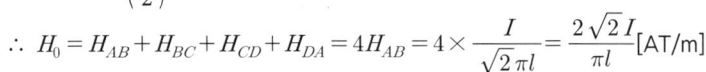

기 23-2, 기 18-1

33 한 변의 길이가 10[cm]인 정사각형 회로에 직류전류 10[A]가 흐를 때, 정사각형의 중심에서의 자계 세기는 몇 [A/m] 인가?

① $\dfrac{100\sqrt{2}}{\pi}$

② $\dfrac{200\sqrt{2}}{\pi}$

③ $\dfrac{300\sqrt{2}}{\pi}$

④ $\dfrac{400\sqrt{2}}{\pi}$

풀이 정사각형 중심점에서의 자계의 세기 $H_0 = \dfrac{2\sqrt{2}\,I}{\pi l}$[A/m]에서

(여기서, l : 정사각형 한변의 길이)

$$H_0 = \dfrac{2\sqrt{2} \times 10}{\pi \times 10 \times 10^{-2}} = \dfrac{200\sqrt{2}}{\pi}[\text{A/m}]$$

산기 22-3

34 한 변의 길이가 10[m] 되는 정방형 회로에 100[A]의 전류가 흐를 때 회로 중심부의 자계의 세기는 약 몇 [A/m]인가?

① 5[A/m]

② 9[A/m]

③ 16[A/m]

④ 21[A/m]

풀이 한 변 AB에 대한 중심점의 자계는

$$H_{AB} = \dfrac{I}{4\pi a}(\sin\beta_1 + \sin\beta_2)$$

이므로 $a = \dfrac{l}{2}$,

$$\sin\beta_1 = \sin\beta_2 = \sin 45° = \dfrac{1}{\sqrt{2}}$$

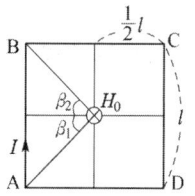

을 대입하면

$$H_{AB} = \dfrac{I}{4\pi\left(\dfrac{l}{2}\right)} \times 2 \times \dfrac{1}{\sqrt{2}} = \dfrac{I}{\sqrt{2}\,\pi l}[\text{AT/m}]$$

$$\therefore\ H_0 = H_{AB} + H_{BC} + H_{CD} + H_{DA}$$

$$= 4H_{AB} = 4 \times \dfrac{I}{\sqrt{2}\,\pi l} = 4 \times \dfrac{100}{\sqrt{2}\,\pi \times 10}$$

$$= 9[\text{AT/m}]$$

산기 25-3

35 그림과 같이 권수가 1이고 반지름 a[m]인 원형전류 I[A]가 만드는 자계의 세기[AT/m]는?

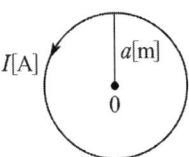

① $\dfrac{I}{a}$

② $\dfrac{I}{2a}$

③ $\dfrac{I}{3a}$

④ $\dfrac{I}{4a}$

풀이 $H_0 = \oint dH = \int_0^{2\pi a} \dfrac{Idl\sin\theta}{4\pi a^2} = \int_0^{2\pi a} \dfrac{Idl}{4\pi a^2} = \dfrac{I}{4\pi a^2} \int_0^{2\pi a} dl = \dfrac{I}{2a}$ [AT/m]

또는 $H_x = \dfrac{I}{2} \cdot \dfrac{a^2}{(a^2 + x^2)^{3/2}}$ 에서

원형 코일 중심의 자계의 세기 H_0는 $x = 0$ 이므로

$\therefore \ H_0 = \dfrac{I}{2a}$[AT/m]

기 16-3

36 반지름 a [m] 원형코일에 전류 I[A]가 흘렀을 때 코일 중심에서의 자계의 세기[AT/m]는?

① $\dfrac{I}{4\pi a}$

② $\dfrac{I}{2\pi a}$

③ $\dfrac{I}{4a}$

④ $\dfrac{I}{2a}$

풀이 원형코일 중심의 자계의 세기

$H = \dfrac{NI}{2a}$[AT/m]에서 $N = 1$이므로

$H = \dfrac{I}{2a}$[AT/m]

기 21-3

37 반지름이 r[m]인 반원형 전류 I[A]에 의한 반원의 중심(O)에서 자계의 세기[AT/m]는?

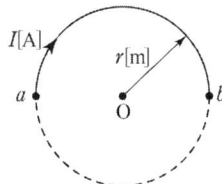

① $\dfrac{2I}{r}$

② $\dfrac{I}{r}$

③ $\dfrac{I}{2r}$

④ $\dfrac{I}{4r}$

풀이 원형 전류의 중심 자계의 세기

$\qquad H = \dfrac{I}{2r}$[AT/m] 이므로

반원의 중심 자계의 세기

$\qquad H = \dfrac{I}{2r} \times \dfrac{1}{2} = \dfrac{I}{4r}$[AT/m]

방향은 앙페르의 오른 나사 법칙에 의해 $\otimes$ 방향이 된다.

산기 23-1

38 전류의 세기가 I[A], 반지름 r[m]인 원형 선전류 중심에 m[Wb]인 가상 점자극을 둘 때 원형 선전류가 받는 힘은?

① $\dfrac{mI}{2\pi r}$[N]

② $\dfrac{mI}{2r}$[N]

③ $\dfrac{mI^2}{2\pi r}$[N]

④ $\dfrac{mI}{2\pi r^2}$[N]

풀이 반지름 r인 원형 선전류 중심의 자계의 세기

$\qquad H_0 = \dfrac{I}{2r}$[AT/m]

$\qquad \therefore F = mH = \dfrac{mI}{2r}$[N]

기 16-2

39 그림과 같이 반지름 10[cm]인 반원과 그 양단으로부터 직선으로 된 도선에 10[A]의 전류가 흐를 때, 중심 O에서의 자계의 세기와 방향은?

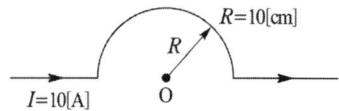

① 2.5[AT/m], 방향 ⊙

② 25[AT/m], 방향 ⊙

③ 2.5[AT/m], 방향 ⊗

④ 25[AT/m], 방향 ⊗

풀이 원형 전류의 중심 자계의 세기

$$H = \frac{I}{2R}[\text{AT/m}] \text{ 이므로}$$

반원의 중심 자계의 세기

$$H = \frac{I}{2R} \times \frac{1}{2} = \frac{I}{4R}[\text{AT/m}]$$

따라서, $H = \dfrac{10}{4 \times 0.1} = 25[\text{AT/m}]$

방향은 앙페르의 오른 나사 법칙에 의해 ⊗ 방향이 된다.

기 22-2

40 반지름이 2[m]이고 권수가 120회인 원형코일 중심에서의 자계의 세기를 30[AT/m]로 하려면 원형코일에 몇 [A]의 전류를 흘려야 하는가?

① 1

② 2

③ 3

④ 4

풀이 원형 코일 중심의 자계의 세기 $H = \dfrac{NI}{2a}[\text{AT/m}]$이므로

$$\therefore I = \frac{2aH}{N} = \frac{2 \times 2 \times 30}{120} = 1[\text{A}]$$

기 19-1

41 원형 선전류 I[A]의 중심축상 점 P의 자위[A]를 나타내는 식은? (단, θ는 점 P에서 원형전류를 바라보는 평면각이다.)

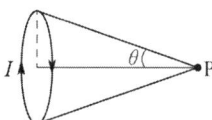

① $\dfrac{I}{2}(1-\cos\theta)$

② $\dfrac{I}{4}(1-\cos\theta)$

③ $\dfrac{I}{2}(1-\sin\theta)$

④ $\dfrac{I}{4}(1-\sin\theta)$

풀이 그림과 같이 점 P에서 코일 AB를 바라보는 입체각 ω는

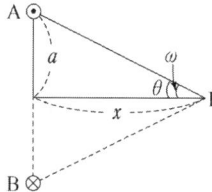

$$\omega = 2\pi(1-\cos\theta)$$

이므로 자위는

$$U_m = \frac{I}{4\pi}\omega = \frac{I}{4\pi}\cdot 2\pi(1-\cos\theta)$$

$$= \frac{I}{2}(1-\cos\theta) = \frac{I}{2}\left(1-\frac{x}{\sqrt{a^2+x^2}}\right) \text{ [A]}$$

산기 22-2

42 그림과 같이 전류 I[A]가 흐르는 반지름 a[m]의 원형 코일의 중심으로부터 x[m]인 점 P의 자계의 세기는 몇 [AT/m] 인가? (단, θ는 각 APO 라 한다.)

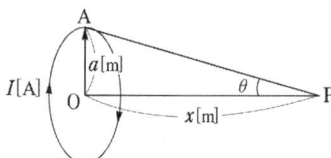

① $\dfrac{I}{2a}\sin^3\theta$

② $\dfrac{I}{2a}\cos^3\theta$

③ $\dfrac{I}{2a}\sin^2\theta$

④ $\dfrac{I}{2a}\cos^2\theta$

풀이 그림과 같이 점 P에서 코일 AB를 바라보는 입체각 ω는

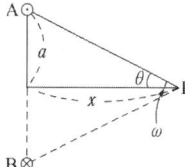

$$\omega = 2\pi(1-\cos\theta)$$

이므로 자위는

$$U_m = \frac{I}{4\pi}\omega = \frac{I}{4\pi}\cdot 2\pi(1-\cos\theta) = \frac{I}{2}\left(1-\frac{x}{\sqrt{a^2+x^2}}\right) \text{ [AT]}$$

따라서, 원형 전류에 의한 축방향의 자계 H_x는

$$H_x = -\frac{\partial U}{\partial x} = \frac{a^2 I}{2(a^2+x^2)^{3/2}} = \frac{I}{2a}\sin^3\theta \text{ [AT/m]}$$

기 17–3

43 반지름 1[cm]인 원형코일에 전류 10[A]가 흐를 때, 코일의 중심에서 코일면에 수직으로 $\sqrt{3}$ [cm] 떨어진 점의 자계의 세기는 몇 [AT/m]인가?

① $\dfrac{1}{16} \times 10^3$

② $\dfrac{3}{16} \times 10^3$

③ $\dfrac{5}{16} \times 10^3$

④ $\dfrac{7}{16} \times 10^3$

풀이 자계의 세기 $H = -\mathrm{grad}\, U$에 의하여

$$\therefore\ H = -\frac{dU}{dx} = \frac{Ia^2}{2(a^2 + x^2)^{3/2}}$$

$$H = \frac{10 \times (10^{-2})^2}{2\left\{(10^{-2})^2 + (\sqrt{3} \times 10^{-2})^2\right\}^{3/2}}$$

$$= \frac{10 \times 10^{-4}}{2\left\{10^{-4}(1+3)\right\}^{3/2}} = \frac{10^{-3}}{2 \times 10^{-6} \times 2^3} = \frac{1}{16} \times 10^3\,[\text{A/m}]$$

기 21–1

44 반지름이 a[m]인 원형 도선 2개의 루프가 z축 상에 그림과 같이 놓인 경우 I[A]의 전류가 흐를 때 원형 전류 중심 축 상의 자계 H[A/m]는? (단, a_z, a_ϕ는 단위벡터이다.)

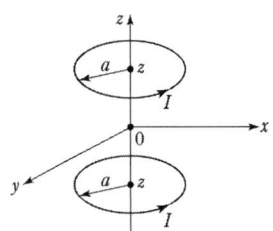

① $H = \dfrac{a^2 I}{(a^2 + z^2)^{3/2}} \boldsymbol{a}_\phi$

② $H = \dfrac{a^2 I}{(a^2 + z^2)^{3/2}} \boldsymbol{a}_z$

③ $H = \dfrac{a^2 I}{2(a^2 + z^2)^{3/2}} \boldsymbol{a}_\phi$

④ $H = \dfrac{a^2 I}{2(a^2 + z^2)^{3/2}} \boldsymbol{a}_z$

풀이 원형전류에 의한 중심축상의 자위 u는

$$u = \frac{I}{4\pi}\omega = \frac{I}{2}\left(1 - \frac{z}{\sqrt{a^2 + z^2}}\right)[\text{AT}]\ \text{이고}$$

자계의 세기 H_{1z}는

$$H_{1z} = -\frac{\partial u}{\partial z}\boldsymbol{a}_z = \frac{a^2 I}{2(a^2 + z^2)^{3/2}}\boldsymbol{a}_z\ \text{가 된다.}$$

그런데 원형전류가 두 개이고 원점에서의 자계 방향도 같으므로 H_{1z}의 2배가 된다.

$$\therefore\ H_z = 2H_{1z} = \frac{a^2 I}{(a^2 + z^2)^{3/2}}\boldsymbol{a}_z$$

산기 25-2

45 그림과 같은 동축 원통의 왕복 전류 회로가 있다. 도체 단면에 고르게 퍼진 일정 크기의 전류가 내부 도체로 흘러 들어가고 외부 도체로 흘러 나올 때, 전류에 의하여 생기는 자계에 대하여 다음 중 옳지 않은 것은?

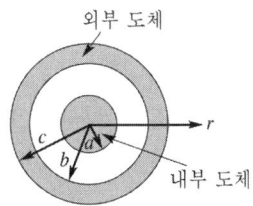

① 내부 도체 내($r < a$)에 생기는 자계의 크기는 중심으로부터의 거리에 비례한다.

② 두 도체 사이(내부 공간)($a < r < b$)에 생기는 자계의 크기는 중심으로부터의 거리에 반비례한다.

③ 외부 도체 내($b < r < c$)에 생기는 자계의 크기는 중심으로부터의 거리에 관계없이 일정하다.

④ 외부 공간($r > c$)의 자계는 영(0)이다.

풀이 ① 내부 도체에 있어서 $r < a$인 점의 자계를 H_1이라 하면 반지름 r 내를 흐르는 전류,

즉 쇄교하는 전류 $I_r = \dfrac{\pi r^2}{\pi a^2} I = \dfrac{r^2}{a^2} I$이므로, 주회 적분의 법칙에서 $2\pi r H_1 = I_r$

$$\therefore H_1 = \frac{I_r}{2\pi r} = \frac{1}{2\pi r} \frac{r^2}{a^2} I = \frac{rI}{2\pi a^2} [\text{A/m}]$$

② $a < r < b$일 때의 자계 H_2는 $2\pi r H_2 = I$

$$\therefore H_2 = \frac{I}{2\pi r} [\text{A/m}]$$

③ $b < r < c$인 점의 자계 H_3는

$$H_3 2\pi r = I - \frac{\pi r^2 - \pi b^2}{\pi c^2 - \pi b^2} I = \left(1 - \frac{r^2 - b^2}{c^2 - b^2}\right) I$$

$$H_3 = \frac{I}{2\pi r} \left(1 - \frac{r^2 - b^2}{c^2 - b^2}\right) [\text{A/m}] \text{ (거리에 반비례)}$$

④ 외부 도체 외의 공간 $c < r$인 점의 자계 H_4는

$$2\pi r H_4 = I - I = 0$$

$$\therefore H_4 = 0$$

기 17-3

46 다음 설명 중 옳은 것은?

① 무한 직선 도선에 흐르는 전류에 의한 도선 내부에서 자계의 크기는 도선의 반경에 비례한다.

② 무한 직선 도선에 흐르는 전류에 의한 도선의 외부에서 자계의 크기는 도선의 중심과의 거리에 무관하다.

③ 무한장 솔레노이드 내부자계의 크기는 코일에 흐르는 전류의 크기에 비례한다.

④ 무한장 솔레노이드 내부자계의 크기는 단위 길이당 권수의 제곱에 비례한다.

풀이 ▶ 무한 직선 도선의 전류

① 도선 내부 자계의 세기 : $H_i = \dfrac{r}{2\pi a^2} I [\text{AT/m}]$ (도선 반지름 a^2에 반비례)

② 도선 외부 자계의 세기 : $H_e = \dfrac{I}{2\pi r} [\text{AT/m}]$ (도선 중심의 거리 r에 반비례)

③,④ **무한장 솔레노이드 내부 자계** : $H_i = nI [\text{AT/m}]$

(전류 I 및 단위 길이당 권수 n에 비례)

기 18-2

47 무한장 솔레노이드에 전류가 흐를 때 발생되는 자장에 관한 설명으로 옳은 것은?

① 내부 자장은 평등자장이다.

② 외부 자장은 평등자장이다.

③ 내부 자장의 세기는 0이다.

④ 외부와 내부의 자장의 세기는 같다.

풀이 ▶ • 무한장 솔레노이드 **내부의 자계** $H_i = nI [\text{AT/m}]$
(위치에 관계없는 **평등자계**)
• 무한장 솔레노이드 외부의 자계 $H_o = 0 [\text{AT/m}]$

기 23-2
48 무한장 솔레노이드의 내부 자계와 외부 자계에 대한 설명 중 옳은 것은?

① 내부 자계는 평등하고, 외부 자계는 0이다.

② 내부 자계는 0이고, 외부 자계는 평등하다.

③ 내부와 외부 자계의 세기는 같다.

④ 내부와 외부 자계의 세기는 0이다.

풀이 • 무한장 솔레노이드 내부 자계의 세기는 평등하며,
크기는 $H_i = n_0 I$ [AT/m]
(단 n_0는 단위길이당 코일 권수[회/m])
• 무한장 솔레노이드 외부의 자계 $H_o = 0$[AT/m]

기 17-2
49 무한 평면에 일정한 전류가 표면에 한 방향으로 흐르고 있다. 평면으로부터 r만큼 떨어진 점과 $2r$만큼 떨어진 점과의 자계의 비는 얼마인가?

① 1

② $\sqrt{2}$

③ 2

④ 4

풀이 무한 평판에서 전류가 전면으로 J[A/m]가 흐르고 있을 때 자계는 상부에서 왼쪽 방향, 하부는 오른쪽 방향으로 나타난다. 이때 평판 상부의 폐곡선 ABCD에서 자계를 고려한다.

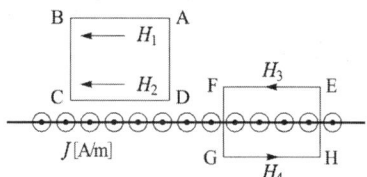

적분로 AB, CD의 길이가 l 부분의 자계를 H_1, H_2일 때 폐곡선 ABCD 내부에 전류가 0인 암페어 주회적분을 적용한다. 적분로 AB는 $\boldsymbol{H}_1$과 같은 방향, CD는 H_2와 반대 방향이므로 선적분은 각각 $H_1 l$, $-H_2 l$ 이고, BC와 DA의 선적분은 자계와 적분로가 수직이므로 0이 된다.

$$\oint \boldsymbol{H} \cdot dl = \int_{AB} \boldsymbol{H}_1 \cdot dl + \int_{BC} \boldsymbol{H} \cdot dl + \int_{CD} \boldsymbol{H}_2 \cdot dl + \int_{DA} \boldsymbol{H} \cdot dl = 0$$

$$\oint \boldsymbol{H} \cdot dl = H_1 \cdot l - H_2 \cdot l = 0$$

$$\therefore H_1 = H_2$$

$H_1 = H_2$ 로부터 **무한 평판 전류 도체에서 자계의 세기는 수직 거리에 관계없이 일정하다.**

기 21-3

50 평균 반지름(r)이 20[cm], 단면적(S)이 6[cm²]인 환상 철심에서 권선수(N)가 500회인 코일에 흐르는 전류(I)가 4[A]일 때 철심 내부에서의 자계의 세기(H)는 약 몇 [AT/m]인가?

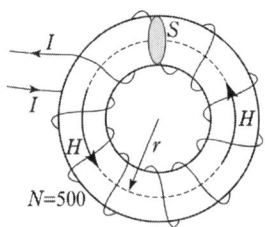

① 1590   ② 1700
③ 1870   ④ 2120

풀이 철심 내부에서의 자계의 세기

$$H = \frac{NI}{2\pi r} = \frac{500 \times 4}{2\pi \times 0.2} = 1591.55 \,[\text{AT/m}]$$

기 20-4

51 환상 솔레노이드 철심 내부에서 자계의 세기[AT/m]는? (단, N은 코일 권선수, r은 환상 철심의 평균 반지름, I는 코일에 흐르는 전류이다.)

① NI ② $\dfrac{NI}{2\pi r}$

③ $\dfrac{NI}{2r}$ ④ $\dfrac{NI}{4\pi r}$

풀이 $\displaystyle\oint_c H \cdot dl = H \cdot 2\pi r = NI$

$$\therefore \ H = \frac{NI}{2\pi r}[\text{AT/m}]$$

기 21-1

52 그림과 같은 환상 솔레노이드 내의 철심 중심에서의 자계의 세기 H[AT/m]는? (단, 환상 철심의 평균 반지름은 r[m], 코일의 권수는 N회, 코일에 흐르는 전류는 I[A]이다.)

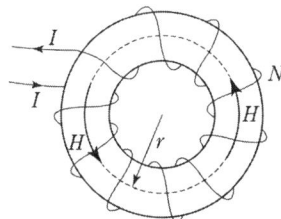

① $\dfrac{NI}{\pi r}$

② $\dfrac{NI}{2\pi r}$

③ $\dfrac{NI}{4\pi r}$

④ $\dfrac{NI}{2r}$

풀이 환상솔레노이드 내부자계는

$$\oint_c H \cdot dl = H \cdot 2\pi r = NI \qquad \therefore\ H = \frac{NI}{2\pi r}[\text{AT/m}]$$

(참고 : 솔레노이드 외부에서의 자계는 적분로로 취한 원주와는 쇄교하는 전류가 없기 때문에 **외부의 자계의 세기 $H = 0$이** 된다.)

산기 22-1

53 공기 중 임의의 점에서 자계의 세기(H)가 20[AT/m]라면 자속밀도(B)는 약 몇 인가?

① 2.5×10^{-5}

② 3.5×10^{-5}

③ 4.5×10^{-5}

④ 5.5×10^{-5}

풀이 자속밀도 $B = \mu H = \mu_0 \mu_s H = 4\pi \times 10^{-7} \times 1 \times 20 = 2.51 \times 10^{-5}[\text{Wb/m}^2]$

기 20-4

54 반지름이 3[cm]인 원형 단면을 가지고 있는 환상 연철심에 코일을 감고 여기에 전류를 흘려서 철심 중의 자계 세기가 400[AT/m]가 되도록 여자할 때, 철심 중의 자속밀도는 약 몇 [Wb/m²]인가? (단, 철심의 비투자율은 400이라고 한다.)

① 0.2

② 0.8

③ 1.6

④ 2.0

풀이 자속밀도 $B = \mu H = \mu_0 \mu_s H = 4\pi \times 10^{-7} \times 400 \times 400 = 0.2[\text{Wb/m}^2]$

정답 52. ② 53. ① 54. ①

기 19-1

55 단면적 4[cm^2]의 철심에 6×10^{-4} [Wb]의 자속을 통하게 하려면 2800[AT/m]의 자계가 필요하다. 이 철심의 비투자율은 약 얼마인가?

① 346

② 375

③ 407

④ 426

풀이 $B = \mu_0 \mu_s H$ 에서

$$\therefore \ \mu_s = \frac{B}{\mu_0 H} = \frac{\Phi/S}{\mu_0 H} = \frac{\Phi}{\mu_0 HS} = \frac{6 \times 10^{-4}}{4\pi \times 10^{-7} \times 2800 \times 4 \times 10^{-4}} \fallingdotseq 426$$

기 20-3

56 반지름이 5[mm], 길이가 15[mm], 비투자율이 50인 자성체 막대에 코일을 감고 전류를 흘려서 자성체 내의 자속밀도를 50[Wb/m^2]으로 하였을 때 자성체 내에서의 자계의 세기는 몇 [A/m]인가?

① $\dfrac{10^7}{\pi}$

② $\dfrac{10^7}{2\pi}$

③ $\dfrac{10^7}{4\pi}$

④ $\dfrac{10^7}{8\pi}$

풀이 $B = \mu H = \mu_0 \mu_s H$ 에서 자계의 세기는

$$\therefore \ H = \frac{B}{\mu_0 \mu_s} = \frac{50}{4\pi \times 10^{-7} \times 50} = \frac{10^7}{4\pi} [\text{A/m}]$$

기 19-3

57 무한장 직선형 도선에 I[A]의 전류가 흐를 경우 도선으로부터 R[m] 떨어진 점의 자속밀도 B [Wb/m²]는?

① $B = \dfrac{\mu I}{2\pi R}$

② $B = \dfrac{I}{2\pi \mu R}$

③ $B = \dfrac{\mu I}{4\pi R}$

④ $B = \dfrac{I}{4\pi \mu R}$

풀이 무한장 직선 전류로부터 R[m] 떨어진 점의 자계는

$H = \dfrac{I}{2\pi R}$[A/m]이고, $B = \mu H$ 이므로

$B = \mu H = \dfrac{\mu I}{2\pi R}$[Wb/m²]

기 20-1,2

58 공기 중에 있는 무한히 긴 직선 도체에 10[A]의 전류가 흐르고 있을 때 도선으로부터 2[m] 떨어진 점에서의 자속밀도는 몇 [Wb/m²]인가?

① 10^{-5}

② 0.5×10^{-6}

③ 10^{-6}

④ 2×10^{-6}

풀이 무한장 직선 전류로부터 r[m] 떨어진 점의 자계는

$H = \dfrac{I}{2\pi r}$[A/m]이고,

자속밀도 $B = \mu H = \dfrac{\mu I}{2\pi r} = \dfrac{\mu_r \mu_0 I}{2\pi r}$[Wb/m²]

$\therefore B = \dfrac{1 \times 4\pi \times 10^{-7} \times 10}{2\pi \times 2} = 10^{-6}$[Wb/m²]

기 16-2

59 한 변이 L[m]되는 정사각형의 도선회로에 전류 I[A]가 흐르고 있을 때 회로중심에서의 자속밀도는 몇 [Wb/m²]인가?

① $\dfrac{2\sqrt{2}}{\pi}\mu_0\dfrac{L}{I}$

② $\dfrac{\sqrt{2}}{\pi}\mu_0\dfrac{I}{L}$

③ $\dfrac{2\sqrt{2}}{\pi}\mu_0\dfrac{I}{L}$

④ $\dfrac{4\sqrt{2}}{\pi}\mu_0\dfrac{L}{I}$

풀이 정사각형 중심의 자계의 세기 H[AT/m]

$$H = \frac{2\sqrt{2}}{\pi}\cdot\frac{I}{L}\text{[AT/m]이므로}$$

자속밀도 $B = \mu_0 H = \mu_0 \times \dfrac{2\sqrt{2}}{\pi}\cdot\dfrac{I}{L}$[Wb/m²]

기 21-2

60 한 변의 길이가 4[m]인 정사각형의 루프에 1[A]의 전류가 흐를 때, 중심점에서의 자속밀도 B는 약 몇 [Wb/m²]인가?

① 2.83×10^{-7}

② 5.65×10^{-7}

③ 11.31×10^{-7}

④ 14.14×10^{-7}

풀이 한 변의 길이가 L[m]인 정사각형 중심의 자계의 세기 H[AT/m]

$$H = \frac{2\sqrt{2}}{\pi}\cdot\frac{I}{L}\text{[AT/m] 이므로}$$

자속밀도 $B = \mu_0 H = \mu_0 \times \dfrac{2\sqrt{2}}{\pi}\cdot\dfrac{I}{L}$

$$= 4\pi \times 10^{-7} \times \frac{2\sqrt{2}}{\pi} \times \frac{1}{4}$$

$$= 2.83 \times 10^{-7}\text{[Wb/m}^2]$$

기 20-4

61 임의의 형상의 도선에 전류 I[A]가 흐를 때, 거리 r[m]만큼 떨어진 점에서의 자계의 세기 H [AT/m]를 구하는 비오-사바르의 법칙에서 자계의 세기 H[AT/m]와 거리 r[m]의 관계로 옳은 것은?

① r에 반비례

② r에 비례

③ r^2에 반비례

④ r^2에 비례

풀이 ▶

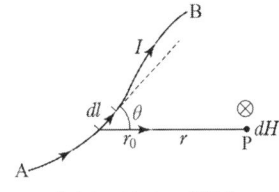

〈비오-사바르 법칙〉

- 임의의 형상의 도선에 전류 I[A]가 흐를 때, 도선 상의 미소길이 dl 부분에 흐르는 전류에 의하여 거리 r만큼 떨어진 점 P에서의 자계의 세기 dH는

$$dH = \frac{Idl \sin\theta}{4\pi r^2}[\text{AT/m}]$$

여기서, θ는 dl과 거리 r이 이루는 각이다.

- 점 P에서의 자계의 방향은 미소길이 dl과 거리 r이 이루는 면에 수직으로 오른나사 법칙을 따른다. 즉, **자계의 세기는 거리의 제곱에 반비례**한다.

기 19-1

62 q[C]의 전하가 진공 중에서 v[m/s]의 속도로 운동하고 있을 때, 이 운동방향과 θ의 각으로 r [m] 떨어진 점의 자계의 세기[AT/m]는?

① $\dfrac{q\sin\theta}{4\pi r^2 v}$

② $\dfrac{v\sin\theta}{4\pi r^2 q}$

③ $\dfrac{qv\sin\theta}{4\pi r^2}$

④ $\dfrac{v\sin\theta}{4\pi r^2 q^2}$

풀이 ▶ 전하 dq가 미소거리 dl을 dt동안 속도 v로 이동할 때 속도 v와 전류 I

$$v = \frac{dl}{dt}, \quad I = \frac{dq}{dt} = \frac{vdq}{dl}$$

자계의 세기(비오-사바르 법칙)

$$dH = \frac{Idl\sin\theta}{4\pi r^2} = \frac{vdq\sin\theta}{4\pi r^2}\left(I = \frac{vdq}{dl} \text{ 대입}\right)$$

$$\therefore H = \frac{v\sin\theta}{4\pi r^2}\int_0^q dq = \frac{qv\sin\theta}{4\pi r^2}[\text{AT/m}]$$

산기 24-1

63 전하 π[C]이 2[m/s]의 속도로 진공 중을 직선운동하고 있다면, 이 운동 방향에 대하여 각도 θ이고, 거리 2[m] 떨어진 점의 자계의 세기는 몇 [A/m]인가?

① $\cos\theta$

② $\dfrac{\sin\theta}{2}$

③ $\dfrac{\sin\theta}{4}$

④ $\dfrac{\sin\theta}{8}$

풀이 등가전류 $I = \dfrac{q}{t} = \dfrac{qv}{l}$ $\left(\because v = \dfrac{l}{t} \right)$

비오사바르 법칙

$$H = \frac{Il\sin\theta}{4\pi r^2} = \frac{qv\sin\theta}{4\pi r^2} = \frac{\pi \times 2 \times \sin\theta}{4\pi \times 2^2} = \frac{\sin\theta}{8}\,[\text{A/m}]$$

기 18-2

64 Biot-Savart의 법칙에 의하면, 전류소에 의해서 임의의 한 점(P)에 생기는 자계의 세기를 구할 수 있다. 다음 중 설명으로 틀린 것은?

① 자계의 세기는 전류의 크기에 비례한다.

② MKS 단위계를 사용할 경우 비례상수는 $\dfrac{1}{4\pi}$이다.

③ 자계의 세기는 전류소와 점 P와의 거리에 반비례한다.

④ 자계의 방향은 전류소 및 이 전류소와 점 P를 연결하는 직선을 포함하는 면에 법선 방향이다.

풀이 비오-사바르 법칙

• 임의의 형상의 도선에 전류 I[A]가 흐를 때, 도선 상의 미소길이 dl 부분에 흐르는 전류에 의하여 거리 r만큼 떨어진 점 P에서의 자계의 세기 dH는

$$dH = \frac{Idl\sin\theta}{4\pi r^2}[\text{AT/m}]$$

여기서, θ는 dl과 거리 r이 이루는 각이다.

• 점 P에서의 자계의 방향은 미소길이 dl과 거리 r이 이루는 면에 수직으로 오른나사 법칙을 따른다. 즉, **자계의 세기는 거리의 제곱에 반비례**한다.

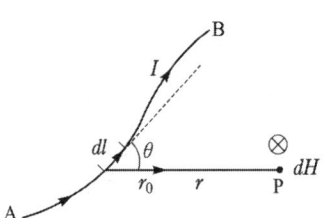

산기 23-3

65 그림과 같이 반지름 a [m]인 원의 임의의 두 점 A, B(각도 θ) 사이에 전류 I[A]가 흐른다. 원의 중심 O에서의 자계의 세기[AT/m]는?

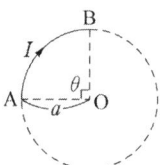

① $\dfrac{I\theta}{4\pi a^2}$ ② $\dfrac{I\theta}{4\pi a}$

③ $\dfrac{I\theta}{2\pi a^2}$ ④ $\dfrac{I\theta}{2\pi a}$

풀이 비오-사바르 법칙을 적용하면

$$H = \int_0^\theta dH = \int_0^\theta \frac{Idl}{4\pi a^2} = \int_0^\theta \frac{Iad\theta}{4\pi a^2}$$

$$= \frac{I}{4\pi a}\int_0^\theta d\theta = \frac{I}{4\pi a}\theta \Big|_0^\theta = \frac{I\theta}{4\pi a}[\text{A/m}]$$

기 23-3, 기 19-3, 산기 22-1

66 자계의 벡터 포텐셜을 A[Wb/m]라 할 때 도체 주위에서 자계 B[Wb/m²]가 시간적으로 변화하면 도체에 생기는 전계의 세기 E[V/m]은?

① $E = -\dfrac{\partial A}{\partial t}$ ② $\mathrm{rot}\, E = -\dfrac{\partial A}{\partial t}$

③ $E = \mathrm{rot}\, A$ ④ $\mathrm{rot}\, E = \dfrac{\partial B}{\partial t}$

풀이 $B = \nabla \times A$로 정의되고 $\nabla \times E = -\dfrac{\partial B}{\partial t}$에서

$$\nabla \times E = -\frac{\partial B}{\partial t} = -\frac{\partial}{\partial t}(\nabla \times A) = \nabla \times \left(-\frac{\partial A}{\partial t}\right)$$

$$\therefore\ E = -\frac{\partial A}{\partial t}$$

기 17-2

67 **벡터 포텐셜** $A = 3x^2 y a_x + 2x a_y - z^3 a_z$ [Wb/m] **일 때의 자계의 세기** H [A/m]**는?**
(단, μ는 투자율이라 한다.)

① $\dfrac{1}{\mu}(2 - 3x^2)a_y$ ② $\dfrac{1}{\mu}(3 - 2x^2)a_y$

③ $\dfrac{1}{\mu}(2 - 3x^2)a_z$ ④ $\dfrac{1}{\mu}(3 - 2x^2)a_z$

풀이 자속밀도와 벡터 포텐셜의 관계 $B = \mathrm{rot}\, A = \nabla \times A$

$$\nabla \times A = \left(\frac{\partial}{\partial x}a_x + \frac{\partial}{\partial y}a_y + \frac{\partial}{\partial z}a_z \right) \times (3x^2 y a_x + 2x a_y - z^3 a_z)$$

$$= \begin{vmatrix} a_x & a_y & a_z \\ \dfrac{\partial}{\partial x} & \dfrac{\partial}{\partial y} & \dfrac{\partial}{\partial z} \\ 3x^2 y & 2x & -z^3 \end{vmatrix} = (2 - 3x^2)a_z$$

$B = (2 - 3x^2)a_z$ 와 $B = \mu H$ 의 관계식에서

$$\therefore \; H = \frac{B}{\mu} = \frac{1}{\mu}(2 - 3x^2)a_z$$

산기 24-2

68 **전류가 흐르는 도선을 자계 내에 놓으면 이 도선에 힘이 작용한다. 평등자계의 진공 중에 놓여 있는 직선전류 도선이 받는 힘에 대한 설명으로 옳은 것은?**

① 도선의 길이에 비례한다.

② 전류의 세기에 반비례한다.

③ 자계의 세기에 반비례한다.

④ 전류와 자계 사이의 각에 대한 정현(sine)에 반비례한다.

풀이 플레밍의 왼손 법칙
자속밀도가 B [Wb/m²]인 자계 중에 길이 l[m]인 도체를 놓고 I[A]의 전류를 흘릴 경우
자계 내에서 도체가 받는 힘 $F = BIl\sin\theta$ [N] 이다.
즉, 힘(F)은 자계의 세기(B), 전류의 세기(I), 도선의 길이(l) 및 전류와 자계 사이의 $\sin\theta$에 비례한다.

기 19-1

69 균일한 자장 내에 놓여 있는 직선도선에 전류 및 길이를 각각 2배로 하면 이 도선에 작용하는 힘은 몇 배가 되는가?

① 1　　　　　　　　　　　　　② 2

③ 4　　　　　　　　　　　　　④ 8

풀이 힘 $F = IBl\sin\theta$ [N] 에서
$F' = 2I \cdot B \cdot 2l \cdot \sin\theta = 4 \cdot IBl\sin\theta = 4F$
즉 4배가 된다.

기 19-2

70 자속밀도가 0.3[Wb/m²]인 평등자계 내에 5[A]의 전류가 흐르는 길이 2[m]인 직선도체가 있다. 이 도체를 자계 방향에 대하여 60°의 각도로 놓았을 때 이 도체가 받는 힘은 약 몇 [N]인가?

① 1.3　　　　　　　　　　　　② 2.6

③ 4.7　　　　　　　　　　　　④ 5.2

풀이 $F = IBl\sin\theta = 5 \times 0.3 \times 2 \times \sin 60° = 2.6$[N]

기 19-1

71 그림과 같이 전류가 흐르는 반원형 도선이 평면 $Z = 0$상에 놓여 있다. 이 도선이 자속밀도 $B = 0.6a_x - 0.5a_y + a_z$[Wb/m²]인 균일자계 내에 놓여 있을 때 도선의 직선 부분에 작용하는 힘[N]은?

① $4a_x + 2.4a_z$

② $4a_x - 2.4a_z$

③ $5a_x - 3.5a_z$

④ $-5a_x + 3.5a_z$

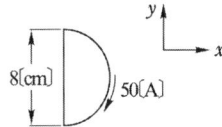

풀이 ① 단위 길이당 작용하는 힘 F'
$$F' = I \times B = 50a_y \times (0.6a_x - 0.5a_y + a_z)$$
$$= 30a_y \times a_x - 25a_y \times a_y + 50a_y \times a_z$$
$$= 50a_x - 30a_z \quad (\because a_y \times a_x = -a_z, \ a_y \times a_y = 0, \ a_y \times a_z = a_x)$$
② 도선의 길이 l 에 작용하는 힘 F
$$F = F'l = (50a_x - 30a_z) \times 0.08 = 4a_x - 2.4a_z$$

기 22-1

72 z축 상에 놓인 길이가 긴 직선 도체에 10[A]의 전류가 $+z$ 방향으로 흐르고 있다. 이 도체 주위의 자속밀도가 $3\hat{x} - 4\hat{y}$[Wb/m²]일 때 도체가 받는 단위 길이당 힘[N/m]은?
(단, $\hat{x}$, $\hat{y}$는 단위벡터이다.)

① $-40\hat{x} + 30\hat{y}$

② $-30\hat{x} + 40\hat{y}$

③ $30\hat{x} + 40\hat{y}$

④ $40\hat{x} + 30\hat{y}$

풀이 $I = 10\hat{z}$, $B = 3\hat{x} - 4\hat{y}$에서 전류 도체가 받는 단위 길이당 힘은 $F = I \times B$ 이므로
3차 행렬식의 계산에 의해

$$F = I \times B = \begin{vmatrix} \hat{x} & \hat{y} & \hat{z} \\ 0 & 0 & 10 \\ 3 & -4 & 0 \end{vmatrix} = 40\hat{x} + 30\hat{y} \ [\text{N/m}]$$

기 19-3

73 전하 q[C]가 진공 중의 자계 H[AT/m]에 수직방향으로 v[m/s]의 속도로 움직일 때 받는 힘은 몇 [N]인가? (단, 진공 중의 투자율은 μ_o이다.)

① qvH

② $\mu_o qH$

③ πqvH

④ $\mu_o qvH$

풀이 자계 내에 놓여진 운동 전하가 받는 힘은
$F = qvB\sin\theta = qv\mu_0 H\sin\theta$ [N]에서 $\theta = 90°$이므로
$F = qv\mu_0 H$[N]이다.

기 22-3

74 0.2 [C]의 점전하가 전계 $E = 5a_y + a_z$ [V/m] 및 자속 밀도 $B = 2a_y + 5a_z$ [Wb/m²] 내로 속도 $v = 2a_x + 3a_y$ [m/s]로 이동할 때 점전하에 작용하는 힘 F [N]은?
(단, a_x, a_y, a_z는 단위 벡터이다.)

① $2a_x - a_y + 3a_z$

② $3a_x - a_y + a_z$

③ $a_x + a_y - 2a_z$

④ $5a_x + a_y - 3a_z$

풀이 $F = q(E + v \times B)$
$= 0.2(5a_y + a_z) + 0.2(2a_x + 3a_y) \times (2a_y + 5a_z)$
$= 0.2(5a_y + a_z) + 0.2\begin{vmatrix} a_x & a_y & a_z \\ 2 & 3 & 0 \\ 0 & 2 & 5 \end{vmatrix}$
$= 0.2(5a_y + a_z) + 0.2(15a_x + 4a_z - 10a_y)$
$= 0.2(15a_x - 5a_y + 5a_z)$
$= 3a_x - a_y + a_z$

정답 72. ④ 73. ④ 74. ②

기 23-1

75 그림에서 질량 m[kg], 전기량 q[C]인 대전입자가 속도 v[m/sec]로 지면에 수직인 균등자장 B [Wb/m²]에 들어올 때 입자는 원운동을 시작한다. 이 원운동의 각속도 ω는 몇 [rad/sec]인가?

① $\omega = \dfrac{qB}{2\pi m}$

② $\omega = \dfrac{qB}{m}$

③ $\omega = \dfrac{2\pi m}{qB}$

④ $\omega = mqB$

풀이▶ 전자의 원운동

- 회전 반경 : $r = \dfrac{mv}{qB}$[m]

- 각속도 : $\omega = \dfrac{qB}{m}$[rad/sec]

- 주기 : $T = \dfrac{2\pi m}{qB}$[sec]

기 20-1,2, 기 17-3, 산기 22-3

76 평등자계 내에 전자가 수직으로 입사하였을 때 전자의 운동에 대한 설명으로 옳은 것은?

① 원심력은 전자속도에 반비례한다.

② 구심력은 자계의 세기에 반비례한다.

③ 원운동을 하고, 반지름은 자계의 세기에 비례한다.

④ 원운동을 하고, 반지름은 전자의 회전속도에 비례한다.

풀이▶　① 평등자계 내의 전자가 수직으로 입사하였을 때 전자의 운동은 전류의 방향과 반대 방향을 고려하여 플레밍의 왼손법칙을 적용하면 원의 중심으로 향하는 힘을 받는다. 즉, 운동 방향과 직각으로 힘을 받아 **등속 원운동**을 한다.

②　전자력에 의한 구심력(F), 원심력(F')과 평형 조건($F = F'$)에 의한 궤도 반지름

구심력 $F = evB$,　원심력 $F' = \dfrac{mv^2}{r}$,

평형조건 $evB = \dfrac{mv^2}{r}$ 에서 반지름 $r = \dfrac{mv}{eB}$[m]

따라서, ・원심력 $F' = \dfrac{mv^2}{r}$ 에서 원심력은 전자속도의 자승에 비례한다.

　　・구심력 $F = evB$ 에서 구심력 $F \propto B \propto \mu H$ 이므로 자계의 세기에 비례한다.

　　・전자의 궤도 반지름 $r \propto \dfrac{v}{B}\left(= \dfrac{v}{\mu H}\right)$ 에서 반지름은 자계의 세기(H)에 반비례하고, 회전속도(v)에 비례한다.

기 23-1, 기 21-3

77 속도 v의 전자가 평등자계 내에 수직으로 들어갈 때, 이 전자에 대한 설명으로 옳은 것은?

① 구면위에서 회전하고 구의 반지름은 자계의 세기에 비례한다.

② 원운동을 하고 원의 반지름은 자계의 세기에 비례한다.

③ 원운동을 하고 원의 반지름은 자계의 세기에 반비례한다.

④ 원운동을 하고 원의 반지름은 전자의 처음 속도의 제곱에 비례한다.

풀이 전자의 원운동 : 평등자계 내의 전자가 수직으로 운동하였을 때 전자의 운동은 전류의 방향과 반대 방향이므로 플레밍의 왼손법칙으로부터 전자는 운동방향과 직각으로 힘을 받아 원 운동을 하게 된다.

- 회전 반경 : $r = \dfrac{mv}{qB} = \dfrac{mv}{q\mu H}$[m]

- 각속도 : $\omega = \dfrac{qB}{m}$[rad/sec]

- 주기 : $T = \dfrac{2\pi m}{qB}$[sec]

즉, **원의 반지름은 자계의 세기 H에 반비례**한다.

기 21-2

78 평등자계와 직각방향으로 일정한 속도로 발사된 전자의 원운동에 관한 설명으로 옳은 것은?

① 플레밍의 오른손법칙에 의한 로렌츠의 힘과 원심력의 평형 원운동이다.

② 원의 반지름은 전자의 발사속도와 전계의 세기의 곱에 반비례한다.

③ 전자의 원운동 주기는 전자의 발사속도와 무관하다.

④ 전자의 원운동 주파수는 전자의 질량에 비례한다.

풀이 전자의 원운동 : 평등자계 내의 전자가 수직으로 운동하였을 때 전자의 운동은 전류의 방향과 반대 방향이므로 플레밍의 왼손법칙으로부터 전자는 운동방향과 직각으로 힘을 받아 원 운동을 하게 된다.

- 회전반경 : $r = \dfrac{mv}{qB}$[m]

- 각속도 : $\omega = \dfrac{qB}{m}$[rad/sec]

- 주 기 : $T = \dfrac{2\pi m}{qB}$[sec]

즉, **전자의 원운동 주기 T는 전자의 발사속도 v와 무관**하다.

79
기 19-1
평행한 두 도선간의 전자력은? (단, 두 도선간의 거리는 r[m]라 한다.)

① r에 비례

② r^2에 비례

③ r에 반비례

④ r^2에 반비례

풀이 평행도선 단위길이당 **작용하는 힘**은 간격(거리)을 r[m]라 할 때

$$F = \frac{\mu_0 I_1 I_2}{2\pi r} = \frac{2 I_1 I_2}{r} \times 10^{-7} [\text{N/m}]$$

로 **두 전류의 곱에 비례**하고, **간격(거리)에 반비례**하며 두 전류의 방향이 같은 방향이면 흡인력, 다른 방향(왕복전류)이면 반발력이 작용한다.

80
기 20-3
평행 도선에 같은 크기의 왕복 전류가 흐를 때 두 도선 사이에 작용하는 힘에 대한 설명으로 옳은 것은?

① 흡인력이다.

② 전류의 제곱에 비례한다.

③ 주위 매질의 투자율에 반비례한다.

④ 두 도선 사이 간격의 제곱에 반비례한다.

풀이 평행도선에 같은 크기의 왕복 전류가 흐를 때($I_1 = I_2 = I$이고, 전류 방향은 서로 반대인 전류) 단위길이당 **작용하는 힘**은 간격(거리)을 r[m]라 할 때

$$F = \frac{\mu_0 I_1 I_2}{2\pi r} = \frac{2 I_1 I_2}{r} \times 10^{-7} = \frac{2 I^2}{r} \times 10^{-7} [\text{N/m}] \text{ 이다.}$$

즉, **전류의 제곱에 비례**하고, **간격(거리)에 반비례**하며 반발력이 작용한다.
(두 전류의 방향이 같은 방향이면 흡인력, 다른 방향(왕복전류)이면 반발력이 작용한다.)

81
산기 22-2, 산기 25-2
2 [cm]의 간격을 가진 선간전압 6600 [V]인 두 개의 평행도선에 2000 [A]의 전류가 흐를 때 도선 1 [m] 마다 작용하는 힘은 몇 [N/m] 인가?

① 20

② 30

③ 40

④ 50

풀이 평행도선 단위길이당 작용하는 힘은

$$F = \frac{\mu_0 I_1 I_2}{2\pi r} = \frac{2 I_1 I_2}{r} \times 10^{-7} [\text{N/m}]\text{에서}$$

$$F = \frac{2 \times 2000^2}{2 \times 10^{-2}} \times 10^{-7} = 40[\text{N}]$$

기 22-3
82 공기 중에서 2 [cm]의 간격을 가진 두 평행 도선에 1000 [A]의 전류가 흐를 때 도선 1 [m]마다 작용하는 힘[N/m]은?

① 5   ② 10

③ 15   ④ 20

풀이 $F = \dfrac{\mu_0 I_1 I_2}{2\pi r} = \dfrac{2I^2}{r} \times 10^{-7} = \dfrac{2 \times 1000^2}{2 \times 10^{-2}} \times 10^{-7} = 10[\text{N/m}]$

$(\because \mu_0 = 4\pi \times 10^{-7}[\text{H/m}])$

기 18-2
83 공기 중에서 1[m] 간격을 가진 두 개의 평행 도체 전류의 단위길이에 작용하는 힘은 몇 [N]인가? (단, 전류는 1[A]라고 한다.)

① 2×10^{-7} ② 4×10^{-7}

③ $2\pi \times 10^{-7}$ ④ $4\pi \times 10^{-7}$

풀이 평행도선에 작용하는 단위길이당 힘 F

$F = \dfrac{\mu_0 I_1 I_2}{2\pi r} = \dfrac{2I_1 I_2}{r} \times 10^{-7} [\text{N/m}]$ $(\because \mu_0 = 4\pi \times 10^{-7})$에서

$F = \dfrac{2 \times 1 \times 1}{1} \times 10^{-7} = 2 \times 10^{-7}[\text{N/m}]$

산기 23-1
84 선간전압이 66000[V]인 2개의 평행 왕복 도선에 10[kA]의 전류가 흐르고 있을 때 도선 1[m]마다 작용하는 힘의 크기는 몇 [N/m]인가? (단, 도선 간의 간격은 1[m] 이다.)

① 1   ② 10

③ 20   ④ 200

풀이 $F = \dfrac{\mu_0 I_1 I_2}{2\pi r} = \dfrac{2I_1 I_2}{r} \times 10^{-7}$

$I_1 = I_2$ 이므로

$F = \dfrac{2 \times (10 \times 10^3)^2}{1} \times 10^{-7} = 20[\text{N/m}]$ (흡인력)

정답 82. ② 83. ① 84. ③

기 22-1

85 진공 중에 4[m]의 간격으로 놓여진 평행 도선에 같은 크기의 왕복 전류가 흐를 때 단위 길이당 2.0×10^{-7}[N]의 힘이 작용하였다. 이때 평행 도선에 흐르는 전류는 몇 [A]인가?

① 1
② 2
③ 4
④ 8

풀이 평행도선에 같은 크기의 왕복 전류가 흐를 때($I_1 = I_2 = I$이고, 전류 방향은 서로 반대인 전류) 단위길이당 작용하는 힘은 간격(거리)을 r[m]라 할 때

$$F = \frac{\mu_0 I_1 I_2}{2\pi r} = \frac{2 I_1 I_2}{r} \times 10^{-7} = \frac{2 I^2}{r} \times 10^{-7} \text{[N/m]} \text{ 이다.}$$

$$\therefore I = \sqrt{\frac{F \cdot r}{2 \times 10^{-7}}} = \sqrt{\frac{2.0 \times 10^{-7} \times 4}{2 \times 10^{-7}}} = 2\text{[A]}$$

기 20-4

86 진공 중에서 2[m] 떨어진 두 개의 무한 평행 도선에 단위 길이 당 10^{-7}[N]의 반발력이 작용할 때 각 도선에 흐르는 전류의 크기와 방향은? (단, 각 도선에 흐르는 전류의 크기는 같다.)

① 각 도선에 2[A]가 반대 방향으로 흐른다.
② 각 도선에 2[A]가 같은 방향으로 흐른다.
③ 각 도선에 1[A]가 반대 방향으로 흐른다.
④ 각 도선에 1[A]가 같은 방향으로 흐른다.

풀이 평행도선 단위길이 당 작용하는 힘은 간격(거리)을 r[m]라 할 때

$$F = \frac{\mu_0 I_1 I_2}{2\pi r} = \frac{2 I_1 I_2}{r} \times 10^{-7} = \frac{2 I^2}{r} \times 10^{-7} \text{[N/m]}$$

• 각 도선에 흐르는 전류

$$I = \sqrt{\frac{Fr}{2} \times 10^7} = \sqrt{\frac{10^{-7} \times 2}{2} \times 10^7} = 1\text{[A]}$$

• 두 전류의 방향이 같은 방향이면 흡인력, 다른 방향(왕복전류)이면 반발력이 작용한다.
따라서, 각 도선에 1[A]전류가 반대 방향으로 흐른다.

기 16-1
87 무한히 넓은 평면 자성체의 앞 a[m] 거리의 경계면에 평행하게 무한히 긴 직선 전류 I[A]가 흐를 때, 단위 길이당 작용력은 몇 [N/m]인가?

① $\dfrac{\mu_o}{4\pi a}\left(\dfrac{\mu+\mu_o}{\mu-\mu_o}\right)I^2$

② $\dfrac{\mu_o}{2\pi a}\left(\dfrac{\mu+\mu_o}{\mu-\mu_o}\right)I^2$

③ $\dfrac{\mu_o}{4\pi a}\left(\dfrac{\mu-\mu_o}{\mu+\mu_o}\right)I^2$

④ $\dfrac{\mu_o}{2\pi a}\left(\dfrac{\mu-\mu_o}{\mu+\mu_o}\right)I^2$

풀이 공간 내에서 자계는 전류 I와 대칭인 위치에 영상전류 I'를 발생시킨다.

$$I' = \frac{\mu-\mu_o}{\mu+\mu_o}I$$

따라서, 거리 $2a$ 만큼 떨어진 두 전류 $I,\ I'$에 작용하는 힘 F는

$$\therefore\ F = \frac{\mu_o II'}{2\pi d} = \frac{\mu_o(\mu-\mu_o)}{2\pi \times 2a(\mu+\mu_o)}I^2 = \frac{\mu_o(\mu-\mu_o)}{4\pi a(\mu+\mu_o)}I^2 (흡인력)$$

기 23-3, 기 18-3, 기 16-1
88 전류가 흐르고 있는 도체와 직각방향으로 자계를 가하게 되면 도체 측면에 정·부의 전하가 생기는 것을 무슨 효과라 하는가?

① 톰슨(Thomson) 효과

② 펠티에(Peltier) 효과

③ 제벡(Seebeck) 효과

④ 홀(Hall) 효과

풀이 홀 효과 (p형 반도체)

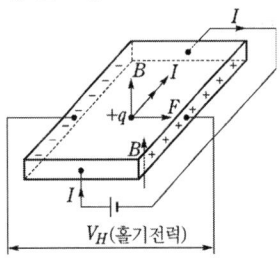

도체나 반도체의 물질에 전류를 흘리고 이것과 직각 방향으로 자계를 가하면, I와 B가 이루는 면에 직각 방향으로 기전력이 발생한다. 이 현상을 **홀 효과**(Hall effect)라 한다.

산기 22-2

89 전류와 자계 사이의 힘의 효과를 이용한 것으로 자유로이 구부릴 수 있는 도선에 대전류를 통하면 도선 상호간에 반발력에 의하여 도선이 원을 형성하는데 이와 같은 현상은?

① 스트레치 효과

② 핀치효과

③ 홀효과

④ 스킨효과

풀이 **스트레치 효과**(stretch effect) : 자유로이 구부릴 수 있는 가는 직사각형의 도선에 대전류를 흘리면, 평행 도선에서 전류가 반대로 흐를 때와 마찬가지로 도선 상호간에는 반발력이 작용하게 되어 최종적으로 **도선이 원의 형태**를 이루게 된다.

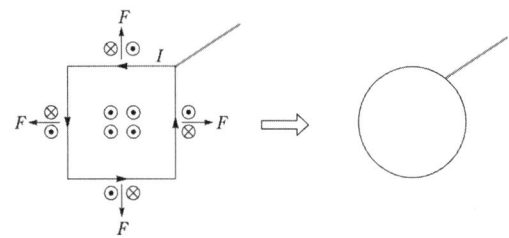

8 자성체

1) 자성체의 특징

자성체의 종류	투자율	비투자율	비자하율	자기모멘트의 크기와 배열	종 류
강자성체	$\mu \gg \mu_0$	$\mu_s \gg 1$	$\chi_m \gg 1$		철(Fe), 니켈(Ni) 코발트(Co)
페리자성체					자철석(Fe_3O_4) 페라이트
상자성체	$\mu > \mu_0$	$\mu_s > 1$	$\chi_m > 0$		백금(Pt), 알루미늄(Al) 산소(O_2), 질소(N_2)
반자성체	$\mu < \mu_0$	$\mu_s < 1$	$\chi_m < 0$		금(Au), 은(Ag) 구리(Cu), 비스무트(Bi) 물(H_2O)
반강자성체					

2) 강자성체의 특징

⑴ 자구가 존재한다.

⑵ 히스테리시스 현상이 있다.

⑶ 자기포화 특성이 있다.

⑷ 투자율이 높다.

3) 자석 재료

⑴ 영구자석 재료 : 잔류자기(B_r) 및 보자력(H_c)이 클 것

⑵ 전자석 재료 : 잔류자기(B_r)는 크고 H_c(보자력)가 적을 것

4) 퀴리점 또는 임계온도

강자성이 상자성으로 변하면서 강자성을 잃어버리는 온도를 임계온도 또는 퀴리점이라 한다.

5) 소자법

① 직류법   ② 교류법   ③ 가열법

6) 감자력

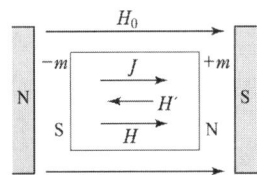

H_0 : 외부자계
H' : 자화$(-m, +m)$에 의한 자계(감자력)
H : 자성체 내부자계

(1) 자성체 내부자계(H) = 외부자계(H_0) − 감자력(H')

(2) 감자력 H'는 자화의 세기 J에 비례하며 자성체의 형태에 따라 결정된다.

$$H' = \frac{N}{\mu_0} J \ \ (N : \text{감자율}, \ 0 \leq N \leq 1)$$

7) 자기 차폐

(1) 자속은 투자율이 큰 자성체 내부로만 통과하므로 투자율이 큰 강자성체를 사용하여 외부자계의 영향을 작게 하는 자기적인 차단을 자기 차폐(magnetic shielding)라 한다.

(2) 자계에서는 투자율이 ∞인 자성체가 존재하지 않기 때문에 완전히 차단하는 것은 불가능

(3) 정전 차폐는 임의의 도체를 접지된 도체로 완전 포위하면 외부 전계의 영향을 완전히 막을 수 있다.

8) 히스테리시스 곡선

(1) 잔류자기(residual magnetism) : B_r
외부에서 가한 자계 세기를 0으로 해도 자성체에 남는 자속밀도 크기

(2) 보자력(coercive force) : H_c
자화된 자성체 내부의 B를 0으로 하기위하여 외부에서 자화와 반대방향으로 가하는 자계의 세기

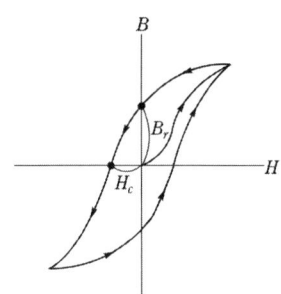

(3) 히스테리시스 손(hysterisis loss)
히스테리시스 곡선을 다시 일주시켜도 항상 처음과 동일하기 때문에 히스테리시스의 면적에 해당하는 에너지는 열로 소비된다. 이것을 히스테리시스손이라 한다.

$$P_h = \eta f B_m^{1.6}$$

9) 자화의 세기 J

(1) 단위면적당의 자화된 자극의 세기로 표시

$$J = \frac{m}{S} = \frac{m\,l}{S\,l} = \frac{M}{V}\,[\text{Wb/m}^2]$$

(2) 단위체적당의 자기모멘트로 표시

$$J = \frac{M}{V} [\text{Wb/m}^2]$$

10) 자화의 세기 J와 자계의 세기 H와의 관계

(1) $J = \chi H = (\mu - \mu_0)H = \mu_0(\mu_s - 1)H = \frac{\mu_0(\mu_s - 1)B}{\mu} = \frac{\mu_s - 1}{\mu_s}B \ [\text{Wb/m}^2]$

- 자화율 $\chi = \mu - \mu_0$

- 비자화율 $\chi_s = \mu_s - 1$

여기서, $\frac{\mu_s - 1}{\mu_s}$는 1보다 약간 작으므로 J도 B보다 약간 작다.

(2) $J = (\mu - \mu_0)H = B - \mu_0 H$

11)) 자화의 세기 J와 분극의 세기 P의 대응

분극의 세기(유전체 내부현상)	자화의 세기(자성체 내부현상)
$P = \chi E$ 분극률 : $\chi = \epsilon - \epsilon_0 = \epsilon_0(\epsilon_s - 1)$	$J = \chi H$ 자화율 : $\chi = \mu - \mu_0 = \mu_0(\mu_s - 1)$
$P = (\epsilon - \epsilon_0)E$ $= \epsilon E - \epsilon_0 E \ (D = \epsilon E)$ $= D - \epsilon_0 E$	$J = (\mu - \mu_0)H$ $= \mu H - \mu_0 H \ (B = \mu H)$ $= B - \mu_0 H$
$\therefore D = \epsilon_0 E + P$	$\therefore B = \mu_0 H + J$

12) 자속밀도 $B = \mu H + J \, [\text{Wb/m}^2]$

13) 자기회로

(1) 기 자 력 $F = NI = \phi_m R_m \ [\text{AT}]$ (N : 코일의 권수)

(2) 자기저항 $R_m = \frac{l}{\mu S} \ [\text{AT/Wb}]$ (S : 단면적[m^2], l : 자로의 길이[m])

(3) 자기회로의 옴의 법칙 $\phi = \frac{F}{R_m}$ (ϕ : 자속)

(4) 자기회로에서의 키르히호프의 법칙 $\sum\limits_{i=1}^{n} R_i \phi_i = \sum\limits_{i=1}^{n} N_i I_i$

(5) 철심부의 자기저항 $R_i = \frac{l_i}{\mu S}$ (여기서, l_i : 철심의 자로의 길이)

(6) 공극부의 자기저항 $R_g = \dfrac{l_g}{\mu_0 S}$ (여기서, l_g : 공극부의 자로의 길이)

(7) 합성자기저항 (철심의 자기저항과 공극부의 자기저항은 직렬접속)

$$R_m = R_i + R_g = \frac{l_i}{\mu S} + \frac{l_g}{\mu_0 S} = \frac{l_i}{\mu S}\left(1 + \frac{l_g}{l_i}\mu_s\right)$$

(8) 자속 $\phi = \dfrac{NI}{R} = \dfrac{NI}{\dfrac{l_i}{\mu S}\left(1 + \dfrac{l_g}{l_i}\mu_s\right)}$ [Wb]

14) 공극이 있는 경우와 공극이 없는 경우의 비교

(1) 자기저항 비교

① 공극이 있는 경우의 자기저항 $R_m = \dfrac{l_i}{\mu S}\left(1 + \dfrac{l_g}{l_i}\mu_s\right)$

② 공극이 없는 경우의 자기저항 $R_0 = \dfrac{l_i + l_g}{\mu S} = \dfrac{l}{\mu S}$

③ 자기저항의 비 $\dfrac{R_m}{R_0} = 1 + \dfrac{l_g}{l_i}\mu_s$ ($l_i \gg l_g$인 경우)

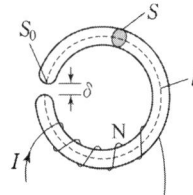

(2) 자계의 세기 비교

① 철심에서의 자계의 세기 $H_i = \dfrac{\phi}{\mu S} = \dfrac{NI}{l_i\left(1 + \dfrac{l_g}{l_i}\mu_s\right)}$

② 공극에서의 자계의 세기 $H_g = \dfrac{\phi}{\mu_0 S} = \dfrac{NI\mu_s}{l_i\left(1 + \dfrac{l_g}{l_i}\mu_s\right)}$

15) 전기회로와 자기회로의 대응

전 기 회 로		자 기 회 로	
기 전 력	U[V]	기 자 력	F_m [AT]
전 　 류	I[A]	자 　 속	ϕ [Wb]
전 　 계	E[V/m]	자 　 계	H[AT/m]
전기저항	R [Ω]	자기저항	R_m [AT/Wb]
도 전 율	σ [S/m]	투 자 율	μ [H/m]
옴의법칙	$E = IR$ [V] $\therefore\ I = \dfrac{E}{R}$ [A]	옴의법칙	$F_m = \phi R_m$ [AT] $\therefore\ \phi = \dfrac{NI}{R_m}$ [Wb]

16) 자성체에서의 경계조건

(1) $B_1 \cos\theta_1 = B_2 \cos\theta_2$ $(B_1 = \mu_1 H_1,\ B_2 = \mu_2 H_2)$

(2) $H_1 \sin\theta_1 = H_2 \sin\theta_2$

(3) 자성체의 굴절의 법칙 $\dfrac{\tan\theta_2}{\tan\theta_1} = \dfrac{\mu_2}{\mu_1}$

즉, 굴절각은 투자율에 비례한다.

17) 자계 에너지

(1) 정자계 에너지 밀도 : $w_m = \dfrac{1}{2}BH = \dfrac{1}{2}\mu H^2 = \dfrac{B^2}{2\mu}[\text{J/m}^3]$

(2) 흡인력 : $f = \dfrac{1}{2}BH = \dfrac{1}{2}\mu H^2 = \dfrac{B^2}{2\mu}[\text{N/m}^2]$

출제예상문제

01 자성체의 종류에 대한 설명으로 옳은 것은?(단, χ_m는 자화율이고, μ_r은 비투자율이다.)

① $\chi_m > 0$이면, 역자성체이다.

② $\chi_m < 0$이면, 상자성체이다.

③ $\mu_r > 1$이면, 비자성체이다.

④ $\mu_r < 1$이면, 역자성체이다.

풀이 ① 상자성체 : 자화가 자계와 같은 방향이므로 자화율 $\chi_m > 0$
② 반(역)자성체 : 자화가 자계와 반대 방향이므로 자화율 $\chi_m < 0$

③ 비투자율 $\mu_r = \dfrac{\mu}{\mu_0} = 1 + \dfrac{\chi_m}{\mu_0}$ 에서

- 상자성체에서는 자화율 $\chi_m > 0$ 이므로 비투자율 $\mu_r > 1$
- **반(역)자성체에서는 자화율 $\chi_m < 0$ 이므로 비투자율 $\mu_r < 1$**

02 반자성체의 비투자율(μ_r) 값의 범위는?

① $\mu_r = 1$

② $\mu_r < 1$

③ $\mu_r > 1$

④ $\mu_r = 0$

풀이 자성체 종류에 따른 자화율과 비투자율의 관계

자성체 종류	자화율(비자화율)	비투자율
상자성체	$\chi(\chi_s) > 0$	$\mu_r > 1$
반자성체	$\chi(\chi_s) < 0$	$\mu_r < 1$
강자성체	$\chi(\chi_s) \gg 0$	$\mu_r \gg 1$

기 18-1, 기 16-3
03 역자성체에서 비투자율(μ_s)은 어느 값을 갖는가?

① $\mu_s = 1$　　　　　　　　　② $\mu_s < 1$

③ $\mu_s > 1$　　　　　　　　　④ $\mu_s = 0$

풀이 강자성체 : $\mu_s \gg 1$, 상자성체 : $\mu_s > 1$, **역자성체 : $\mu_s < 1$**

산기 23-2
04 다음 물질 중 반자성체는?

① 구리　　　　　　　　　　② 백금

③ 니켈　　　　　　　　　　④ 알루미늄

풀이 • 강자성체 : Fe, Ni, Co
　　　• 상자성체 : Al, Mn, Pt, W, Sn, O_2, N_2 등
　　　• **반자성체 : Ag, 구리(Cu), Bi, H_2O, C, Si, Ag, Pb 등**

기 23-1
05 자화율(magnetic susceptibility) χ는 상자성체에서 일반적으로 어떤 값을 갖는가?

① $\chi = 0$　　　　　　　　　② $\chi > 0$

③ $\chi < 0$　　　　　　　　　④ $\chi = 1$

풀이 **상자성체**
　　　• 자화율 $\chi > 0$
　　　• 비투자율 $\mu_r > 1$

기 21-1
06 다음 중 비투자율(μ_r)이 가장 큰 것은?

① 금　　　　　　　　　　② 은

③ 구리　　　　　　　　　　④ 니켈

풀이

자 성 체	비투자율 μ_r
금	0.999964
은	0.999998
구 리	0.999991
니 켈	600

정답 03. ② 04. ① 05. ② 06. ④

기 21-1

07 강자성체가 아닌 것은?

① 코발트　　　　　　　　　② 니켈

③ 철　　　　　　　　　　　④ 구리

풀이▶ 자성체의 특징

자성체의 종류	투자율	비투자율	비자하율	자기모멘트의 크기와 배열	종　류
강자성체	$\mu \gg \mu_0$	$\mu_s \gg 1$	$\chi_m \gg 1$		철(Fe) 니켈(Ni) 코발트(Co)
페리자성체					자철석(Fe_3O_4) 페라이트
상자성체	$\mu > \mu_0$	$\mu_s > 1$	$\chi_m > 0$		백금(Pt) 알루미늄(Al) 산소(O_2)
반자성체	$\mu < \mu_0$	$\mu_s < 1$	$\chi_m < 0$		금(Au) 은(Ag) **구리(Cu)** 비스무트(Bi) 물(H_2O)
반강자성체					

산기 24-3

08 강자성체가 아닌 것은?

① 철(Fe)　　　　　　　　　② 니켈(Ni)

③ 백금(Pt)　　　　　　　　④ 코발트(Co)

풀이▶ 자성체의 특징

자성체의 종류	종　류
강자성체	철(Fe), 니켈(Ni), 코발트(Co)
상자성체	**백금(Pt)**, 알루미늄(Al), 산소(O_2)
반자성체	은(Ag), 구리(Cu), 비스무트(Bi), 물(H_2O)

산기 25-3

09 다음 물질 중 반자성체는?

① 구리   ② 백금

③ 니켈   ④ 알루미늄

풀이
- 강자성체 : Fe, Ni, Co
- 상자성체 : Al, Mn, Pt, W, Sn, O_2, N_2 등
- **반자성체** : Ag, 구리(Cu), Bi, H_2O, C, Si, Ag, Pb 등

기 18-1

10 다음 조건들 중 초전도체에 부합되는 것은? (단, μ_r은 비투자율, χ_m은 비자화율, B는 자속밀도이며 작동온도는 임계온도 이하라 한다.)

① $\chi_m = -1$, $\mu_r = 0$, $B = 0$

② $\chi_m = 0$, $\mu_r = 0$, $B = 0$

③ $\chi_m = 1$, $\mu_r = 0$, $B = 0$

④ $\chi_m = -1$, $\mu_r = 1$, $B = 0$

풀이
- 초전도체는 비투자율 μ_r이 0인 물질($\mu_r = 0$)
- 자화율과 투자율의 관계식 $\chi = \mu_0(\mu_r - 1)$에서

  비자화율 $\chi_m = \dfrac{\chi}{\mu_0} = \mu_r - 1 = -1$

- 자속밀도 $B = \mu H = \mu_0 \mu_r H = 0 \; (\because \; \mu_r = 0)$

산기 25-3

11 감자율(Demagnetization factor)이 "0"인 자성체로 가장 알맞은 것은?

① 환상 솔레노이드

② 굵고 짧은 막대 자성체

③ 가늘고 긴 막대 자성체

④ 가늘고 짧은 막대 자성체

풀이 감자력 $H' = \dfrac{N}{\mu_0} J$ 에서 감자력 $H' = 0$이 되기 위해서는 **감자율 N이 0**이 되어야 한다.

따라서, **자극이 존재하지 않는 환상 철심**이 이에 해당한다.

참고로 구 자성체의 감자율 $N = \dfrac{1}{3}$이고,

원통 자성체의 감자율 $N = \dfrac{1}{2}$이다.

그리고, 가늘고 긴 막대 자성체가 자계와 평행으로 놓여 있을 때 감자율은 거의 0에 가깝지만, 수직으로 놓여 있으면 감자율은 1에 가까운 값이 된다.

정답 09. ①   10. ①   11. ①

12 기 16-2 **감자력이 0인 것은?**

① 구 자성체

② 환상 철심

③ 타원 자성체

④ 굵고 짧은 막대 자성체

풀이▶ 감자력 $H' = \dfrac{N}{\mu_0} J$ 에서 감자력 $H' = 0$이 되기 위해서는 **감자율 N이 0**이 되어야 한다.

따라서, **자극이 존재하지 않는 환상 철심**이 이에 해당한다.

참고로 구 자성체의 감자율 $N = \dfrac{1}{3}$이고, 원통 자성체의 감자율 $N = \dfrac{1}{2}$이다.

그리고, 가늘고 긴 막대 자성체가 자계와 평행으로 놓여 있을 때 감자율은 거의 0에 가깝지만, 수직으로 놓여 있으면 감자율은 1에 가까운 값이 된다.

13 기 21-2 **진공 중의 평등자계 H_0 중에 반지름이 a[m]이고, 투자율이 μ인 구 자성체가 있다. 이 구 자성체의 감자율은? (단, 구 자성체 내부의 자계는 $H = \dfrac{3\mu_0}{2\mu_0 + \mu} H_0$ 이다.)**

① 1

② $\dfrac{1}{2}$

③ $\dfrac{1}{3}$

④ $\dfrac{1}{4}$

풀이▶ 자성체에서 외부 자계 H_0, 내부자계 H일 때 감자력 H'은 아래의 두 식으로 표현된다.

$$H' = H_0 - H, \quad H' = \frac{N}{\mu_0} J \quad (N : \text{감자율}, \ J : \text{자화의 세기})$$

구 자성체 내부의 자계의 변형

$$H = \frac{3\mu_0}{2\mu_0 + \mu} H_0 = \frac{3}{2 + \mu_s} H_0$$

$$H' = H_0 - H = H_0 - \frac{3}{2 + \mu_s} H_0 = \frac{\mu_s - 1}{\mu_s + 2} H_0 \qquad \cdots (1)$$

자화의 세기 $J = \chi H = \mu_0(\mu_s - 1)H = \dfrac{3\mu_0(\mu_s - 1)}{\mu_s + 2} H_0$ 를 감자력에 대입하면

$$H' = \frac{N}{\mu_0} J = \frac{N}{\mu_0} \cdot \frac{3\mu_0(\mu_s - 1)}{\mu_s + 2} H_0 = \frac{3N(\mu_s - 1)}{\mu_s + 2} H_0 \quad \cdots (2)$$

식 (1)과 (2)를 등식으로 놓으면 감자율 N은

$$\frac{\mu_s - 1}{\mu_s + 2} H_0 = \frac{3N(\mu_s - 1)}{\mu_s + 2} H_0 \qquad \therefore \ N = \frac{1}{3}$$

산기 24-3
14 강자성체의 자화의 세기 J와 자화력 H 사이의 관계는?

①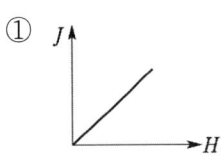

②

③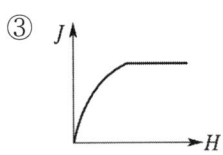

④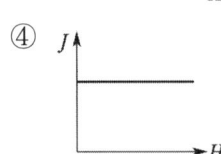

풀이 강자성체의 자화는 천천히 증가하지만 그 **한계를 넘으면** 자기 **포화**를 일으켜 H의 증가에도 불구하고 J는 일정하게 된다.

산기 23-3
15 균등자장 H_0중에 비투자율 μ_s, 반지름 a의 자성체구를 놓았을 때 자화의 세기가 M 이였다면 자성체 구의 내부자계의 세기는?

① $-\dfrac{M}{2}$

② $-\dfrac{M}{3}$

③ $\dfrac{M}{2}$

④ $\dfrac{M}{3}$

풀이 z축의 방향으로 균일하게 자화된 $\boldsymbol{M} = M\boldsymbol{k}$인 자성체구를 생각하면 구 내부의 스칼라 자기 포텐셜 ϕ는 Laplace의 경계조건을 만족한다. 따라서 M은 r 및 θ의 함수이므로

$$\phi = \frac{1}{3}Mr\cos\theta = \frac{1}{3}Mz$$

$$\therefore \boldsymbol{H} = -\operatorname{grad}\phi = -\nabla\phi$$

$$= -\left(\frac{\partial}{\partial x}\boldsymbol{i} + \frac{\partial}{\partial y}\boldsymbol{j} + \frac{\partial}{\partial z}\boldsymbol{k}\right)\left(\frac{1}{3}Mz\right)$$

$$= -\frac{1}{3}M\boldsymbol{k}$$

$$\therefore H = -\frac{M}{3}$$

따라서 자계 H는 자화의 세기와 반대방향$(-\boldsymbol{k})$ 이다.

기 20-3, 기 18-1

16 내부 장치 또는 공간을 물질로 포위시켜 외부 자계의 영향을 차폐시키는 방식을 자기차폐라 한다. 다음 중 자기차폐에 가장 적합한 것은?

① 비투자율이 1보다 작은 역자성체

② 강자성체 중에서 비투자율이 큰 물질

③ 강자성체 중에서 비투자율이 작은 물질

④ 비투자율에 관계없이 물질의 두께에만 관계되므로 되도록이면 두꺼운 물질

풀이 투자율이 큰 자성체의 중공구를 평등 자계 안에 놓으면 **대부분의 자속은 자성체 내부로만 통과하**므로 내부 공간의 자계는 외부 자계에 비하여 대단히 작다. 이러한 현상을 **자기 차폐**라고 한다.

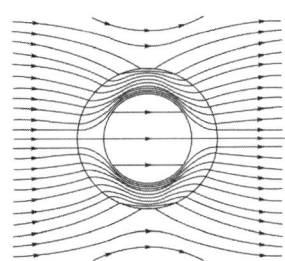

산기 23-3

17 정전차폐와 자기차폐를 비교하였을 때 옳은 것은?

① 정전차폐가 자기차폐에 비교하여 완전하다.

② 정전차폐가 자기차폐에 비교하여 불완전하다.

③ 두 차폐방법은 모두 완전하다.

④ 두 차폐방법은 모두 불완전하다.

풀이 ① **정전 차폐**

• 그림과 같이 도체 2를 접지하여 도체 1과 3 사이의 관계와 같이 도체간에 정전현상이 미치지 않도록 완전히 차단된 상태를 정전차폐라 한다.

• 정전 차폐는 도체를 사용하여 외부 전계의 영향을 완전히 막을 수 있다.

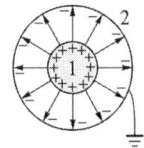

② **자기차폐**

• 투자율이 큰 강자성체를 사용하여 외부자계의 영향을 작게 하는 자기적인 차단을 자기 차폐(magnetic shielding)라 한다.

• 자계에서는 투자율이 ∞인 자성체가 존재하지 않기 때문에 완전히 차단하는 것은 불가능하다. 따라서, 정전차폐와 자기 차폐를 비교해보면 **정전차폐가 자기차폐에 비해 완전**하다.

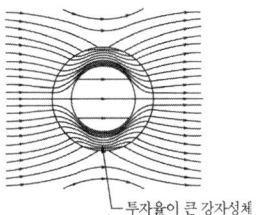

└ 투자율이 큰 강자성체

기 23-3, 기 19-3

18 강자성체의 세 가지 특성에 포함되지 않는 것은?

① 자기포화 특성

② 와전류 특성

③ 고투자율 특성

④ 히스테리시스 특성

> 풀이 ▶ ① 강자성체 : 인접 영구자기 쌍극자의 방향이 동일방향으로 배열하는 재질
> ② 강자성체의 특징
>   • 자구가 존재한다.
>   • **히스테리시스 현상**이 있다.
>   • **자기포화 특성**이 있다.
>   • **투자율이 높다.**

기 21-3, 기 18-2

19 히스테리시스 곡선에서 히스테리시스 손실에 해당하는 것은?

① 보자력의 크기

② 잔류자기의 크기

③ 보자력과 잔류자기의 곱

④ 히스테리시스 곡선의 면적

> 풀이 ▶ 히스테리시스 손(hysterisis loss)
> 히스테리시스 곡선을 다시 일주시켜도 항상 처음과 동일하기 때문에 **히스테리시스의 면적**에 해당하는 에너지는 열로 소비된다. 이것을 **히스테리시스 손**이라 한다.
> $$P_h = \eta f B_m^{1.6}$$

산기 24-2

20 히스테리시스손은 주파수 및 최대자속밀도와 어떤 관계에 있는가?

① 주파수와 최대자속밀도에 비례한다.

② 주파수에 비례하고 최대자속밀도의 1.6승에 비례한다.

③ 주파수와 최대자속밀도에 반비례한다.

④ 주파수에 반비례하고 최대자속밀도의 1.6승에 비례한다.

> 풀이 ▶ • 히스테리시스손 $P_h = \eta f B_m^{1.6} [\text{J/m}^3]$
> • 히스테리시스손은 주파수 f에 비례하고 최대자속밀도 B_m의 1.6승에 비례한다.

기 17-2

21 그림과 같은 히스테리시스 루프를 가진 철심이 강한 평등자계에 의해 매 초 60[Hz]로 자화할 경우 히스테리시스 손실은 몇 [W] 인가? (단, 철심의 체적은 20[cm^3], $B_r = 5$[Wb/m^2], $H_c = 2$[AT/m] 이다.)

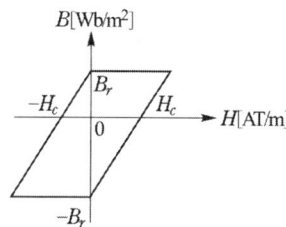

① 1.2×10^{-2}

② 2.4×10^{-2}

③ 3.6×10^{-2}

④ 4.8×10^{-2}

> **풀이** 철심이 한 번 자화함에 따라 발생하는 에너지 손실 W_h는 사각형 히스테리시스로 포위된 면적과 동일하게 된다.
>
> $$W_h = 4 H_c B_r [\text{W/m}^3]$$
>
> 따라서, 체적은 v[m^3], 주파수를 f[Hz]라 하면 구하는 에너지 P_h는
>
> $$\therefore\ P_h = f v W_h = 4 f v H_c B_r$$
> $$= 4 \times 60 \times 20 \times 10^{-6} \times 2 \times 5$$
> $$= 4.8 \times 10^{-2} [\text{W}]$$

기 17-3

22 규소강판과 같은 자심재료의 히스테리시스 곡선의 특징은?

① 보자력이 큰 것이 좋다.

② 보자력과 잔류자기가 모두 큰 것이 좋다.

③ 히스테리시스 곡선의 면적이 큰 것이 좋다.

④ 히스테리시스 곡선의 면적이 작은 것이 좋다.

> **풀이** • 영구 자석 : 히스테리시스 곡선의 면적이 크고, 잔류 자기와 보자력이 모두 클 것.
> • 전자석 : 히스테리시스 곡선의 면적이 작고, 잔류 자기는 크고 보자력은 작을 것.

산기 24-2

23 전자석에 사용하는 연철(soft iron)은 다음 어느 성질을 갖는가?

① 잔류자기, 보자력이 모두 크다.

② 보자력이 크고 잔류자기가 작다.

③ 보자력이 크고 히스테리시스 곡선의 면적이 작다.

④ 보자력과 히스테리시스 곡선의 면적이 모두 작다.

풀이 자석 재료

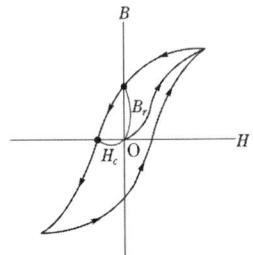

• 영구자석 재료 : 잔류자기(B_r) 및 보자력(H_c)이 클 것
• **전자석 재료** : 히스테리시스 곡선 면적은 적고,
잔류자기(B_r)는 크고, **보자력(H_c)은 작아야 한다.**

산기 25-1

24 전기기기의 철심(자심)재료로 규소강판을 사용하는 이유는?

① 동손을 줄이기 위해

② 와전류손을 줄이기 위해

③ 히스테리시스손을 줄이기 위해

④ 제작을 쉽게 하기 위하여

풀이 • **규소 강판** : 히스테리시스손 감소
• **성층 철심** : 와류손 감소

기 22-3

25 영구자석의 재료로 적합한 것은?

① 잔류 자속밀도(B_r)는 크고, 보자력(H_c)은 작아야 한다.

② 잔류 자속밀도(B_r)는 작고, 보자력(H_c)은 커야 한다.

③ 잔류 자속밀도(B_r)와 보자력(H_c) 모두 작아야 한다.

④ 잔류 자속밀도(B_r)와 보자력(H_c) 모두 커야 한다.

풀이 • 잔류자기(residual magnetism) : B_r
  외부에서 가한 자계 세기를 0으로 해도 자성체에 남는 자속밀도 크기
 • 보자력(coercive force) : H_c
  자화된 자성체 내부의 B를 0으로 하기 위하여 외부에서 자화와 반대방향으로 가하는 자계의 세기
 •**영구 자석 : 히스테리시스 곡선의 면적이 크고, 잔류 자기(B_r)와 보자력(H_c)이 모두 클 것**
 • 전자석 : 히스테리시스 곡선의 면적이 작고, 잔류 자기(B_r)는 크고 보자력(H_c)은 작을 것.

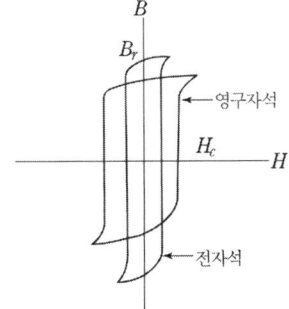

기 20-4

26 영구자석 재료로 사용하기에 적합한 특성은?

① 잔류자기와 보자력이 모두 큰 것이 적합하다.

② 잔류자기는 크고 보자력은 작은 것이 적합하다.

③ 잔류자기는 작고 보자력은 큰 것이 적합하다.

④ 잔류자기와 보자력이 모두 작은 것이 적합하다.

풀이 •**영구 자석 : 히스테리시스 곡선의 면적이 크고, 잔류 자기와 보자력이 모두 클 것.**
 • 전자석 : 히스테리시스 곡선의 면적이 작고, 잔류 자기는 크고 보자력은 작을 것.

기 23-2

27 영구자석에 관한 설명으로 옳지 않은 것은?

① 한번 자화된 다음에는 자기를 영구적으로 보존하는 자석이다.

② 보자력이 클수록 자계가 강한 영구자석이 된다.

③ 잔류 자속밀도가 클수록 자계가 강한 영구자석이 된다.

④ 자석재료로 폐회로를 만들면 강한 영구자석이 된다.

> **풀이** 자석 재료에 **외부에서 큰 자계를 가해야 자화되어** 영구자석이 된다.

산기 25-2

28 일반적으로 도체를 관통하는 자속이 변화하든가 또는 자속과 도체가 상대적으로 운동하여 도체 내의 자속이 시간적 변화를 일으키면, 이 변화를 막기 위하여 도체 내에 국부적으로 형성되는 임의의 폐회로를 따라 전류가 유기되는데 이 전류를 무엇이라 하는가?

① 변위전류   ② 대칭전류

③ 와전류   ④ 도전전류

> **풀이** 와전류는 도체내에 국부적으로 흐르는 맴돌이 전류로 $\text{rot } i = -K\dfrac{\partial B}{\partial t}$ 로 **자속의 변화를 방해하기 위한 역자속을 만드는 전류**이다. 따라서 이 전류는 자속의 수직되는 면을 회전한다.

기 22-3, 기 19-1

29 와류손에 대한 설명으로 틀린 것은? (단, f : 주파수, B_m : 최대자속밀도, t : 두께, ρ : 저항률 이다.)

① t^2에 비례한다.   ② f^2에 비례한다.

③ ρ^2에 비례한다.   ④ B_m^2에 비례한다.

> **풀이** 도체에 코일을 감고 교류전류 i를 흐르게 하면 도체 단면을 통과하는 자속이 변하게 되어 전자유도에 의한 맴돌이 형태의 유도전류가 흐른다. 이 맴돌이 전류를 와전류라고 한다. 도체는 일반적으로 저항을 갖고 있으므로 와전류가 흐르면 줄열이 발생하여 도체의 온도를 상승시키며 전력손실을 일으킨다. 즉, 와전류에 의해 발생하는 전력을 와류손 이라고 한다.
>
> 와류손 $P_e = \delta_e (t f k_f B_m)^2 [\text{W/kg}]$
>
> 여기서, δ_e : 재료에 의한 정수, f : 주파수[Hz]
>
> B_m : 자속 밀도의 최대값 [Wb/m²]
>
> t : 철판의 두께[m], k_f : 파형률

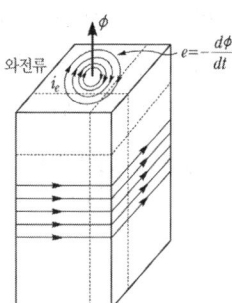

기 23-2

30 와류손을 줄이는 방법으로 옳은 것은?

① 투자율을 크게 한다.

② 철심의 저항률을 작게 한다.

③ 철판의 두께를 두껍게 한다.

④ 성층 철심을 사용한다.

> **풀이** ▸ • 도체에 코일을 감고 교류전류 i를 흐르게 하면 도체 단면을 통과하는 자속이 변하게 되어 전자유도에 의한 맴돌이 형태의 유도전류가 흐른다. 이 맴돌이 전류를 와전류라고 한다.
>
> 도체는 일반적으로 저항을 갖고 있으므로 와전류가 흐르면 줄열이 발생하여 도체의 온도를 상승시키며 전력손실을 일으킨다. 즉, 와전류에 의해 발생하는 전력을 와류손 이라고 한다.
>
> • 와류손 $W_e = K_e (t \cdot f \cdot K_f \cdot B_m)^2 [\mathrm{W}]$
>
> 여기서, K_e : 재료에 따라 정해지는 정수
>
> t : 철심의 두께
>
> f : 주파수
>
> K_f : 파형률
>
> B_m : 최대 자속밀도
>
> • 와류손을 감소시키기 위해서 성층철심(두께 t를 감소)을 사용한다.

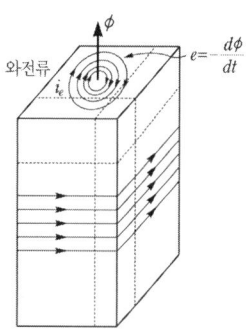

기 21-2

31 와전류가 이용되고 있는 것은?

① 수중 음파 탐지기

② 레이더

③ 자기 브레이크(magmetic brake)

④ 사이클로트론(cyclotron)

> **풀이** ▸ 자기 브레이크(magmetic brake)는 전자석 또는 자석의 자기장에 의해 고속으로 움직이는 금속에 와전류를 발생하고, 자석에 주행방향에 대한 역방향의 힘이 작용하여 운동 대상을 정지시키는 것

기 17-3, 산기 22-2

32 자화의 세기 단위로 옳은 것은?

① AT/Wb

② AT/m²

③ Wb · m

④ Wb/m²

풀이 자화의 세기 $J = \dfrac{m}{S} = \dfrac{m\,l}{Sl} = \dfrac{M}{V}$ [Wb/m²]

여기서, S : 자성체의 단면적 [m²], m : 자화된 자기량 [Wb]

l : 자성체의 길이 [m], V : 자성체의 체적 [m³]

M : 자기모멘트($M = m\,l$ [Wb·m])

기 21-1, 기 20-4, 산기 22-3

33 길이가 l[m], 단면적의 반지름이 a[m]인 원통이 길이 방향으로 균일하게 자화되어 자화의 세기가 J[Wb/m²]인 경우, 원통 양단에서의 자극의 세기 m[Wb]은?

① alJ

② $2\pi alJ$

③ $\pi a^2 J$

④ $\dfrac{J}{\pi a^2}$

풀이 자화의 세기 $J = \dfrac{m}{s}$ [Wb/m²]

$\therefore m = J \cdot s = J \cdot \pi a^2$ [Wb]

기 18-3

34 길이 l[m], 지름 d[m]인 원통이 길이 방향으로 균일하게 자화되어 자화의 세기가 J[Wb/m²]인 경우 원통 양단에서의 전자극의 세기[Wb]는?

① $\pi d^2 J$

② $\pi d J$

③ $\dfrac{4J}{\pi d^2}$

④ $\dfrac{\pi d^2 J}{4}$

풀이 자화의 세기 $J = \dfrac{m}{s}$ [Wb/m²]

$\therefore m = J \cdot s = J \cdot \dfrac{\pi d^2}{4}$ [Wb]

35 기 16-3

자성체 $3 \times 4 \times 20[\text{cm}^3]$가 자속밀도 $B = 130[\text{mT}]$로 자화되었을 때 자기모멘트가 $48[\text{A} \cdot \text{m}^2]$
이었다면 자화의 세기 M은 몇 $[\text{A/m}]$인가?

① 10^4 ② 10^5

③ 2×10^4 ④ 2×10^5

풀이 자화의 세기 M의 정의 : 단위 체적당 자기모멘트

$$\frac{\text{자기모멘트}}{V_{\text{체적}}} = \frac{48}{3 \times 4 \times 20 \times 10^{-6}} = 2 \times 10^5 [\text{A/m}]$$

36 기 22-3, 기 19-1, 기 16-3

다음의 관계식 중 성립할 수 없는 것은?

(단, μ는 투자율, χ는 자화율, μ_o는 진공의 투자율, J는 자화의 세기이다.)

① $J = \chi \boldsymbol{B}$ ② $\boldsymbol{B} = \mu \boldsymbol{H}$

③ $\mu = \mu_o + \chi$ ④ $\mu_s = 1 + \dfrac{\chi}{\mu_o}$

풀이 • 자화율 $\chi = \mu - \mu_0 [\text{H/m}]$

• 자화의 세기 $J = \chi \boldsymbol{H} = (\mu - \mu_0)\boldsymbol{H} = \mu \boldsymbol{H} - \mu_0 \boldsymbol{H} = \boldsymbol{B} - \mu_0 \boldsymbol{H} [\text{Wb/m}^2]$

• 자속밀도 $\boldsymbol{B} = \mu_0 \boldsymbol{H} + J = \mu_0 \boldsymbol{H} + \chi \boldsymbol{H} = (\mu_0 + \chi)\boldsymbol{H} = \mu \boldsymbol{H} [\text{Wb/m}^2]$

• 비투자율 $\mu_s = \dfrac{\mu}{\mu_0} = \dfrac{\mu_0 + \chi}{\mu_0} = 1 + \dfrac{\chi}{\mu_0} [\text{H/m}]$

37 산기 25-2

자화의 세기 $J_m [\text{C/m}^2]$을 자속밀도 $B[\text{Wb/m}^2]$와 비투자율 μ_r로 나타내면?

① $\boldsymbol{J}_m = (1 - \mu_r)\boldsymbol{B}$ ② $\boldsymbol{J}_m = (\mu_r - 1)\boldsymbol{B}$

③ $\boldsymbol{J}_m = \left(1 - \dfrac{1}{\mu_r}\right)\boldsymbol{B}$ ④ $\boldsymbol{J}_m = \left(\dfrac{1}{\mu_r} - 1\right)\boldsymbol{B}$

풀이 $B = \mu_0 H + J_m$의 관계에서 $H = \dfrac{B}{\mu} = \dfrac{B}{\mu_0 \mu_r}$ 이므로

$$J_m = \boldsymbol{B} - \mu_0 \boldsymbol{H} = \left(1 - \frac{1}{\mu_r}\right)\boldsymbol{B}$$

산기 22-1

38 강자성체의 자화에 관한 설명으로 틀린 것은?

① 강자성체의 자화의 세기는 자계의 세기에 비례한다.

② 강자성체에 자계를 변화시키면 히스테리시스현상이 나타난다.

③ 강자성체의 히스테리시스손은 히스테리시스 곡선의 면적과 같다.

④ 강자성체의 자속밀도 B는 자계의 세기 H에 비례하지 않는다.

풀이 자화의 세기 J와 자계의 세기 H와의 관계

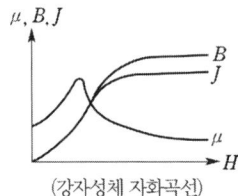

(강자성체 자화곡선)

$$J = \chi H = (\mu - \mu_0) H = \mu_0 (\mu_s - 1) H \ [\text{Wb/m}^2]$$

• 강자성체 이외의 자성체 : 자화의 세기와 자계가 비례 (즉, μ와 χ_m을 정수로 취급)

• 강자성체 : 전혀 자화되어 있지 않은 강자성체에 자계를 가하여 그 자계 H를 점점 크게 하면 그에 따라 자화의 세기 J도 점점 크게 된다. 그러나 일정 범위를 지나면 자계의 세기 H가 증가하여도 자화의 세기 J는 더 이상 증가하지 않고 거의 일정하게 된다.

산기 23-2, 산기 22-2

39 강자성체의 자속 밀도 B의 크기와 자화의 세기 J의 크기 사이에는 어떤 관계가 있는가?

① J가 B보다 약간 크다.

② J는 B보다 대단히 크다.

③ J는 B보다 약간 작다.

④ J는 B와 똑같다.

풀이

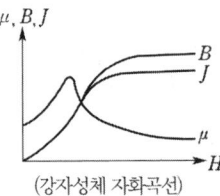

(강자성체 자화곡선)

강자성체는 $\mu_s \gg 1$ 이므로 $J = \dfrac{\mu_s - 1}{\mu_s} B$에서 $\dfrac{\mu_s - 1}{\mu_s}$은 1보다 약간 작으므로 J도 B보다 약간 작다.

산기 23-3

40 비투자율이 400인 환상 철심 중의 평균 자계의 세기가 300 [AT/m]일 때, 자화의 세기는 몇 [Wb/m²]인가?

① 0.1

② 0.15

③ 0.2

④ 0.25

풀이　$J = \mu_0(\mu_s - 1)H = 4\pi \times 10^{-7}(400 - 1) \times 300 = 0.15[\text{Wb/m}^2]$

기 21-2

41 비투자율이 350인 환상철심 내부의 평균 자계의 세기가 342[AT/m]일 때 자화의 세기는 약 몇 [Wb/m²]인가?

① 0.12

② 0.15

③ 0.18

④ 0.21

풀이　자화율

$\chi_m = \mu - \mu_0 = \mu_0(\mu_s - 1) = 4\pi \times 10^{-7} \times (350 - 1) = 4.38 \times 10^{-4}\,[\text{H/m}]$

자화의 세기

$J = \chi_m H = 4.38 \times 10^{-4} \times 342 = 0.15[\text{Wb/m}^2]$

기 19-3

42 환상철심의 평균 자계의 세기가 3000[AT/m]이고, 비투자율이 600인 철심 중의 자화의 세기는 약 몇 [Wb/m²]인가?

① 0.75

② 2.26

③ 4.52

④ 9.04

풀이
- 자화율 $\chi_m = \mu - \mu_0 = \mu_0(\mu_s - 1)[\text{H/m}]$
- 자화의 세기 $J = \chi_m H = \mu_0(\mu_s - 1)H$

$$= 4\pi \times 10^{-7} \times (600 - 1) \times 3000$$
$$= 2.26[\text{Wb/m}^2]$$

기 21-3

43 다음 중 기자력(magnetomotive force)에 대한 설명으로 틀린 것은?

① SI 단위는 암페어[A] 이다.

② 전기회로의 기전력에 대응한다.

③ 자기회로의 자기저항과 자속의 곱과 동일하다.

④ 코일에 전류를 흘렸을 때 전류밀도와 코일의 권수의 곱의 크기와 같다.

풀이 기자력 $F = NI = \phi R_m$ [AT]
즉, 기자력은 전류와 코일 권수의 곱의 크기와 같다.

기 17-1

44 300회 감은 코일에 3[A]의 전류가 흐를 때의 기자력[AT]은?

① 10   ② 90

③ 100   ④ 900

풀이 기자력 $F = NI$에서
$F = 300 \times 3 = 900$[AT]

산기 23-2

45 자계의 세기가 800[AT/m]이고, 자속밀도가 0.2[Wb/m²]인 재질의 투자율[H/m]은?

① 2.5×10^{-3}[H/m]

② 4×10^{-3}[H/m]

③ 2.5×10^{-4}[H/m]

④ 4×10^{-4}[H/m]

풀이 $B = \mu H$에서
$\mu = \dfrac{B}{H} = \dfrac{0.2}{800} = 2.5 \times 10^{-4}$[H/m]

기 23-3, 기 16-3

46 자성체의 자화의 세기 $J = 8000 \, [\text{Wb/m}^2]$, 자화율 $\chi = 0.02[\text{H/m}]$일 때 자속밀도는 약 몇 [T]인가?

① 7000   ② 7500

③ 8000   ④ 8500

풀이 $B = \mu_0 H + J \left(J = \chi H \rightarrow H = \dfrac{J}{\chi} \right)$

$\therefore B = \dfrac{\mu_0}{\chi} J + J = J \left(\dfrac{\mu_0}{\chi} + 1 \right)$

$= 8000 \times \left(\dfrac{4\pi \times 10^{-7}}{0.02} + 1 \right)$

$\fallingdotseq 8000 [\text{Wb/m}^2] = 8000 [\text{T}] \quad (\because 1[\text{Wb/m}^2] = 1[\text{T}])$

기 23-2, 기 19-1

47 자기회로의 자기저항에 대한 설명으로 옳은 것은?

① 투자율에 반비례한다.

② 자기회로의 단면적에 비례한다.

③ 자기회로의 길이에 반비례한다.

④ 단면적에 반비례하고, 길이의 제곱에 비례한다.

풀이 • 자기저항 $R_m = \dfrac{l}{\mu S}[\text{AT/Wb}]$

• 자기저항 R_m은 투자율 μ와 단면적 S에 반비례하고 길이 l에 비례한다.

기 20-1,2, 기 17-2

48 자기회로에서 자기저항의 크기에 대한 설명으로 옳은 것은?

① 자기회로의 길이에 비례

② 자기회로의 단면적에 비례

③ 자성체의 비투자율에 비례

④ 자성체의 비투자율의 제곱에 비례

풀이 자기저항 $R_m = \dfrac{l}{\mu S}$ [AT/Wb]에서 자기저항 R_m은 자기회로의 길이 l에 비례한다.

정답 46. ③ 47. ① 48. ①

산기 23-3

49 자기회로의 자기저항에 대한 설명으로 틀린 것은?

① 단위는 [AT/Wb] 이다.

② 자기회로의 길이에 반비례한다.

③ 자기회로의 단면적에 반비례한다.

④ 자성체의 비투자율에 반비례한다.

> **풀이** 자기 저항 $R = \dfrac{l}{\mu_0 \mu_s S}$[AT/Wb]이므로 $R \propto l$ 이다.
>
> 즉, **자기 저항은 길이에 비례한다.**

기 17-1

50 자기회로에 관한 설명으로 옳은 것은?

① 자기회로의 자기저항은 자기회로의 단면적에 비례한다.

② 자기회로의 기자력은 자기저항과 자속의 곱과 같다.

③ 자기저항 R_{m1}과 R_{m2}을 직렬연결 시 합성 자기저항은 $\dfrac{1}{R_m} = \dfrac{1}{R_{m1}} + \dfrac{1}{R_{m2}}$이다.

④ 자기회로의 자기저항은 자기회로의 길이에 반비례한다.

> **풀이** ①,④ 자기저항 $R_m = \dfrac{l}{\mu S}$
>
> 즉 자기회로의 자기저항은 자로의 길이 l에 비례하고, 단면적 S 반비례한다.
>
> ② 자기회로의 옴의 법칙 $\phi = \dfrac{NI}{R_m} = \dfrac{F}{R_m}$에서, **기자력 F는** 자기저항 R_m과 자속 ϕ의 곱과 같다.
>
> ③ 자기저항 R_{m1}과 R_{m2}을 직렬연결 시 합성 자기저항은 $R_m = R_{m1} + R_{m2}$가 된다.

기 21-2

51 비투자율이 50인 환상 철심을 이용하여 100[cm] 길이의 자기회로를 구성할 때 자기저항을 2.0×10^7 [AT/Wb] 이하로 하기 위해서는 철심의 단면적을 약 몇 [m²] 이상으로 하여야 하는가?

① 3.6×10^{-4} ② 6.4×10^{-4}

③ 8.0×10^{-4} ④ 9.2×10^{-4}

> **풀이** 자기저항 $R_m = \dfrac{l}{\mu_0 \mu_s S}$[AT/Wb]에서
>
> 단면적 $S = \dfrac{l}{\mu_0 \mu_s R_m} = \dfrac{100 \times 10^{-2}}{4\pi \times 10^{-7} \times 50 \times 2 \times 10^7} = 8.0 \times 10^{-4}$[m²]

정답 49. ② 50. ② 51. ③

52 단면적 S, 길이 l, 투자율 μ인 자성체의 자기회로에 권선을 N회 감아서 I의 전류를 흐르게 할 때 자속은?

① $\dfrac{\mu SI}{Nl}$

② $\dfrac{\mu NI}{Sl}$

③ $\dfrac{NIl}{\mu S}$

④ $\dfrac{\mu SNI}{l}$

풀이 자기회로에 있어서의 옴의 법칙에 의해

$$\phi = \frac{F}{R_m} = \frac{NI}{R_m} = \frac{\mu SNI}{l} \text{ [Wb]}$$

(여기서, 기자력 $F = NI$[AT], 자기저항 $R_m = \dfrac{l}{\mu S}$[AT/Wb])

53 투자율이 μ[H/m], 단면적이 S[m²], 길이가 l[m]인 자성체에 권선을 N회 감아서 I[A]의 전류를 흘렸을 때 이 자성체의 단면적 S[m²]를 통과하는 자속[Wb]은?

① $\mu \dfrac{I}{Nl} S$

② $\mu \dfrac{NI}{Sl}$

③ $\dfrac{NI}{\mu S} l$

④ $\mu \dfrac{NI}{l} S$

풀이 자기회로에 있어서의 옴의 법칙에 의해

$$\phi = \frac{F}{R_m} = \frac{NI}{R_m} = \frac{\mu SNI}{l} \text{ [Wb]}$$

(여기서, 기자력 $F = NI$[AT], 자기저항 $R_m = \dfrac{l}{\mu S}$[AT/Wb])

54 비투자율 1000인 철심이 든 환상솔레노이드의 권수가 600회, 평균지름 20[cm], 철심의 단면적 10[cm²]이다. 이 솔레노이드에 2[A]의 전류가 흐를 때 철심 내의 자속은 약 몇 [Wb]인가?

① 1.2×10^{-3}

② 1.2×10^{-4}

③ 2.4×10^{-3}

④ 2.4×10^{-4}

풀이 $\phi = BS = \mu HS = \mu_0 \mu_s \cdot \dfrac{nI}{2\pi r} \cdot S$ 에서

$$\phi = 4\pi \times 10^{-7} \times 1000 \times \frac{600 \times 2}{2\pi \times \frac{20}{2} \times 10^{-2}} \times 10 \times 10^{-4} = 2.4 \times 10^{-3} \text{ [Wb]}$$

기 21-1, 기 16-1

55 비투자율 800, 원형 단면적 10[cm²], 평균자로의 길이 30[cm]인 환상철심에 600회의 권선을 감은 코일이 있다. 여기에 1[A]의 전류가 흐를 때 코일 내에 생기는 자속은 약 몇 [Wb]인가?

① 1×10^{-3} ② 1×10^{-4}

③ 2×10^{-3} ④ 2×10^{-4}

풀이▶ 환상 솔레노이드의 내부 자속

$$\phi = BS = \mu H \cdot S = \mu \cdot \frac{NI}{2\pi r} \cdot S = \frac{\mu_o \mu_s NIS}{\ell}[\text{Wb}]$$

$$\therefore \phi = \frac{\mu_0 \mu_s NIS}{\ell} = \frac{4\pi \times 10^{-7} \times 800 \times 600 \times 1 \times 10 \times 10^{-4}}{30 \times 10^{-2}} = 2 \times 10^{-3}[\text{Wb}]$$

기 17-2

56 철심이 든 환상 솔레노이드의 권수는 500회, 평균 반지름은 10[cm], 철심의 단면적은 10 [cm²], 비투자율 4000 이다. 이 환상 솔레노이드에 2[A]의 전류를 흘릴 때 철심 내의 자속 [Wb]은?

① 4×10^{-3} ② 4×10^{-4}

③ 8×10^{-3} ④ 8×10^{-4}

풀이▶ $\phi = BS = \mu HS = \mu_0 \mu_s \cdot \frac{nI}{2\pi r} \cdot S$

$$\phi = 4\pi \times 10^{-7} \times 4000 \times \frac{500 \times 2}{2\pi \times 0.1} \times (10 \times 10^{-4}) = 8 \times 10^{-3}[\text{Wb}]$$

기 17-1, 기 22-3, 산기 22-1, 산기 25-2

57 자기회로에서 철심의 투자율을 μ라 하고 회로의 길이를 l이라 할 때 그 회로의 일부에 미소공극 l_g를 만들면 회로의 자기저항은 처음의 몇 배인가? (단, $l_g \ll l$, 즉 $l - l_g \fallingdotseq l$이다.)

① $1 + \frac{\mu l_g}{\mu_0 l}$ ② $1 + \frac{\mu l}{\mu_0 l_g}$

③ $1 + \frac{\mu_0 l_g}{\mu l}$ ④ $1 + \frac{\mu_0 l}{\mu l_g}$

풀이▶ 투자율 μ인 자기저항 $R_\mu = \frac{l}{\mu A}$

여기서, A는 철심의 단면적, 미소 공극은 l_g이므로 철심의 길이는 $l - l_g \fallingdotseq l$ 이라 하면

이때의 자기저항 R_m은

$$R_m = R_1 + R_2 = \frac{l_g}{\mu_0 A} + \frac{l}{\mu A}$$ 이므로

$$\therefore \frac{R_m}{R_\mu} = 1 + \frac{\mu l_g}{\mu_0 l} = 1 + \frac{l_g}{l}\mu_s$$

기 23-3

58 공극을 가진 환형 자기 회로에서 공극 부분의 길이와 투자율은 철심 부분의 것에 각각 0.01배와 0.001배이다. 공극의 자기 저항은 철심 부분의 자기 저항의 몇 배인가? 단, 자기 회로의 단면적은 같다고 본다.

① 9배

② 10배

③ 11배

④ 18.18배

풀이 철심 부분의 자기 저항을 $R_c = \dfrac{l_c}{\mu S}$ 라 하면 공극 부분의 자기 저항 R_g 는

$$R_g = \frac{0.01 l_c}{0.001 \mu S} = 10 \frac{l_c}{\mu S} = 10 R_c$$

기 23-3, 기 16-3

59 철심부의 평균길이가 l_2, 공극의 길이가 l_1 단면적이 S인 자기회로이다. 자속밀도를 B [Wb/m²]로 하기 위한 기자력[AT]은?

① $\dfrac{\mu_0}{B}\left(l_1 + \dfrac{\mu_s}{l_2}\right)$

② $\dfrac{B}{\mu_0}\left(l_2 + \dfrac{l_1}{\mu_s}\right)$

③ $\dfrac{\mu_0}{B}\left(l_2 + \dfrac{\mu_s}{l_1}\right)$

④ $\dfrac{B}{\mu_0}\left(l_1 + \dfrac{l_2}{\mu_s}\right)$

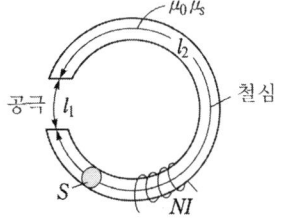

풀이 공극이 있는 경우의 합성자기저항

$$R = R_g + R_c = \frac{l_1}{\mu_0 S} + \frac{l_2}{\mu S}[\text{AT/Wb}]$$

기자력 $F = NI = R\phi = R \cdot BS$[AT]

$$\therefore\ F = \left(\frac{l_1}{\mu_0 S} + \frac{l_2}{\mu S}\right)BS = \frac{B}{\mu_0}\left(l_1 + \frac{l_2}{\mu_s}\right)[\text{AT}]$$

기 20-4

60 자기회로와 전기회로에 대한 설명으로 틀린 것은?

① 자기저항의 역수를 컨덕턴스라 한다.

② 자기회로의 투자율은 전기회로의 도전율에 대응된다.

③ 전기회로의 전류는 자기회로의 자속에 대응된다.

④ 자기저항의 단위는 [AT/Wb] 이다.

풀이▶ 전기회로와 자기회로의 대응

전기회로		자기회로	
기전력	$E[\text{V}]$	기자력	$F_m[\text{AT}]$
전 류	$I[\text{A}]$	자 속	$\phi[\text{Wb}]$
전 계	$E[\text{V/m}]$	자 계	$H[\text{AT/m}]$
전기저항	$R[\Omega]$	자기저항	$R_m[\text{AT/Wb}]$
컨덕턴스	$G[\mho]$	**퍼미언스**	$\dfrac{1}{R_m}[\text{Wb/AT}]$
도전율	$\sigma[\text{S/m}]$	투자율	$\mu[\text{H/m}]$
옴의법칙	$E=IR[\text{V}]$ $\therefore\ I=\dfrac{E}{R}[\text{A}]$	옴의법칙	$F_m=\phi R_m[\text{AT}]$ $\therefore\ \phi=\dfrac{NI}{R_m}[\text{Wb}]$

자기저항의 역수를 퍼미언스(permeance)라 하며, 전기회로의 컨덕턴스에 대응한다.

기 22-1

61 자기회로에서 전기회로의 도전율 $\sigma[\mho/\text{m}]$에 대응되는 것은?

① 자속   ② 기자력

③ 투자율   ④ 자기저항

풀이▶ 자기 회로와 전기 회로의 대응

자기 회로	전기 회로
자속 $\phi[\text{Wb}]$	전류 $I[\text{A}]$
자계 $H[\text{A/m}]$	전계 $E[\text{V/m}]$
기자력 $F[\text{AT}]$	기전력 $U[\text{V}]$
자속 밀도 $B[\text{Wb/m}^2]$	전류 밀도 $i[\text{A/m}^2]$
투자율 $\mu[\text{H/m}]$	**도전율 $\sigma[\mho/\text{m}]$**
자기 저항 $R_m[\text{AT/Wb}]$	전기 저항 $R[\Omega]$

기 23-1, 기 19-2, 기 16-3
62 자기회로와 전기회로의 대응으로 틀린 것은?

① 자속 ↔ 전류　　　　　　　② 기자력 ↔ 기전력

③ 투자율 ↔ 유전율　　　　　④ 자계의 세기 ↔ 전계의 세기

> **풀이** 자기 회로와 전기 회로의 대응

자기 회로	전기 회로
자속 ϕ [Wb]	전류 I [A]
자계 H [A/m]	전계 E [V/m]
기자력 F [AT]	기전력 U [V]
자속 밀도 B [Wb/m^2]	전류 밀도 i [A/m^2]
투자율 μ [H/m]	**도전율 k [℧/m]**
자기 저항 R_m [AT/Wb]	전기 저항 R [Ω]

기 16-2
63 자기회로에서 키르히호프의 법칙에 대한 설명으로 옳은 것은?

① 임의의 결합점으로 유입하는 자속의 대수합은 0이다.

② 임의의 폐자로에서 자속과 기자력의 대수합은 0이다.

③ 임의의 폐자로에서 자기저항과 기자력의 대수합은 0이다.

④ 임의의 폐자로에서 각 부의 자기저항과 자속의 대수합은 0이다.

> **풀이** 자기회로의 키로히호프의 법칙
> ① 자기회로의 결합점에 있어서는 이 **결합점에 유입하는 자속의 총화는 0이다.**
> ② 임의의 폐자로에 있어서 각 부의 자기저항과 자속과의 곱의 합은 폐자로에 있는 기자력의 총화와 같다.

기 18-2
64 자기회로에서 키르히호프의 법칙으로 알맞은 것은?
　（단, R : 자기저항, ϕ : 자속, N : 코일 권수, I : 전류이다.）

① $\displaystyle\sum_{i=1}^{n}\phi_i = \infty$　　　　　　② $\displaystyle\sum_{i=1}^{n}N_i\phi_i = 0$

③ $\displaystyle\sum_{i=1}^{n}R_i\phi_i = \sum_{i=1}^{n}N_iI_i$　　　④ $\displaystyle\sum_{i=1}^{n}R_i\phi_i = \sum_{i=1}^{n}N_iL_i$

> **풀이** 자기회로에서 **키르히호프의 법칙**
> 임의의 폐자로에 있어서 **각 부의 자기저항과 자속과의 곱의 합은 폐자로에 있는 기자력의 총합과 같다.**

기 19-2

65 상이한 매질의 경계면에서 전자파가 만족해야 할 조건이 아닌 것은? (단, 경계면은 두 개의 무손실 매질 사이이다.)

① 경계면의 양측에서 전계의 접선성분은 서로 같다.

② 경계면의 양측에서 자계의 접선성분은 서로 같다.

③ 경계면의 양측에서 자속밀도의 접선성분은 서로 같다.

④ 경계면의 양측에서 전속밀도의 법선성분은 서로 같다.

풀이 • 전계는 접선성분(평행성분)이 같다. ($E_1 \sin\theta_1 = E_2 \sin\theta_2$)
- 자계는 접성성분(평행성분)이 같다. ($H_1 \sin\theta_1 = H_2 \sin\theta_2$)
- **자속밀도의 법선성분(수직성분)이 같다.** ($B_1 \cos\theta_1 = B_2 \cos\theta_2$)
- 전속밀도의 법선성분(수직성분)이 같다. ($D_1 \cos\theta_1 = D_2 \cos\theta_2$)

기 18-3

66 자성체 경계면에 전류가 없을 때의 경계조건으로 틀린 것은?

① 자계 H의 접선성분 $H_{1T} = H_{2T}$

② 자속밀도 B의 법선성분 $B_{1N} = B_{2N}$

③ 경계면에서의 자력선의 굴절 $\dfrac{\tan\theta_1}{\tan\theta_2} = \dfrac{\mu_1}{\mu_2}$

④ 전속밀도 D의 법선성분 $D_{1N} = D_{2N} = \dfrac{\mu_2}{\mu_1}$

풀이 • 자계 세기 H의 접선 성분의 연속성 : $H_1 \sin\theta_1 = H_2 \sin\theta_2 \Rightarrow H_{1T} = H_{2T}$
- 자속 밀도 B의 법선 성분의 연속성 : $B_1 \cos\theta_1 = B_2 \cos\theta_2 \Rightarrow B_{1N} = B_{2N}$
- 굴절각 : $\dfrac{\tan\theta_1}{\tan\theta_2} = \dfrac{\mu_1}{\mu_2}$
- **전속 밀도 D의 법선 성분의 연속성** : $D_1 \cos\theta_1 = D_2 \cos\theta_2 \Rightarrow D_{1N} = D_{2N}$

산기 23-2, 산기 24-1

67 투자율이 각각 μ_1, μ_2인 두 자성체의 경계면에서 자기력선의 굴절의 법칙을 나타낸 식은?

① $\dfrac{\mu_1}{\mu_2} = \dfrac{\sin\theta_1}{\sin\theta_2}$
　　　　　　　　　　② $\dfrac{\mu_1}{\mu_2} = \dfrac{\sin\theta_2}{\sin\theta_1}$

③ $\dfrac{\mu_1}{\mu_2} = \dfrac{\tan\theta_1}{\tan\theta_2}$
　　　　　　　　　　④ $\dfrac{\mu_1}{\mu_2} = \dfrac{\tan\theta_2}{\tan\theta_1}$

> **풀이**　자성체의 경계조건
> ① 자속밀도는 경계면에서 법선성분이 같다.($B_{1n} = B_{2n}$)
> 　$B_1\cos\theta_1 = B_2\cos\theta_2$ ($B_1 = \mu_1 H_1$, $B_2 = \mu_2 H_2$)
> ② 자계의 세기는 경계면에서 접선성분이 같다.($H_{1t} = H_{2t}$)
> 　$H_1\sin\theta_1 = H_2\sin\theta_2$
> ③ 굴절의 법칙 $\dfrac{\tan\theta_1}{\tan\theta_2} = \dfrac{\mu_1}{\mu_2}$

기 23-3

68 매질 1의 $\mu_{s1} = 500$, 매질 2의 $\mu_{s2} = 1000$이다. 매질 2에서 경계면에 대하여 45°의 각도로 자계가 입사한 경우 매질 1에서 경계면과 자계의 각도에 가장 가까운 것은?

① 20°
　　　　　　　　　　② 30°

③ 60°
　　　　　　　　　　④ 80°

> **풀이**　굴절의 법칙
> 　$\dfrac{\tan\theta_1}{\tan\theta_2} = \dfrac{\mu_1}{\mu_2} = \dfrac{\mu_{s1}}{\mu_{s2}}$에서 $\dfrac{\tan\theta_1}{\tan 45°} = \dfrac{500}{1000}$
> 　$\tan\theta_1 = \dfrac{1}{2}\tan 45° = \dfrac{1}{2}$, $\theta_1 = \tan^{-1}\dfrac{1}{2} = 26.57°$

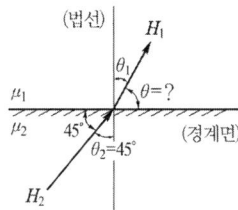

> 그림과 같이 입사각 θ_1과 굴절각 θ_2는 경계면의 법선에 대한 각도를 나타내므로
> 매질1에서 경계면과 이루는 각도
> $\theta = 90° - \theta_1 = 90° - 26.57° = 63.43°$

기 20-3

69 자성체 내의 자계의 세기가 H[AT/m]이고 자속밀도가 B[Wb/m²]일 때, 자계 에너지 밀도 [J/m³]는?

① HB

② $\dfrac{1}{2\mu}H^2$

③ $\dfrac{\mu}{2}B^2$

④ $\dfrac{1}{2\mu}B^2$

풀이 자성체 단위체적 당 저장되는 에너지, 즉 에너지 밀도 w는

$$w = \frac{1}{2}BH = \frac{B^2}{2\mu} = \frac{1}{2}\mu H^2 [\text{J/m}^3] \text{ 이다.}$$

기 22-1, 기 17-3

70 투자율이 μ[H/m], 자계의 세기가 H[AT/m], 자속밀도가 B[Wb/m²]인 곳에서의 자계 에너지 밀도[J/m³]는?

① $\dfrac{B^2}{2\mu}$

② $\dfrac{H^2}{2\mu}$

③ $\dfrac{1}{2}\mu H$

④ BH

풀이 자성체 단위 체적당 저장되는 에너지, 즉 에너지 밀도는

$$w = \frac{BH}{2} = \frac{B^2}{2\mu} = \frac{1}{2}\mu H^2 [\text{J/m}^3] \text{이다.}$$

산기 24-3
71 전자석의 흡인력은 공극(air gap)의 자속밀도를 B라 할 때 다음의 어느 것에 비례하는가?

① B

② $B^{0.5}$

③ $B^{1.6}$

④ $B^{2.0}$

풀이 그림의 N극의 강자성체를 $\triangle x$ 움직일 때의 에너지의 증가 $\triangle W$는(가상 변위의 원리)

$$\triangle W = \frac{1}{2\mu}B^2 \triangle x S - \frac{1}{2\mu_0}B^2 \triangle x S$$

$$F_x = -\frac{\triangle W}{\triangle x} = \left(\frac{B^2}{2\mu_0} - \frac{B^2}{2\mu}\right)S\,[\text{N}]$$

위의 식에서 $\dfrac{B^2}{2\mu_0} \gg \dfrac{B^2}{2\mu}$ 이다.

($\because$ 강자성체에서는 $\mu_0 \ll \mu$).

$\therefore F_x = \dfrac{B^2}{2\mu_0}S\,[\text{N}]$ (흡인력)

또, S극의 강자성체에도 같은 크기의 흡인력이 작용한다.

기 19-3
72 단면적 15 [cm²]의 자석 근처에 같은 단면적을 가진 철편을 놓을 때 그 곳을 통하는 자속이 3×10^{-4} [Wb]이면 철편에 작용하는 흡인력은 약 몇 [N]인가?

① 12.2

② 23.9

③ 36.6

④ 48.8

풀이 자극의 단위 면적당 흡인력 $f = \dfrac{B^2}{2\mu_0}[\text{N/m}^2]$ 이므로

$$\text{전체흡인력 } F = f \times S = \frac{B^2 S}{2\mu_0} = \frac{\left(\frac{\phi}{S}\right)^2 S}{2\mu_0}$$

$$= \frac{\phi^2}{2\mu_0 S} = \frac{(3\times10^{-4})^2}{2\times4\pi\times10^{-7}\times15\times10^{-4}} = 23.87[\text{N}]$$

기 20-3

73 임의의 방향으로 배열되었던 강자성체의 자구가 외부 자기장의 힘이 일정치 이상이 되는 순간에 급격히 회전하여 자기장의 방향으로 배열되고 자속밀도가 증가하는 현상을 무엇이라 하는가?

① 자기 여효(magnetic aftereffect)

② 바크하우젠 효과(Barkhausen effect)

③ 자기왜현상(magneto-striction effect)

④ 핀치 효과(Pinch effect)

> **풀이** ① 자기 여효 : 강자성체에 자기장의 변화를 주었을 때 자화의 변화에 시간적 지연이 생기는 현상
> ② **바크하우젠 효과** : 자성체 내에서 임의의 방향으로 배열되었던 자구가 외부 자장의 힘이 일정값 이상이 되면 순간적으로 회전하여 자장의 방향으로 배열되고 자속밀도가 증가하는 현상
> ③ 자기왜 현상 : 강자성체가 자화될 때 자화와 함께 기계적 변형이 생기는 현상
> ④ 핀치 효과 : 액체 도체에 전류가 흐를 때 액체 도체의 중심을 향해 수축력이 작용하는 현상

기 22-2

74 강자성체의 $B - H$곡선을 자세히 관찰하면 매끈한 곡선이 아니라 자속밀도가 어느 순간 급격히 계단적으로 증가 또는 감소하는 것을 알 수 있다. 이러한 현상을 무엇이라 하는가?

① 퀴리점(Curie point)

② 자왜현상(Magneto-striction)

③ 바크하우젠 효과(Barkhausen effect)

④ 자기 여자효과(Magnetic after effect)

> **풀이** 바크하우젠 효과
> 자성체 내에서 임의의 방향으로 배열되었던 자구가 외부 자장의 힘이 일정치 이상이 되면 순간적으로 회전하여 자장의 방향으로 배열되기 때문에 자속밀도가 증가하는 현상

9 전자유도

1) 전자 유도 전압 $e = -\dfrac{d\Phi}{dt} = -N\dfrac{d\phi}{dt}$ [V]

(1) 렌쯔의 법칙

① 전자유도에 의해 발생하는 기전력은 자속 변화를 방해하는 방향

② 기전력의 방향(−)을 결정

③ 유도기전력의 방향이 −인 것은 전류 및 자속 ϕ의 방향을 +로 정했기 때문

(2) 패러데이 법칙(Faraday's law) 또는 노이만 법칙(Neumann's law)

① 유도 기전력의 크기는 폐회로에 쇄교하는 자속의 시간적 변화율에 비례한다.

② 기전력의 크기를 결정한다.

2) 상호 유도작용에 의한 유기기전력

(1) $e_1 = M\dfrac{d i_2}{d t}$[V]

(2) $e_2 = M\dfrac{d i_1}{d t}$[V] ($M$: 상호인덕턴스)

3) 전자 에너지(electromagnetic energy) 혹은 자계 에너지(magnetic energy)

(1) 회로가 1개일 때 $W_m = \dfrac{1}{2}L I^2$[J]

(2) 회로가 2개일 때 $W_m = \dfrac{1}{2}L_1 I_1^{\ 2} + \dfrac{1}{2}L_2 I_2^{\ 2} \pm M I_1 I_2$[J]

4) 운동 기전력(자속밀도가 변화하지 않고 폐회로가 이동하는 경우)

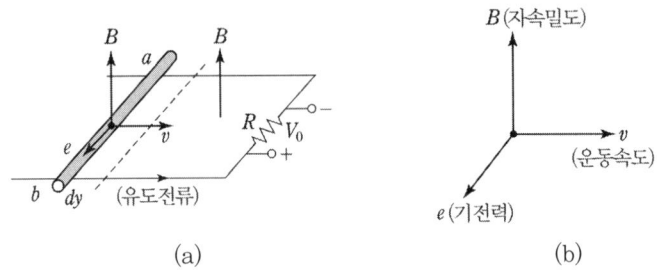

〈운동 도체의 기전력과 플레밍 오른손 법칙〉

$e = Blv\sin\theta\,[\text{V}]$

(B : 자속밀도$[\text{Wb/m}^2]$, l : 도체의 길이$[\text{m}]$, v : 속도$[\text{m/sec}]$)

5) 자속밀도 B에서 반지름 a인 도체가 이동 또는 회전할 때

유기기전력 $e = \dfrac{\omega B a^2}{2} = \dfrac{\omega \mu_0 H a^2}{2} = \dfrac{\left(\dfrac{2\pi N}{60}\right)\mu_0 H a^2}{2} = \dfrac{\pi N \mu_0 H a^2}{60}\,[\text{V}]$

6) 표피효과

전류의 주파수가 증가할수록 도체 내부의 전류밀도가 지수함수적으로 감소되는 현상을 표피효과라 한다.

$\delta = \sqrt{\dfrac{2}{\omega\sigma\mu}} = \sqrt{\dfrac{1}{\pi f \sigma \mu}}\,[\text{m}]$

(δ : 표피두께 또는 침투깊이, f : 주파수, σ : 도전율, μ : 투자율)

따라서, 주파수가 높을수록, 도전율이 높을수록, 투자율이 높을수록 표피 두께 δ가 감소하므로 표피효과는 증대되어 도체의 실효저항이 증가한다.

출제예상문제

기 17-2

01 막대자석 위쪽에 동축도체 원판을 놓고 회로의 한 끝은 원판의 주변에 접촉시켜 회전하도록 해놓은 그림과 같은 패러데이 원판실험을 할 때 검류계에 전류가 흐르지 않는 경우는?

① 자석만을 일정한 방향으로 회전시킬 때
② 원판만을 일정한 방향으로 회전시킬 때
③ 자석을 축 방향으로 전진시킨 후 후퇴시 킬 때
④ 원판과 자석을 동시에 같은 방향, 같은 속도로 회전시킬 때

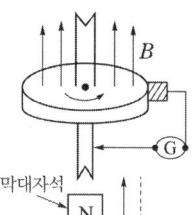

풀이 기전력 $\left(e = -\dfrac{d\phi}{dt}\right)$ 은 자속이 시간적으로 변화가 일어날 때 발생하기 때문에 자속이 자석 또는 원판의 회전에 의해 증감 또는 끊기게 되면 변화가 발생하여 기전력이 발생하고 전류가 흐르게 된다. 그러므로 원판과 자석을 동시에 같은 방향, 같은 속도로 회전시키면 자속의 변화가 발생하지 않으므로 전류가 흐르지 않는다.

기 23-3, 산기 25-2

02 전자유도에 의하여 회로에 발생하는 유도기전력의 크기는 자속 쇄교수의 시간 변화율에 비례한다는 법칙은?

① 패러데이 법칙   ② 렌츠의 법칙
③ 암페어의 주회적분 법칙   ④ 가우스 법칙

풀이 **(1) 패러데이 법칙**
  • 유도기전력의 크기를 결정하는 법칙
  • 유도 기전력의 크기는 폐회로에 쇄교하는 자속의 시간적 변화율에 비례한다.
  • 유도 기전력 $e = -\dfrac{d\Phi}{dt} = -N\dfrac{d\phi}{dt}$[V] (단, $-$부호는 유도기전력의 방향 의미)

(2) 렌츠의 법칙 : 전자유도에서 유도기전력의 방향을 결정하는 법칙($-$부호)
(3) 암페어 주회적분 법칙 : 전류와 자기장의 양적 관계를 나타낸 법칙
$$\oint_c \boldsymbol{H} \cdot dl = I \text{ (폐곡선에 대한 자계의 선적분은 폐곡선 내의 전류와 같다.)}$$
(4) 가우스 법칙 : 전속밀도와 전하량의 관계를 나타낸 법칙
$$\oint_S \boldsymbol{D} \cdot d\boldsymbol{S} = Q \text{ (폐곡면을 관통하는 전속은 폐곡면 내의 전하량과 같다.)}$$

산기 24-1

03 **자장 중에서 도선에 발생되는 유기 기전력의 방향은 어떤 법칙에 의하여 설명되는가?**

① 패러데이(Faraday)의 법칙

② 앙페르(Ampere)의 오른나사 법칙

③ 렌츠(Lenz)의 법칙

④ 가우스(Gauss)의 법칙

풀이 유도 기전력 $e = -\dfrac{d\Phi}{dt} = -N\dfrac{d\phi}{dt}$ [V]에서

- **렌츠의 법칙** : 전자유도에 의해 발생하는 기전력은 자속 변화를 방해하는 방향으로 전류가 발생한다. 이것을 렌츠의 법칙(Lenz's law)이라 하고, **기전력의 방향(−)을 결정**한다.
- **페러데이 법칙** : 유도 기전력의 크기는 폐회로에 쇄교하는 자속의 시간적 변화율에 비례한다.」이것을 패러데이 법칙(Faraday's law) 또는 노이만 법칙(Neumann's law)이라 하며, **기전력의 크기를 결정**한다.

기 18-2, 산기 23-1

04 **다음 (가), (나)에 대한 법칙으로 알맞은 것은?**

> 전자유도에 의하여 회로에 발생되는 기전력은 쇄교 자속수의 시간에 대한 감소비율에 비례한다는 (가)에 따르고 특히, 유도된 기전력의 방향은 (나)에 따른다.

① (가) 패러데이의 법칙   (나) 렌츠의 법칙

② (가) 렌츠의 법칙   (나) 패러데이의 법칙

③ (가) 플레밍의 왼손법칙   (나) 패러데이의 법칙

④ (가) 패러데이의 법칙   (나) 플레밍의 왼손법칙

풀이 유도기전력 $e = -n\dfrac{d\phi}{dt}$

① **패러데이 법칙 : 유도기전력의 크기 결정**

(유도기전력의 크기는 권선수 n 및 쇄교하는 자속의 시간적 변화율 $\dfrac{d\phi}{dt}$ 에 비례)

② 렌쯔의 법칙 : 유도기전력의 방향 결정 ("−" 부호 : 자속변화를 방해하는 방향)

기 17-1
05 폐회로에 유도되는 유도기전력에 관한 설명으로 옳은 것은?

① 유도기전력은 권선수의 제곱에 비례한다.

② 렌츠의 법칙은 유도기전력의 크기를 결정하는 법칙이다.

③ 자계가 일정한 공간 내에서 폐회로가 운동하여도 유도기전력이 유도된다.

④ 전계가 일정한 공간 내에서 폐회로가 운동하여도 유도기전력이 유도된다.

> **풀이**   유도기전력 $e = -n\dfrac{d\phi}{dt}$
>
>   ① 패러데이 법칙 : 유도기전력의 크기 결정(권선수 n 및 $\dfrac{d\phi}{dt}$에 비례)
>
>   ② 렌즈의 법칙 : 유도기전력의 방향 결정 ("−" 부호 : 자속변화를 방해하는 방향)
>
>   ③ 유도기전력의 유도는 쇄교자속의 변화율이므로 자계 변화, 도체 회로 운동 또는 자계 변화 및 폐회로 운동이 된다.

산기 23-3
06 10 [V]의 기전력을 유기시키려면 5초간에 몇 [Wb]의 자속을 끊어야 하는가?

① 2   ② 10

③ 25   ④ 50

> **풀이**   패러데이 법칙 $e = \dfrac{d\phi}{dt}$에서
>
> $10 = \dfrac{d\phi}{5}$이므로 $d\phi = 10 \times 5 = 50[\text{Wb}]$

산기 22-2
07 저항 10[Ω]의 코일을 지나는 자속이 $\phi = 5\sin 10\,t$[A]일 때, 유도기전력에 의한 전류[A]의 최대값은?

① 1[A]   ② 2[A]

③ 5[A]   ④ 10[A]

> **풀이** $\phi = \phi_m \sin\omega t$ 일 때
>
> $$e = -\frac{d\phi}{dt} = -\omega\phi_m\cos\omega t = \omega\phi_m\sin\left(\omega t - \frac{\pi}{2}\right) = E_m\sin\left(\omega t - \frac{\pi}{2}\right)$$
>
> 따라서, $E_m = \omega\phi_m$, $\phi_m = 5$, $\omega = 10$ 이므로
>
> $E_m = 10 \times 5 = 50[\text{V}]$
>
> $\therefore I_m = \dfrac{E_m}{R} = \dfrac{50}{10} = 5[\text{A}]$

기 22-3

08 정현파 자속의 주파수를 3배로 높이면 유기기전력은?

① 2배로 감소   ② 2배로 증가

③ 3배로 감소   ④ 3배로 증가

풀이 유기기전력

$$e = -\omega N\phi_m \sin(\omega t - \pi) = -2\pi f N\phi_m \sin(\omega t - \pi) \text{에서}$$

$$e \propto f$$

따라서, 주파수를 3배로 높이면 유기기전력은 3배로 증가한다.

기 20-1,2

09 자속밀도 $B[\text{Wb/m}^2]$의 평등 자계 내에서 길이 $l[\text{m}]$인 도체 ab가 속도 $v[\text{m/s}]$로 그림과 같이 도선을 따라서 자계와 수직으로 이동할 때, 도체 ab에 의해 유기된 기전력의 크기 $e[\text{V}]$와 폐회로 abcd 내 저항 R에 흐르는 전류의 방향은? (단, 폐회로 abcd 내 도선 및 도체의 저항은 무시한다.)

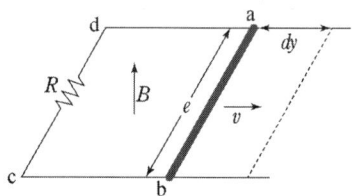

① $e = B\,l\,v$, 전류 방향 : c → d

② $e = B\,l\,v$, 전류 방향 : d → c

③ $e = B\,l\,v^2$, 전류 방향 : c → d

④ $e = B\,l\,v^2$, 전류 방향 : d → c

풀이 자속밀도가 변화하지 않고 폐회로가 이동하는 경우 유도기전력

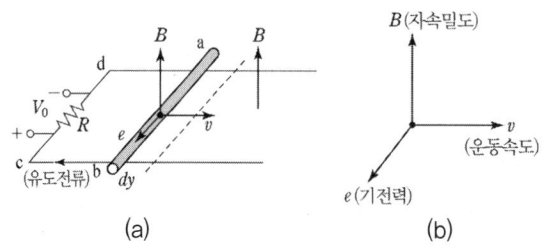

〈운동 도체의 기전력과 플레밍 오른손 법칙〉

① 유도 기전력 $e = B\,l\,v[\text{V}]$

② 전류방향은 플레밍의 오른손 법칙에 의해 a → b → c → d 방향으로 흐른다.

10 기 23-2

0.2 [Wb/m²]의 평등 자계 속에 자계와 직각 방향으로 놓인 길이 90 [cm]의 도선을 자계와 30° 방향으로 50 [m/s]의 속도로 이동시킬 때 도체 양단에 유기되는 기전력은 몇 [V]인가?

① 0.45[V]

② 0.9[V]

③ 4.5[V]

④ 9.0[V]

풀이 $e = Blv\sin\theta = 0.2 \times 0.9 \times 50 \times \sin 30° = 4.5[V]$

11 기 18-1

자속밀도 10[Wb/m²] 자계 중에 10[cm] 도체를 자계와 30°의 각도로 30[m/s]로 움직일 때, 도체에 유기되는 기전력은 몇 [V] 인가?

① 15

② $15\sqrt{3}$

③ 1500

④ $1500\sqrt{3}$

풀이 $e = vBl\sin\theta = 30 \times 10 \times 0.1 \times \sin 30° = 15[V]$

12 기 21-2

자속밀도가 10[Wb/m²]인 자계 중에 10[cm] 도체를 자계와 60°의 각도로 30[m/s]로 움직일 때, 이 도체에 유기되는 기전력은 몇 [V]인가?

① 15

② $15\sqrt{3}$

③ 1500

④ $1500\sqrt{3}$

풀이 유기기전력

$e = Blv\sin\theta = 10 \times (10 \times 10^{-2}) \times 30 \times \sin 60° = 15\sqrt{3}[V]$

정답 10. ③ 11. ① 12. ②

기 20-4, 기 16-1

13 자속밀도가 10[Wb/m²]인 자계 내에 길이 4[cm]의 도체를 자계와 직각으로 놓고 이 도체를 0.4초 동안 1 [m]씩 균일하게 이동하였을 때 발생하는 기전력은 몇 [V]인가?

① 1

② 2

③ 3

④ 4

풀이 속도 $v = \dfrac{L}{t} = \dfrac{1}{0.4} = 2.5$[m/sec]

유기 기전력 $e = Blv\sin\theta$에서

$\therefore \ e = 10 \times 4 \times 10^{-2} \times 2.5 \times \sin 90° = 1$[V]

기 17-1

14 자계와 직각으로 놓인 도체에 I[A]의 전류를 흘릴 때 f[N]의 힘이 작용하였다. 이 도체를 v [m/s]의 속도로 자계와 직각으로 운동시킬 때의 기전력 e[V]는?

① $\dfrac{fv}{I^2}$

② $\dfrac{fv}{I}$

③ $\dfrac{fv^2}{I}$

④ $\dfrac{fv}{2I}$

풀이 도체가 받는 힘 $f = IBl\sin\theta$[N]에서 **도체가 자계와 직각**이므로 $\sin 90° = 1$

따라서, $Bl = \dfrac{f}{I}$ $\therefore$ 유기전압 $e = vBl = \dfrac{fv}{I}$[V]

산기 25-1

15 자속밀도 0.5[Wb/m²]인 균일한 자장 내에 반지름 10[cm], 권수 1000[회]인 원형코일이 매 분 1800 회전할 때 이 코일의 저항이 100[Ω]일 경우 이 코일에 흐르는 전류의 최대값[A]은 약 몇 [A]인가?

① 14.4

② 23.5

③ 29.6

④ 43.2

풀이 유기기전력 $e = \omega nSB\sin\omega t = E_m\sin\omega t$ 에서

유기기전력의 최대값 $E_m = \omega nSB$ [V]

(참고로 $\omega = \dfrac{d\theta}{dt} = 2\pi \times \dfrac{N}{60}$, 여기서 N은 분당회전수[rpm], $S = \pi r^2$)

따라서, $E_m = 2\pi \times \dfrac{1800}{60} \times 1000 \times \pi \times 0.1^2 \times 0.5 = 2960.88$[V]

이때 흐르는 최대전류 $I_m = \dfrac{E_m}{R} = \dfrac{2960.88}{100} = 29.6$[A]

기 16-2

16 표피효과에 대한 설명으로 옳은 것은?

① 주파수가 높을수록 침투깊이가 얇아진다.

② 투자율이 크면 표피효과가 적게 나타난다.

③ 표피효과에 따른 표피저항은 단면적에 비례한다.

④ 도전율이 큰 도체에는 표피효과가 적게 나타난다.

풀이 전류의 주파수가 증가할수록 도체 내부의 전류밀도가 지수함수적으로 감소되는 현상을 표피효과라 한다.

$$\delta = \sqrt{\frac{2}{\omega\sigma\mu}} = \sqrt{\frac{1}{\pi f\sigma\mu}} \ [m]$$

여기서, $\sigma[\mho/m]$: 도전율

$\mu = 4\pi \times 10^{-7}[H/m]$: 투자율

δ : 표피두께(skin depth) 또는 침투깊이

따라서, **주파수가 높을수록**, 도전율이 높을수록, 투자율이 높을수록 **표피 두께 δ가(침투 깊이) 감소**하므로 표피효과는 증대되어 도체의 실효저항이 증가한다.

기 22-1

17 어떤 도체에 교류 전류가 흐를 때 도체에서 나타나는 표피 효과에 대한 설명으로 틀린 것은?

① 도체 중심부보다 도체 표면부에 더 많은 전류가 흐르는 것을 표피 효과라 한다.

② 전류의 주파수가 높을수록 표피 효과는 작아진다.

③ 도체의 도전율이 클수록 표피 효과는 커진다.

④ 도체의 투자율이 클수록 표피 효과는 커진다.

풀이 전류의 주파수가 증가할수록 도체 내부의 전류밀도가 지수함수적으로 감소되는 현상을 표피효과라 한다.

$$\delta = \sqrt{\frac{2}{\omega\sigma\mu}} = \sqrt{\frac{1}{\pi f\sigma\mu}} \ [m]$$

여기서, $\sigma[\mho/m]$: 도전율,

$\mu = 4\pi \times 10^{-7}[H/m]$: 투자율

δ : 표피두께(skin depth) 또는 침투깊이

따라서, **주파수가 높을수록, 도전율이 높을수록, 투자율이 높을수록 표피 두께 δ가 감소하므로 표피효과는 증대되어 도체의 실효저항이 증가한다.**

18 도전율 σ, 투자율 μ인 도체에 교류전류가 흐를 때 표피효과의 영향에 대한 설명으로 옳은 것은?

기 16-3

① σ가 클수록 작아진다.   ② μ가 클수록 작아진다.

③ μ_s가 클수록 작아진다.   ④ 주파수가 높을수록 커진다.

풀이 표피 효과 깊이

$$\delta = \sqrt{\frac{2}{\omega\sigma\mu}} = \sqrt{\frac{1}{\pi f \sigma \mu}} \text{ [m] 이므로}$$

f(주파수), σ(도전율), μ(투자율) 가 클수록 δ가 작게 되어 표피 효과가 심해진다.

기 19-3

19 도전도 $k = 6 \times 10^{17}[\mho/\text{m}]$, 투자율 $\mu = \frac{6}{\pi} \times 10^{-7}[\text{H/m}]$인 평면도체 표면에 10[kHz]의 전류가 흐를 때, 침투깊이 δ[m]는?

① $\frac{1}{6} \times 10^{-7}$ ② $\frac{1}{8.5} \times 10^{-7}$

③ $\frac{36}{\pi} \times 10^{-6}$ ④ $\frac{36}{\pi} \times 10^{-10}$

풀이 $\delta = \sqrt{\dfrac{2}{\omega\sigma\mu}} = \sqrt{\dfrac{1}{\pi f \sigma \mu}}$

여기서, σ : 도전율[$\mho$/m]

μ : 투자율[H/m]

δ : 표피두께(skin depth) 또는 침투깊이[m]

$$\therefore \ \delta = \sqrt{\frac{1}{\pi f \sigma \mu}} = \sqrt{\frac{1}{\pi \times 10 \times 10^3 \times 6 \times 10^{17} \times \frac{6}{\pi} \times 10^{-7}}} = \frac{1}{6} \times 10^{-7}[\text{m}]$$

기 20-3

20 주파수가 100[MHz]일 때 구리의 표피두께(skin depth)는 약 몇 [mm]인가? (단, 구리의 도전율은 $5.9 \times 10^7[\mho/\text{m}]$ 이고, 비투자율은 0.99 이다.)

① 3.3×10^{-2} ② 6.6×10^{-2}

③ 3.3×10^{-3} ④ 6.6×10^{-3}

풀이 $\delta = \sqrt{\dfrac{2}{\omega\mu\sigma}} = \sqrt{\dfrac{1}{\pi f \mu \sigma}} = \dfrac{1}{\sqrt{\pi \times 100 \times 10^6 \times 4\pi \times 10^{-7} \times 0.99 \times 5.9 \times 10^7}}$

$= 6.6 \times 10^{-3}\,[\text{mm}]$

여기서, δ : 표피 두께 또는 침투 깊이

$\mu_0 = 4\pi \times 10^{-7}[\text{H/m}]$: 투자율

σ : 도전율, f : 주파수

10 인덕턴스

1) 자기유도 작용에 의해 발생하는 기전력의 크기

$$e = -L\frac{dI}{dt}\,[\text{V}]$$

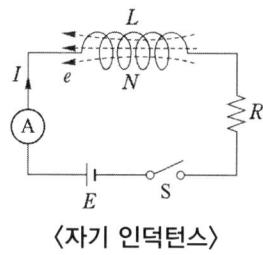

〈자기 인덕턴스〉

2) 전자유도 작용에 의해 발생하는 기전력의 크기

$$e = -\frac{d\Phi}{dt} = -N\frac{d\phi}{dt}\,[\text{V}]$$

3) 쇄교 자속수 $\Phi\,(=N\phi)$와 자기 인덕턴스 L과의 관계

$$N\phi = LI \qquad \therefore\quad L = \frac{N\phi}{I}\,[\text{Wb/A}]\ \text{또는}\ [\text{H}]$$

4) 자기 인덕턴스(L)와 상호 인덕턴스(M)의 부호

(1) 자기 인덕턴스란 항상 정(+)의 값을 갖는다.

(2) 두 코일에 흐르는 전류가 만드는 자속이 같은 방향이면 정(+)의 값을, 반대 방향이면 부 (−)의 값을 갖는다.

(3) 인덕턴스의 단위 $[\text{henry}] = [\dfrac{\text{volt}}{\text{ampere}} \cdot \sec] = [\Omega \cdot \sec]$

5) 자기 인덕턴스 L을 구하는 방법

(1) 자속 쇄교법 $\quad L = \dfrac{N\phi}{I}\,[\text{H}]$

(2) 자기 에너지법 $\quad L = \displaystyle\int_{v} \boldsymbol{B} \cdot \boldsymbol{H}\,dv\,[\text{H}]$

(3) 벡터 포텐셜법 $\quad L = \dfrac{1}{I^2}\displaystyle\int_{v} \boldsymbol{A} \cdot \boldsymbol{J}\,dv = \dfrac{1}{I}\displaystyle\int_{s} \boldsymbol{B} \cdot ds = \dfrac{\phi}{I}\,[\text{H}]$

(4) 정전 용량법 $\quad LC = \dfrac{\phi}{I} \times \dfrac{Q}{V} = \mu\epsilon$ 에서 $L = \dfrac{\mu\epsilon}{C}\,[\text{H}]$

6) 자기인덕턴스 계산 예

(1) 환상 솔레노이드 : $L = \dfrac{\mu S N^2}{l}$[H]

    (S : 단면적[m^2], l : 길이[m], N : 권수)

(2) 직선 솔레노이드 : $L = \dfrac{\mu S N^2}{l}$[H]

(3) 무한장 솔레노이드의 단위길이당 자기 인덕턴스 : $L = \mu S n^2$[H/m]

    (n : 단위길이당 권수)

(4) 원형 코일 : $L = \dfrac{\pi a \mu N^2}{2}$[H] ($a$: 반지름[m])

(5) 동축 케이블

    ① 내부 인덕턴스 : $L_i = \dfrac{\mu}{8\pi}$[H/m]

    ② 외부 인덕턴스 : $L_e = \dfrac{\mu_0}{2\pi} \ln \dfrac{b}{a}$[H/m] ($a$: 내경의 반지름, b : 외경의 반지름)

    ③ 전 인덕턴스 : $L = L_e + L_i = \dfrac{\mu_0}{2\pi} \ln \dfrac{b}{a} + \dfrac{\mu}{8\pi}$[H/m]

(6) 평행 왕복 도체

    ① 선간의 자기 인덕턴스 $L_0 = \dfrac{\phi}{I} = \dfrac{\mu_0}{\pi} \ln \dfrac{d}{a}$[H/m]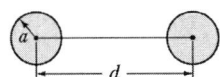

    ② 도체 내부에서의 자기인덕턴스 $L_i = \dfrac{\mu}{8\pi}$[H/m]

    ③ 전 인덕턴스 $L = \dfrac{\mu_0}{\pi} \ln \dfrac{d}{a} + 2 \times \dfrac{\mu}{8\pi} = \dfrac{\mu_0}{\pi} \ln \dfrac{d}{a} + \dfrac{\mu}{4\pi}$[H/m]

7) 상호 인덕턴스

(1) $M_{12} = \dfrac{N_2 \, \phi_1}{I_1}$ (2) $M_{21} = \dfrac{N_1 \, \phi_2}{I_2}$

8) 상호인덕턴스에 의해 유기되는 기전력

$e_2 = - N_2 \dfrac{d\phi_1}{dt} = - M \dfrac{dI_1}{dt}$[V]

9) 자기인덕턴스와 상호인덕턴스의 관계

(1) 누설자속이 없는 경우 $M^2 = L_1 L_2$ 가 된다. ∴ $M = \sqrt{L_1 L_2}$

(2) 누설자속이 있는 경우 $k = \dfrac{M}{\sqrt{L_1 L_2}}$ 또는 $M = k\sqrt{L_1 L_2}$ (k : 결합계수)

(3) 자기인덕턴스 $L_1 = \dfrac{N_1 \phi_1}{I_1} = \dfrac{N_1}{I_1} \cdot \dfrac{N_1 I_1}{R_m} = \dfrac{N_1^2}{R_m}$[H]

(4) 누설자속이 없는 경우 상호인덕턴스

　① $M_{12} = M_{21} = M = \dfrac{N_1 N_2}{R_m}$[H]

　② $M = \dfrac{N_2}{N_1} L_1$[H] 가 된다.

(5) 결합계수($0 \leq k \leq 1$)

　① $k = 0$: 자기적 결합이 전혀 되지 않음 ($M = 0$)

　② $0 < k < 1$: 일반적인 자기 결합 상태 ($M = k\sqrt{L_1 L_2}$)

　③ $k = 1$: 완전한 자기 결합 ($M = \sqrt{L_1 L_2}$)

(6) C_1, C_2의 두 폐회로간의 상호 인덕턴스를 구하는 노이만 공식

$$M = \frac{\mu}{4\pi} \oint_{c2} \oint_{c1} \frac{dl_1 \cdot dl_2}{r}$$

10) 자기적 결합(유도 결합)을 갖는 인덕턴스의 직렬 접속

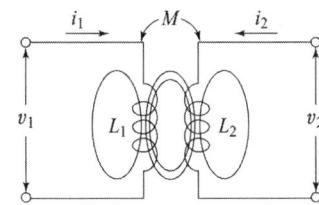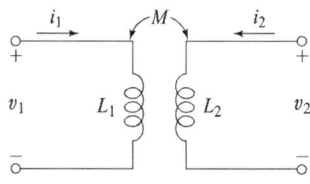

(1) 1, 2차 코일에 유도되는 전압 v_1, v_2

　• $v_1 = L_1 \dfrac{di_1}{dt} \pm M \dfrac{di_2}{dt}$

　• $v_2 = L_2 \dfrac{di_2}{dt} \pm M \dfrac{di_1}{dt}$

　(여기서, $L_1 \dfrac{di_1}{dt}$, $L_2 \dfrac{di_2}{dt}$: 자기유도전압 , $\pm M \dfrac{di_2}{dt}$, $\pm M \dfrac{di_1}{dt}$: 상호유도전압)

(2) 상호 유도 전압의 극성

- 자속이 같은 방향 : $+ M\dfrac{d\,i_2}{dt}$

- 자속이 반대 방향 : $- M\dfrac{d\,i_2}{dt}$

(3) 유도결합회로의 등가 인덕턴스

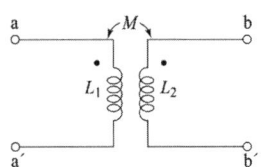

〈유도결합회로〉

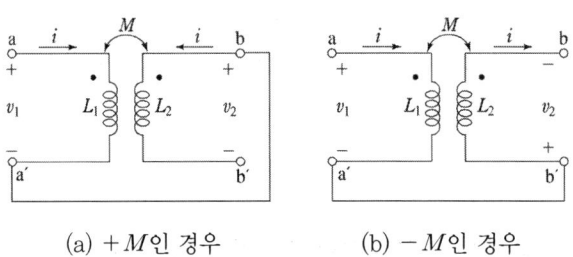

(a) $+M$인 경우   (b) $-M$인 경우

〈유도결합회로의 직렬연결〉

① $M > 0$일 때의 등가 인덕턴스 L^+ (L_1, L_2에 흐르는 전류가 같은 방향)

$L^+ = L_1 + L_2 + 2M$

② $M < 0$일 때의 등가 인덕턴스 L^- (L_1, L_2에 흐르는 전류가 반대방향)

$L^- = L_1 + L_2 - 2M$

③ 상호 인덕턴스 $M = \dfrac{L^+ - L^-}{4}$

출제예상문제

기 19-2, 산기 24-1

01 자기인덕턴스의 성질을 옳게 표현한 것은?

① 항상 0 이다.

② 항상 정(正)이다.

③ 항상 부(負)이다.

④ 유도되는 기전력에 따라 정(正)도 되고 부(負)도 된다.

풀이 자기 인덕턴스란 자신의 회로에 단위 전류가 흐를 때의 자속쇄교수를 말하며 **항상 정(+)의 값을 갖는다.** 반면에 상호 인덕턴스는 두 회로 사이의 관계로 두 코일에 흐르는 전류가 만드는 자속이 같은 방향이면 정(+)의 값을, 반대 방향이면 부(−)의 값을 갖는다.

기 22-1

02 인덕턴스[H]의 단위를 나타낸 것으로 틀린 것은?

① $\Omega \cdot s$

② Wb/A

③ J/A^2

④ $N/(A \cdot m)$

풀이 $e = -N \dfrac{d\phi}{dt} = -L \dfrac{di}{dt}$ 이므로

$$[V] = \left[\frac{Wb}{s} \right] = \left[H \cdot \frac{A}{s} \right]$$

$$\therefore \ [H] = \left[\frac{Wb}{A} \right] = \left[\frac{V}{A} \cdot s \right] = [\Omega \cdot s] = \left[\frac{VAs}{A^2} \right] = \left[\frac{J}{A^2} \right]$$

03 인덕턴스의 단위와 같지 않은 것은? (여기서, [Wb] : 자속의 단위, [A] : 전류의 단위, [V] : 전압의 단위, [J] : 에너지의 단위, [s] : 시간의 단위 이다.)

① $\left[\dfrac{J}{A} \cdot \dfrac{1}{s}\right]$ ② $\left[\dfrac{V}{A} \cdot s\right]$

③ $\left[\dfrac{Wb}{A}\right]$ ④ $\left[\dfrac{J}{A^2}\right]$

풀이 $e = -N\dfrac{d\phi}{dt} = -L\dfrac{di}{dt}$ 이므로

$$[V] = \left[\dfrac{Wb}{s}\right] = \left[H \cdot \dfrac{A}{s}\right]$$

$$\therefore [H] = \left[\dfrac{Wb}{A}\right] = \left[\dfrac{V}{A} \cdot s\right] = \left[\dfrac{VAs}{A^2}\right] = \left[\dfrac{J}{A^2}\right]$$

04 인덕턴스의 단위[H]와 같지 않은 것은?

① $J/A \cdot s$ ② $\Omega \cdot s$

③ Wb/A ④ $J/A2$

풀이 $e = -N\dfrac{d\phi}{dt} = -L\dfrac{di}{dt}$ 이므로

$$[V] = \left[\dfrac{Wb}{s}\right] = \left[H \cdot \dfrac{A}{s}\right]$$

$$\therefore [H] = \left[\dfrac{Wb}{A}\right] = \left[\dfrac{V}{A} \cdot s\right] = [\Omega \cdot s] = \left[\dfrac{VAs}{A^2}\right] = \left[\dfrac{J}{A^2}\right]$$

05 그림 (a)의 인덕턴스에 전류가 그림 (b)와 같이 흐를 때 2초에서 6초 사이의 인덕턴스 전압 V_L[V]은?

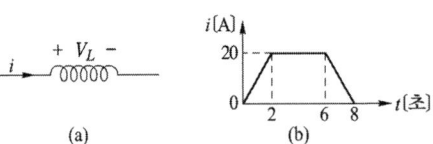

(a)   (b)

① 0   ② 5

③ 10   ④ −5

풀이 $2 \leq t \leq 6$인 구간에서는 전류의 변화 $\left(\dfrac{di}{dt}\right)$가 없으므로 $V_L = 0$이다. $\left(V_L = -L\dfrac{di}{dt}\right)$

기 22-3

06 자기인덕턴스가 20[mH]인 코일에 0.2[s] 동안 전류가 100[A]로 변할 때 코일에 유기되는 기전력[V]은 얼마인가?

① 10 ② 20

③ 30 ④ 40

풀이 유기 기전력 $e = L \dfrac{di}{dt} = 20 \times 10^{-3} \times \dfrac{100}{0.2} = 10[\text{V}]$

기 16-1

07 인덕턴스가 20[mH]인 코일에 흐르는 전류가 0.2[초] 동안에 2[A] 변화했다면 자기유도현상에 의해 코일에 유기되는 기전력은 몇 [V]인가?

① 0.1 ② 0.2

③ 0.3 ④ 0.4

풀이 유기기전력 $e = L \dfrac{di}{dt} = 20 \times 10^{-3} \times \dfrac{2}{0.2} = 0.2[\text{V}]$

산기 23-3, 산기 25-2

08 다음 중 인덕턴스의 공식이 옳은 것은? (단, N은 권수, I는 전류, l은 철심의 길이, R_m은 자기저항, μ는 투자율, S는 철심 단면적이다.)

① $\dfrac{NI}{R_m}$ ② $\dfrac{N^2}{R_m}$

③ $\dfrac{\mu NS}{l}$ ④ $\dfrac{\mu_o NIS}{l}$

풀이 • 자기회로의 옴의 법칙 $\phi = \dfrac{F}{R_m} = \dfrac{NI}{R_m}$

 • $N\phi = LI$에서 $L = \dfrac{N\phi}{I} = \dfrac{N}{I} \cdot \dfrac{NI}{R_m} = \dfrac{N^2}{R_m}[\text{H}]$

산기 25-3

09 자기 회로의 자기 저항이 일정할 때 코일의 권수를 1/2로 줄이면 자기 인덕턴스는 원래의 몇 배가 되는가?

① $\dfrac{1}{\sqrt{2}}$ 배

② $\dfrac{1}{2}$ 배

③ $\dfrac{1}{4}$ 배

④ $\dfrac{1}{8}$ 배

풀이 ▶ $L = \dfrac{N^2}{R}$ 에서 자기 저항이 일정한 경우

인덕턴스는 권수의 자승에 비례하므로

$$L' = \left(\dfrac{1}{2}\right)^2 L = \dfrac{1}{4}L$$

기 16-3

10 반지름이 a[m]이고 단위 길이에 대한 권수가 n인 무한장 솔레노이드의 단위 길이당 자기 인덕턴스는 몇 [H/m]인가?

① $\mu\pi a^2 n^2$

② $\mu\pi a n$

③ $\dfrac{an}{2\mu\pi}$

④ $4\mu\pi a^2 n^2$

풀이 ▶ $L = \dfrac{N\phi}{I} = \dfrac{N}{I} \cdot \dfrac{NI}{R_m} = \dfrac{N^2}{R_m} = \dfrac{N^2}{\dfrac{l}{\mu s}} = \dfrac{\mu s N^2}{l} = \dfrac{\mu s (nl)^2}{l} = \mu s n^2 l$ [H]

∴ 단위 길이당 $L_0 = \mu s n^2 = \mu\pi a^2 n^2$[H/m]

11 자기 인덕턴스(self inductance) L[H]을 나타낸 식은? (단, N은 권선수, I는 전류[A], ϕ는 자속[Wb], B는 자속밀도[Wb/m^2], H는 자계의 세기[Wb/m], A는 벡터 퍼텐셜[Wb/m], J는 전류밀도[A/m^2] 이다.)

① $L = \dfrac{N\phi}{I^2}$

② $L = \dfrac{1}{2I^2}\displaystyle\int \boldsymbol{B} \cdot \boldsymbol{H}\, dv$

③ $L = \dfrac{1}{I^2}\displaystyle\int \boldsymbol{A} \cdot \boldsymbol{J}\, dv$

④ $L = \dfrac{1}{I}\displaystyle\int \boldsymbol{B} \cdot \boldsymbol{H}\, dv$

풀이 ① $N\phi = LI$ $\quad\therefore\ L = \dfrac{N\phi}{I}$

② 자계 에너지 밀도 $w = \dfrac{1}{2}\boldsymbol{B} \cdot \boldsymbol{H}$[J/m^3]이므로 자계 에너지는

$$W = \frac{1}{2}\int_v \boldsymbol{B} \cdot \boldsymbol{H}\, dv\,[\text{J}]$$

$$W = \frac{1}{2}LI^2\,[\text{J}], \quad \frac{1}{2}LI^2 = \frac{1}{2}\int_v \boldsymbol{B} \cdot \boldsymbol{H}\, dv$$

$$\therefore\ L = \frac{1}{I^2}\int_v \boldsymbol{B} \cdot \boldsymbol{H}\, dv$$

③ 인덕턴스 L은 $\boldsymbol{B} = \nabla \times \boldsymbol{A}$ 와 $\nabla \times \boldsymbol{H} = \boldsymbol{J}$를 적용하면

$$L = \frac{1}{I^2}\int_v \boldsymbol{B} \cdot \boldsymbol{H}\, dv = \frac{1}{I^2}\int_v (\nabla \times \boldsymbol{A}) \cdot \boldsymbol{H}\, dv$$

$$= \frac{1}{I^2}\int_v \boldsymbol{A} \cdot (\nabla \times \boldsymbol{H})\, dv = \frac{1}{I^2}\int_v \boldsymbol{A} \cdot \boldsymbol{J}\, dv$$

④ ②의 풀이 결과와 같이 인덕턴스는 $L = \dfrac{1}{I^2}\displaystyle\int_v \boldsymbol{B} \cdot \boldsymbol{H}\, dv$

기 20-1,2

12 자기유도계수 L의 계산 방법이 아닌 것은? (단, N : 권수, ϕ : 자속[Wb], I : 전류[A], A : 벡터 퍼텐셜[Wb/m], i : 전류밀도[A/m^2], B : 자속밀도[Wb/m^2], H : 자계의 세기[AT/m]이다.)

① $L = \dfrac{N\phi}{I}$

② $L = \dfrac{\displaystyle\int_v A \cdot i \, dv}{I^2}$

③ $L = \dfrac{\displaystyle\int_v B \cdot H dv}{I^2}$

④ $L = \dfrac{\displaystyle\int_v A \cdot i \, dv}{I}$

풀이 ① 자기 에너지법 : $W = \dfrac{1}{2} L I^2$ $\therefore L = \dfrac{2W}{I^2}$

② 자속 쇄교법 : $N\phi = LI$ $\therefore L = \dfrac{N\phi}{I}$

③ 벡터 포텐셜법 :

$$W = \frac{1}{2} \int_v B \cdot H dv = \frac{1}{2} \int_v A \cdot i \, dv = \frac{1}{2} L I^2$$

$$\therefore L = \frac{\displaystyle\int_v B \cdot H dv}{I^2} = \frac{\displaystyle\int_v A \cdot i \, dv}{I^2}$$

산기 24-1

13 반지름 a[m]인 전선을 지상 h[m] 높이에 지면에 나란하게 가설했을 때의 단위 길이당 자기유도계수 L [H/m]은? (단, 도선의 투자율은 μ [H/m]이다.)

① $\dfrac{\mu}{4\pi} + \dfrac{\mu_0}{2\pi} \ln \dfrac{2h}{a}$

② $\dfrac{\mu}{4\pi} + \dfrac{\mu_0}{\pi} \ln \dfrac{2h}{a}$

③ $\dfrac{\mu}{8\pi} + \dfrac{\mu_0}{2\pi} \ln \dfrac{2h}{a}$

④ $\dfrac{\mu}{8\pi} + \dfrac{\mu_0}{\pi} \ln \dfrac{2h}{a}$

풀이 전선에 전류 I가 흐를 때 지면에 대칭적으로 영상전류 $(-I)$를 생각하고, 대지를 제거하여 전선과 영상간의 전류, 즉 평행왕복 도체의 자기 인덕턴스와 같다. 즉, 간격 d, 반지름 a인 평행왕복 도체의 한 선당 단위길이에 대한 자기 인덕턴스는

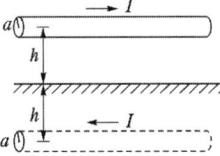

$$L = \frac{\mu}{8\pi} + \frac{\mu_0}{2\pi} \ln \frac{d}{a}$$

여기서, $d = 2h$ 이므로

$$\therefore L = \frac{\mu}{8\pi} + \frac{\mu_0}{2\pi} \ln \frac{2h}{a}$$

산기 23-2

14 어느 철심에 도선을 250회 감고 여기에 4[A]의 전류를 흘릴 때 발생하는 자속이 0.02[Wb]이 었다. 이 코일의 자기인덕턴스는 몇 [H]인가?

① 1.05   ② 1.25

③ 2.5   ④ $\sqrt{2}\,\pi$

풀이 쇄교 자속수 $\Phi = N\phi = LI$ 에서

자기 인덕턴스 $L = \dfrac{N\phi}{I} = \dfrac{250 \times 0.02}{4} = 1.25$[H]

기 19-3, 기 18-3, 기 16-2

15 단면적 $S[\text{m}^2]$, 단위 길이당 권수가 n_0[회/m]인 무한히 긴 솔레노이드의 자기인덕턴스[H/m] 는?

① $\mu S n_0$ ② $\mu S n_0^2$

③ $\mu S^2 n_0$ ④ $\mu S^2 n_0^2$

풀이 자속 $\phi = BS = \mu HS = \mu n_0 IS$

단위 길이당 자기인덕턴스 $L = \dfrac{n_0\phi}{I} = \dfrac{n_0}{I}\mu n_0 IS = \mu n_0^2 S$[H/m]

(여기서, a : 반지름[m], n_0 : 단위 길이당 권수[회/m])

기 18-3

16 그 양이 증가함에 따라 무한장 솔레노이드의 자기인덕턴스 값이 증가하지 않는 것은 무엇인 가?

① 철심의 반경   ② 철심의 길이

③ 코일의 권수   ④ 철심의 투자율

풀이 자속 $\phi = BS = \mu HS = \mu n I \pi a^2$

단위 길이당 자기인덕턴스 $L = \dfrac{n\phi}{I} = \dfrac{n}{I}\mu n I \pi a^2 = \mu \pi a^2 n^2$[H/m]

(여기서, a : 반지름[m], n : 단위 길이당 권수)

따라서, 단위 길이당 자기 인덕턴스는 **철심의 길이**와는 무관하다.

산기 23-1

17 그림과 같이 일정한 권선이 감겨진 권회수 N회, 단면적 $S[m^2]$, 평균자로의 길이 $l[m]$인 환상 솔레노이드에 전류 $I[A]$를 흘렸을 때 이 환상솔레노이드의 자기인덕턴스[H]는?
(단, 환상철심의 투자율은 μ이다.)

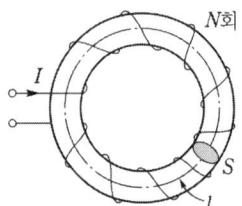

① $\dfrac{\mu^2 N}{l}$

② $\dfrac{\mu SN}{l}$

③ $\dfrac{\mu^2 SN}{l}$

④ $\dfrac{\mu SN^2}{l}$

풀이 $L = \dfrac{N\phi}{I} = \dfrac{N\dfrac{NI}{R_m}}{I} = \dfrac{N^2}{R_m} = \dfrac{\mu SN^2}{l}[H]$

기 19-2

18 어떤 환상 솔레노이드의 단면적이 S이고, 자로의 길이가 l, 투자율이 μ라고 한다. 이 철심에 균등하게 코일을 N회 감고 전류를 흘렸을 때 자기 인덕턴스에 대한 설명으로 옳은 것은?

① 투자율 μ에 반비례한다.

② 권선수 N^2에 비례한다.

③ 자로의 길이 l에 비례한다.

④ 단면적 S에 반비례한다.

풀이 철심을 통하는 자속은

$\phi = BS = \mu HS = \mu \dfrac{NI}{l} S = \dfrac{\mu SNI}{l}[Wb]$이므로,

$N\phi = LI$ 에서

$L = \dfrac{N\phi}{I} = \dfrac{N \cdot \dfrac{\mu SNI}{l}}{I} = \dfrac{\mu SN^2}{l}[H]$

따라서 **자기 인덕턴스는 투자율 μ, 단면적 S, 권선수 N^2에 비례**하고 자로의 길이 l에 반비례한다.

기 21-1

19 환상 솔레노이드의 단면적이 S, 평균 반지름이 r, 권선수가 N이고 누설자속이 없는 경우 자기 인덕턴스의 크기는?

① 권선수 및 단면적에 비례한다.

② 권선수의 제곱 및 단면적에 비례한다.

③ 권선수의 제곱 및 평균 반지름에 비례한다.

④ 권선수의 제곱에 비례하고 단면적에 반비례한다.

풀이 철심을 통하는 자속은

$$\phi = BS = \mu HS = \mu \frac{NI}{l} S = \frac{\mu S N I}{l} \text{[Wb] 이므로,}$$

$N\phi = LI$ 에서

$$L = \frac{N\phi}{I} = \frac{N \cdot \dfrac{\mu S N I}{l}}{I} = \frac{\mu S N^2}{l} \text{[H]}$$

따라서, **자기 인덕턴스는 투자율 μ, 단면적 S, 권선수 N^2에 비례하고 자로의 길이 l에 반비례한다.**

산기 24-2

20 단면적 S, 평균 반지름 r, 권선수 N인 토로이드 코일에 누설 자속이 없는 경우 자기 인덕턴스의 크기는?

① 권선수의 제곱에 비례하고 단면적에 반비례한다.

② 권선수 및 단면적에 비례한다.

③ 권선수의 제곱 및 단면적에 비례한다.

④ 권선수의 제곱 및 평균 반지름에 비례한다.

풀이

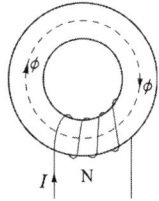

자기인덕턴스 $L = \dfrac{\mu S N^2}{l}$

기 18-2

21 N회 감긴 환상코일의 단면적이 $S[\text{m}^2]$이고 평균 길이가 $l[\text{m}]$이다. 이 코일의 권수를 2배로 늘이고 인덕턴스를 일정하게 하려고 할 때, 다음 중 옳은 것은?

① 길이를 2배로 한다.

② 단면적을 $\dfrac{1}{4}$로 한다.

③ 비투자율을 $\dfrac{1}{2}$배로 한다.

④ 전류의 세기를 4배로 한다.

풀이 코일의 자기 인덕턴스 $L = \dfrac{\mu S N^2}{l}[\text{H}]$이므로

권수를 2로 하면 L은 $(2)^2 = 4$배로 되므로

단면적 S를 $\dfrac{1}{4}$배 또는 길이 l을 4배로 하면 인덕턴스 L은 일정하게 된다.

기 22-2

22 평균 자로의 길이가 10[cm], 평균 단면적이 2[cm²]인 환상 솔레노이드의 자기 인덕턴스를 5.4[mH] 정도로 하고자 한다. 이때 필요한 코일의 권선수는 약 몇 회인가? (단, 철심의 비투자율은 15000이다.)

① 6   ② 12

③ 24   ④ 29

풀이 $LI = N\phi$ 에서

$$L = \frac{N}{I} \cdot \phi = \frac{N}{I} \cdot \frac{\mu S N I}{l} = \frac{\mu S N^2}{l}[\text{H}]$$

$$\therefore N = \sqrt{\frac{Ll}{\mu S}} = \sqrt{\frac{Ll}{\mu_0 \mu_s S}}$$

$$= \sqrt{\frac{5.4 \times 10^{-3} \times 10 \times 10^{-2}}{4\pi \times 10^{-7} \times 15000 \times 2 \times 10^{-4}}} = 11.97회$$

산기 23-1, 산기 22-2

23 반지름 a[m]되는 도선의 1 [m]당 내부 자기인덕턴스는 몇 [H/m]인가?

① $\dfrac{\mu}{8\pi}$ ② $\dfrac{\mu}{4\pi}$

③ $\dfrac{\mu a}{8\pi}$ ④ $\dfrac{\mu a}{4\pi}$

풀이 · 단위 길이 당 자계 에너지 $W=\dfrac{\mu I^2}{16\pi}$[J/m]

· 단위 길이 당 내부 인덕턴스 $L_i=\dfrac{2W}{I^2}=\dfrac{2}{I^2}\times\dfrac{\mu I^2}{16\pi}=\dfrac{\mu}{8\pi}$[H/m]

기 18-1

24 균일하게 원형단면을 흐르는 전류 I[A]에 의한, 반지름 a[m], 길이 l[m], 비투자율 μ_s인 원통 도체의 내부 인덕턴스는 몇 [H] 인가?

① $10^{-7}\mu_s l$ ② $3\times10^{-7}\mu_s l$

③ $\dfrac{1}{4a}\times10^{-7}\mu_s l$ ④ $\dfrac{1}{2}\times10^{-7}\mu_s l$

풀이 원형 도체 내부의 인덕턴스

$$L_i=\dfrac{\mu}{8\pi}\cdot l=\dfrac{\mu_0\mu_s}{8\pi}\cdot l=\dfrac{4\pi\times10^{-7}}{8\pi}\times\mu_s\times l=\dfrac{1}{2}\times10^{-7}\times\mu_s l[\text{H}]$$

기 18-2

25 내부도체의 반지름이 a[m]이고, 외부도체의 내반지름이 b[m], 외반지름이 c[m]인 동축케이블의 단위 길이당 자기 인덕턴스는 몇 [H/m]인가?

① $\dfrac{\mu_0}{2\pi}\ln\dfrac{b}{a}$ ② $\dfrac{\mu_0}{\pi}\ln\dfrac{b}{a}$

③ $\dfrac{2\pi}{\mu_0}\ln\dfrac{b}{a}$ ④ $\dfrac{\pi}{\mu_0}\ln\dfrac{b}{a}$

풀이 $d\phi=B\cdot dr=\mu_0 H\cdot dr=\dfrac{\mu_0 I}{2\pi r}dr$ $(\because H=\dfrac{I}{2\pi r})$

$$\phi=\int_a^b d\phi=\dfrac{\mu_0 I}{2\pi}\int_a^b\dfrac{1}{r}\cdot dr=\dfrac{\mu_0 I}{2\pi}\ln\dfrac{b}{a}$$

$$\therefore L=\dfrac{\phi}{I}=\dfrac{\mu_0}{2\pi}\ln\dfrac{b}{a}[\text{H/m}]$$

기 17-2

26 내부도체 반지름이 10[mm], 외부도체의 내반지름이 20[mm]인 동축케이블에서 내부도체 표면에 전류 I가 흐르고, 얇은 외부도체에 반대방향인 전류가 흐를 때 단위 길이당 외부 인덕턴스는 약 몇 [H/m] 인가?

① 0.28×10^{-7}

② 1.39×10^{-7}

③ 2.03×10^{-7}

④ 2.78×10^{-7}

풀이▶ 동축 케이블의 단위 길이당 외부 인덕턴스

$$L = \frac{\mu_0}{2\pi} \ln \frac{b}{a} = \frac{4\pi \times 10^{-7}}{2\pi} \ln \frac{20 \times 10^{-3}}{10 \times 10^{-3}} = 1.39 \times 10^{-7} [\text{H/m}]$$

산기 22-3

27 내경의 반지름이 1 [mm], 외경의 반지름이 3 [mm]인 동축케이블의 단위 길이 당 인덕턴스는 약 몇 [μH/m]인가? (단, 이 때 $\mu_r = 1$이며, 내부 인덕턴스는 무시한다.)

① $0.1\,[\mu\text{H/m}]$

② $0.2\,[\mu\text{H/m}]$

③ $0.3\,[\mu\text{H/m}]$

④ $0.4\,[\mu\text{H/m}]$

풀이▶ 동축케이블의 외부인덕턴스 L은

$$L = \frac{\phi}{I} = \frac{\mu_0}{2\pi} \ln \frac{b}{a} [\text{H/m}]에서$$

$$L = \frac{4\pi \times 10^{-7}}{2\pi} \ln \frac{3}{1} = 0.2 \times 10^{-6} [\text{H/m}] = 0.2 [\mu\text{H/m}]$$

기 21-3, 기 18-3

28 자기인덕턴스 L_1, L_2와 상호인덕턴스 M 사이의 결합계수는? (단, 단위는 [H] 이다.)

① $\dfrac{M}{L_1 L_2}$

② $\dfrac{L_1 L_2}{M}$

③ $\dfrac{M}{\sqrt{L_1 L_2}}$

④ $\dfrac{\sqrt{L_1 L_2}}{M}$

풀이▶ 결합 계수 $k = \dfrac{M}{\sqrt{L_1 L_2}}$

29
자기 인덕턴스와 상호 인덕턴스와의 관계에서 결합계수 k의 범위는?

① $0 \le k \le \dfrac{1}{2}$ 　　　　② $0 \le k \le 1$

③ $1 \le k \le 2$ 　　　　④ $1 \le k \le 10$

풀이　**결합계수**$(0 \le k \le 1)$
- $k = 0$: 자기적 결합이 전혀 되지 않음 $(M = 0)$
- $0 < k < 1$: 일반적인 자기 결합 상태 $(M = k\sqrt{L_1 L_2})$
- $k = 1$: 완전한 자기 결합 $(M = \sqrt{L_1 L_2})$

30
크기가 동일한 자기 인덕턴스 2개가 직렬로 연결되어 있다. 상호 인덕턴스가 9[mH]이고, 결합계수가 0.9일 때 얻을 수 있는 합성 인덕턴스의 최댓값은?

① 32 　　　　② 34

③ 36 　　　　④ 38

풀이　결합계수 $k = 0.9$이고, 자기 인덕턴스 크기가 동일하므로 $L_1 = L_2 = L$이라 하면
상호 인덕턴스 $M = k\sqrt{L_1 L_2} = k\sqrt{L^2} = 0.9L = 9$[mH]
$\therefore\ L = L_1 = L_2 = 10$[mH]
$L_{+\,\mathrm{MAX}} = L_1 + L_2 + 2M = 10 + 10 + 2 \times 9 = 38$[mH]

31
10 [mH] 인덕턴스 2개가 있다. 결합계수를 0.1로부터 0.9까지 변화시킬 수 있다면 이것을 직렬 접속시켜 얻을 수 있는 합성인덕턴스의 최대값과 최소값의 비는?

① 9 : 1 　　　　② 13 : 1

③ 16 : 1 　　　　④ 19 : 1

풀이　결합 계수 $\alpha = 0.9$일 때 합성 인덕턴스 최대값 $L_0{}'$와 최소값 L_0의 비가 가장 크므로,
$L_0 = L_1 + L_2 \pm 2\alpha\sqrt{L_1 L_2}$ 에서
최대 : $L_0{}' = 10 + 10 + 2 \times 0.9\sqrt{10 \times 10} = 38$
최소 : $L_0 = 10 + 10 - 2 \times 0.9\sqrt{10 \times 10} = 2$
$\therefore$ 최대와 최소의 비는 $38 : 2 = 19 : 1$

정답　29. ② 30. ④ 31. ④

산기 25-2

32 두 개의 코일 a, b가 있다. 두 개를 직렬로 접속 하였더니 합성 인덕턴스가 119[mH]이었고, 극성을 반대로 접속하였더니 합성 인덕턴스가 11[mH]이었다. 코일 a의 자기 인덕턴스가 20[mH]라면 결합계수 k는 얼마인가?

① 0.6   ② 0.7

③ 0.8   ④ 0.9

풀이

$$L_a + L_b + 2M = 119 \qquad \cdots\cdots \text{①}$$
$$L_a + L_b - 2M = 11 \qquad \cdots\cdots \text{②}$$

식 ① - ②에서

$$M = \frac{119 - 11}{4} = \frac{108}{4} = 27[\text{mH}]$$

식 ①에서 $L_b = 119 - 2M - L_a = 119 - 2 \times 27 - 20 = 45[\text{mH}]$

$$\therefore\ k = \frac{M}{\sqrt{L_a L_b}} = \frac{27}{\sqrt{20 \times 45}} = 0.9$$

산기 24-1

33 자기인덕턴스가 각각 L_1, L_2인 두 코일을 서로 간섭이 없도록 병렬로 연결했을 때 그 합성 인덕턴스는?

① $L_1 + L_2$ ② $L_1 \cdot L_2$

③ $\dfrac{L_1 + L_2}{L_1 \cdot L_2}$ ④ $\dfrac{L_1 \cdot L_2}{L_1 + L_2}$

풀이   병렬 접속

- 가극성 $L = \dfrac{L_1 L_2 - M^2}{L_1 + L_2 - 2M}$

- 감극성 $L = \dfrac{L_1 L_2 - M^2}{L_1 + L_2 + 2M}$

간섭이 없도록 병렬로 연결하면 $M = 0$ 이므로

$$L = \frac{L_1 L_2}{L_1 + L_2}$$

기 22-1

34 단면적이 균일한 환상철심에 권수 1000회인 A 코일과 권수 N_B회인 B 코일이 감겨져 있다. A 코일의 자기 인덕턴스가 100[mH]이고, 두 코일 사이의 상호 인덕턴스가 20[mH]이고, 결합계수가 1일 때, B 코일의 권수(N_B)는 몇 회인가?

① 100

② 200

③ 300

④ 400

풀이 결합계수가 1일 때, 즉 누설자속이 없는 경우

상호인덕턴스 $M = \dfrac{N_B L_A}{N_A} = \dfrac{N_A L_B}{N_B}$에서

$$N_B = \dfrac{M}{L_A} \times N_A = \dfrac{20}{100} \times 1000 = 200회$$

기 21-2

35 단면적이 균일한 환상철심에 권수 N_A인 A코일과 권수 N_B인 B코일이 있을 때, B코일의 자기 인덕턴스가 L_A[H]라면 두 코일의 상호 인덕턴스[H]는? (단, 누설자속은 0이다.)

① $\dfrac{L_A N_A}{N_B}$

② $\dfrac{L_A N_B}{N_A}$

③ $\dfrac{N_A}{L_A N_B}$

④ $\dfrac{N_B}{L_A N_A}$

풀이

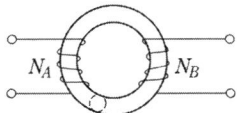

$R = \dfrac{N_A^2}{L_B} = \dfrac{N_A N_B}{M}$에서

자기 인덕턴스 $L_A = \dfrac{N_B^2}{R}$[H]

상호 인덕턴스 $M = \dfrac{N_A N_B}{R}$[H]

위의 두 식에서 R을 소거하면

∴ $M = \dfrac{L_A N_A}{N_B}$[H]

기 21-3, 산기 25-3

36 그림과 같이 단면적 S[m²]가 균일한 환상철심에 권수 N_1인 A 코일과 권수 N_2인 B 코일이 있을 때, A 코일의 자기 인덕턴스가 L_1[H]이라면 두 코일의 상호 인덕턴스 M[H]는? (단, 누설자속은 0이다.)

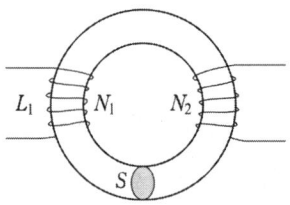

① $\dfrac{L_1 N_2}{N_1}$

② $\dfrac{N_2}{L_1 N_1}$

③ $\dfrac{L_1 N_1}{N_2}$

④ $\dfrac{N_1}{L_1 N_2}$

풀이 $R = \dfrac{N_1^2}{L_1} = \dfrac{N_1 N_2}{M}$에서

자기 인덕턴스 $L_1 = \dfrac{N_1^2}{R}$[H]

상호 인덕턴스 $M = \dfrac{N_1 N_2}{R}$[H]

위의 두 식에서 R을 소거하면

∴ $M = \dfrac{L_1 N_2}{N_1}$[H]

기 23-3, 기 19-1

37 환상철심에 권수 3000회 A코일과 권수 200회 B코일이 감겨져 있다. A코일의 자기 인덕턴스가 360 [mH]일 때 A, B 두 코일의 상호 인덕턴스는 몇 [mH]인가? (단, 결합계수는 1이다.)

① 16

② 24

③ 36

④ 72

풀이 결합계수가 1일 때, 즉 누설자속이 없는 경우

상호인덕턴스 $M = \dfrac{N_B L_A}{N_A} = \dfrac{N_A L_B}{N_B}$에서

$M = \dfrac{N_B L_A}{N_A} = \dfrac{200 \times 360}{3000} = 24$[mH]

38 기 22-2
단면적이 균일한 환상철심에 권수 100회인 A코일과 권수 400회인 B코일이 있을 때 A코일의 자기 인덕턴스가 4[H]라면 두 코일의 상호 인덕턴스는 몇 [H]인가? (단, 누설자속은 0이다.)

① 4   ② 8

③ 12   ④ 16

풀이 $L = \dfrac{\mu S N^2}{l}$ 에서 $L \propto N^2$ 이므로

$$L_A : L_B = N_A^2 : N_B^2 \text{ 에서 } L_B = L_A \left(\frac{N_B}{N_A}\right)^2$$

상호 인덕턴스 $M = \sqrt{L_A L_B} = \sqrt{L_A \times L_A \left(\dfrac{N_B}{N_A}\right)^2} = L_A \times \dfrac{N_B}{N_A}$

$$\therefore \ M = 4 \times \frac{400}{100} = 16\,[\text{H}]$$

(∵ 누설자속이 0 이므로 결합계수는 1이 된다.)

39 기 18-1
그림과 같이 단면적 $S = 10[\text{cm}^2]$, 자로의 길이 $l = 20\pi[\text{cm}]$, 비투자율 $\mu_s = 1000$인 철심에 $N_1 = N_2 = 100$인 두 코일을 감았다. 두 코일 사이의 상호인덕턴스는 몇 [mH]인가?

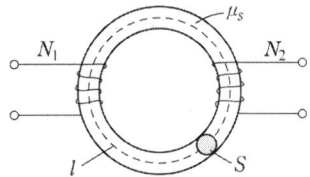

① 0.1   ② 1

③ 2   ④ 20

풀이 상호 인덕턴스

$$M_{21} = M_{12} = M = \frac{N_2 \phi_{21}}{I_1} = \frac{N_1 \phi_{12}}{I_2} = \frac{N_1 N_2}{R_m} = \frac{\mu S N_1 N_2}{l}\,[\text{H}]$$

에서

$$M = \frac{4\pi \times 10^{-7} \times 1000 \times 10 \times 10^{-4} \times 100 \times 100}{20\pi \times 10^{-2}} = 0.02[\text{H}] = 20[\text{mH}]$$

산기 22-2

40 코일 A 및 코일 B가 있다. 코일 A의 전류가 $\dfrac{1}{30}$초간에 10 [A] 변화할 때 코일 B에 10 [V]의 기전력을 유도한다고 한다. 이때의 상호인덕턴스는 몇 [H]인가?

① $\dfrac{1}{0.3}$

② $\dfrac{1}{3}$

③ $\dfrac{1}{30}$

④ $\dfrac{1}{300}$

풀이 상호유도 작용에 의하여 유기되는 기전력은

$$e_B = M\frac{di_A}{dt} \text{에서} \quad M = e_B \frac{dt}{di_A} = 10 \times \frac{\frac{1}{30}}{10} = \frac{1}{30}[\text{H}]$$

기 19-3, 기 16-1, 산기 22-3

41 송전선의 전류가 0.01[초] 사이에 10[kA] 변화될 때 이 송전선에 나란한 통신선에 유도되는 유도전압은 몇 [V]인가? (단, 송전선과 통신선 간의 상호유도계수는 0.3[mH] 이다.)

① 30

② 3×10^2

③ 3×10^3

④ 3×10^4

풀이 유도전압 $e = M\dfrac{di(t)}{dt} = 0.3 \times 10^{-3} \times \dfrac{10 \times 10^3}{0.01} = 3 \times 10^2[\text{V}]$

기 17-2, 산기 22-3

42 서로 결합하고 있는 두 코일 C_1과 C_2의 자기인덕턴스가 각각 L_{c1}, L_{c2}라고 한다. 이 둘을 직렬로 연결하여 합성인덕턴스 값을 얻은 후 두 코일간 상호인덕턴스의 크기($|M|$)를 얻고자 한다. 직렬로 연결할 때, 두 코일간 자속이 서로 가해져서 보강되는 방향의 합성인덕턴스의 값이 L_1, 서로 상쇄되는 방향의 합성인덕턴스의 값이 L_2일 때, 다음 중 알맞은 식은?

① $L_1 < L_2$, $|M| = \dfrac{L_2 + L_1}{4}$

② $L_1 > L_2$, $|M| = \dfrac{L_1 + L_2}{4}$

③ $L_1 < L_2$, $|M| = \dfrac{L_2 - L_1}{4}$

④ $L_1 > L_2$, $|M| = \dfrac{L_1 - L_2}{4}$

풀이 자속이 같은 방향인 경우의 합성 인덕턴스

$$L_1 = L_{c1} + L_{c2} + 2M \cdots\cdots ①$$

자속이 반대 방향인 경우의 합성 인덕턴스

$$L_2 = L_{c1} + L_{c2} - 2M \cdots\cdots ②$$

따라서, $L_1 > L_2$이고 ① - ② 를 하면

$$L_1 - L_2 = 4M \qquad \therefore M = \frac{L_1 - L_2}{4}$$

43 자기인덕턴스가 10[H]인 코일에 3[A]의 전류가 흐를 때 코일에 축적된 자계에너지는 몇 [J]인 가?

① 30 ② 45

③ 60 ④ 90

풀이 $W = \dfrac{1}{2}LI^2 = \dfrac{1}{2} \times 10 \times 3^2 = 45\,[\text{J}]$

44 4[A] 전류가 흐르는 코일과 쇄교하는 자속수가 4[Wb] 이다. 이 전류 회로에 축적되어 있는 자 기 에너지[J]는?

① 4 ② 2

③ 8 ④ 16

풀이 쇄교 자속수 $N\phi$가 4[Wb]이므로 $N\phi = LI$ 에서

$$L = \frac{N\phi}{I} = \frac{4}{4} = 1\,[\text{H}]$$

$$\therefore\ W = \frac{1}{2}LI^2 = \frac{1}{2} \times 1 \times 4^2 = 8[\text{J}]$$

45 정전용량 5[μF]인 콘덴서를 200[V]로 충전하여 자기인덕턴스 20[mH], 저항 0[Ω]인 코일을 통해 방전할 때 생기는 전기진동 주파수는 약 몇 [Hz]이며, 코일에 축적되는 에너지는 몇 [J] 인가?

① 50[Hz], 1[J] ② 500[Hz], 0.1[J]

③ 500[Hz], 1[J] ④ 5000[Hz], 0.1[J]

풀이 • 진동 주파수

$$f = \frac{1}{2\pi\sqrt{LC}} = \frac{1}{2 \times 3.14\sqrt{20 \times 10^{-3} \times 5 \times 10^{-6}}} = 503 \fallingdotseq 500[\text{Hz}]$$

• 코일에 축적되는 에너지

$$W = \frac{1}{2}CV^2 = \frac{1}{2} \times 5 \times 10^{-6} \times 200^2 = 0.1[\text{J}]$$

정답 43. ② 44. ③ 45. ②

기 20-1,2

46 그림에서 $N=1000$회, $l=100$[cm], $S=10$[cm²]인 환상 철심의 자기 회로에 전류 $I=10$[A]를 흘렸을 때 축적되는 자계 에너지는 몇 [J]인가? (단, 비투자율 $\mu_r=100$ 이다.)

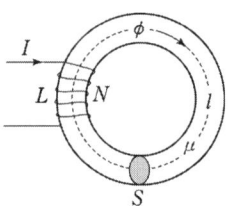

① $2\pi \times 10^{-3}$ ② $2\pi \times 10^{-2}$

③ $2\pi \times 10^{-1}$ ④ 2π

풀이 ▶ 단면적 S, 투자율 μ, 권수 N인 환상철심에 전류 I를 흘린 경우

자속 $\phi = BS = \mu HS = \mu \dfrac{NI}{l} S = \dfrac{\mu SNI}{l}$[Wb]

$N\phi = LI$ 에서 자기인덕턴스 $L = \dfrac{N\phi}{I} = \dfrac{\mu SN^2}{l}$[H] 이므로

$L = \dfrac{\mu_0 \mu_r SN^2}{l} = \dfrac{4\pi \times 10^{-7} \times 100 \times 10 \times 10^{-4} \times 1000^2}{100 \times 10^{-2}} = 4\pi \times 10^{-2}$[H]

∴ 축적되는 자계에너지

$W = \dfrac{1}{2} LI^2 = \dfrac{1}{2} \times 4\pi \times 10^{-2} \times 10^2 = 2\pi$[J]

기 23-1

47 그림과 같은 회로에서 스위치를 최초 A에 연결하여 일정전류 I_o [A]를 흘린 다음, 스위치를 급히 B로 전환할 때 저항 R[Ω]에는 1 [s]간에 얼마만한 열량[cal]이 발생하는가?

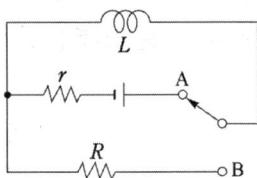

① $\dfrac{1}{8.4} LI_o^2$ ② $\dfrac{1}{4.2} LI_o^2$

③ $\dfrac{1}{2} LI_o^2$ ④ LI_o^2

풀이 ▶ 코일 L에 축적된 에너지 $W = \dfrac{1}{2} L I_o^2$[J]이 저항에서 열로 소모되므로

$W = \dfrac{1}{2} LI_o^2$[J] $= \dfrac{1}{4.2} \times \dfrac{1}{2} LI_o^2 = \dfrac{1}{8.4} L I_o^2$ ($\because$ 1[J]$= \dfrac{1}{4.2}$[cal])

정답 46. ④ 47. ①

11 전자계

1) 변위 전류 및 변위 전류 밀도는 시간적으로 변화하는 전속 밀도에 의한 전류를 말한다.

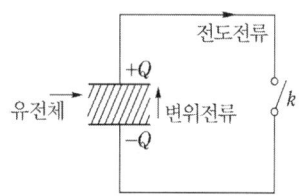

$$i_d = \frac{\partial D}{\partial t} \ [\text{A/m}^2] \quad (D : \text{전속밀도})$$

2) 콘덴서의 전극 사이에 흐르는 전류

(1) 전도 전류 : $+Q$ 에서 $-Q$ 로 흐른다.

(2) 변위 전류 : $-Q$ 에서 $+Q$ 로 흐른다.

3) 변위전류는 전도전류와 마찬가지로그 주위에 자계를 발생시키고 그 크기와 방향은 비오사바르 법칙이나 암페어의 주회적분 법칙을 따른다.

(1) 변위 전류 밀도 $i_d = \frac{\partial D}{\partial t} = \frac{\epsilon}{d} \omega V_m \sin\left(\omega t + \frac{\pi}{2}\right)[\text{A/m}^2]$

(2) 변위 전류 $I_d = i_d S = \frac{\epsilon S}{d} \omega V_m \cos \omega t = \frac{\epsilon S}{d} \omega V_m \sin\left(\omega t + \frac{\pi}{2}\right)[\text{A}]$

4) 유전체 중에서의 변위전류밀도

$$i_d = \epsilon_0 \frac{\partial E}{\partial t} + \frac{\partial P}{\partial t}[\text{A/m}^2]$$

여기서, E : 전계의 세기, P : 분극의 세기

유전체 중의 변위 전류=진공 중의 전계 변화에 의한 변위 전류 + 구속 전자의 변위에 의한 분극 전류

5) 전도전류와 변위전류의 크기가 같게 되는 임계주파수

$$f_c = \frac{\sigma}{2\pi\epsilon}$$

여기서, σ : 도전율, ϵ : 유전율

6) 임의의 주파수 f에서의 유전체 손실각

$$\tan\theta = \frac{i_c}{i_d} = \frac{f_c}{f}$$

7) 시변계에서의 전계의 세기

$$E = -\operatorname{grad} V - \frac{\partial A}{\partial t}$$

E = 전하에 의한 전계 + 자계의 시간적 변화에 따른 전계

(단, A는 벡터 퍼텐셜, V는 전위, H는 자계의 세기)

8) 전자계의 파동방정식

⑴ 전계 $\nabla^2 E = \epsilon \mu \dfrac{\partial^2 E}{\partial t^2}$

⑵ 자계 $\nabla^2 H = \epsilon \mu \dfrac{\partial^2 H}{\partial t^2}$

⑶ 전자파의 특징

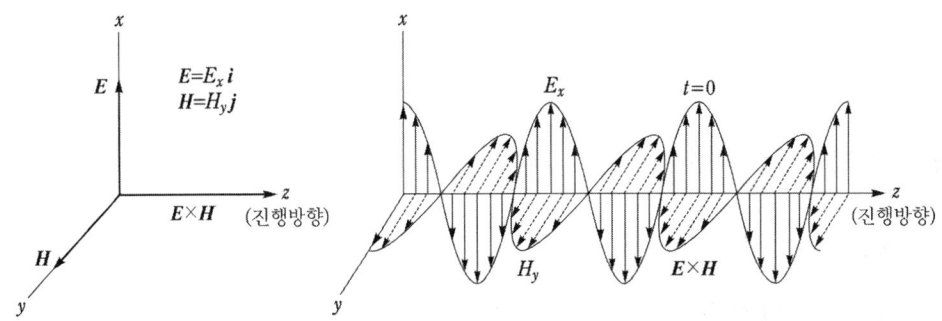

평면파의 전파와 자파의 상호 관계

① **전계와 자계는 공존**하면서 **상호 직각 방향으로 진동**을 한다.
② 진공 또는 완전유전체에서 **전계와 자계의 파동의 위상차**는 없다.
③ 전자파 **전달 방향**은 $E \times H$ 방향이다.
④ **전계 E와 자계 H의 비**는 $\dfrac{E_x}{H_y} = \sqrt{\dfrac{\mu}{\epsilon}}$
⑤ 자유공간인 경우 동일 전원에서 나오는 **전파는 자파보다 377배**($E = 377\,H$)로 매우
    크기 때문에 **자파를 간단히 전파**(electric wave)라고도 한다.

9) 특성임피던스 η : 전계 E와 자계 H의 비

$$\eta = \frac{E_x}{H_y} = \sqrt{\frac{\mu}{\epsilon}}$$

⑴ 진공의 고유 임피던스　$\eta_0 = \frac{E}{H} = \sqrt{\frac{\mu_0}{\epsilon_0}} = 377 \, [\Omega]$

⑵ 매질의 고유 임피던스　$\eta = \frac{E}{H} = \sqrt{\frac{\mu}{\epsilon}} = \sqrt{\frac{\mu_0}{\epsilon_0}} \cdot \sqrt{\frac{\mu_s}{\epsilon_s}} = 377 \sqrt{\frac{\mu_s}{\epsilon_s}} \, [\Omega]$

10) 전송로에서의 특성 임피던스

⑴ 일반식　$Z_0 = \sqrt{\frac{R + j\omega L}{G + j\omega C}} \, [\Omega]$

⑵ 무손실 선로($R = G = 0$)인 경우　$Z_0 = \sqrt{\frac{L}{C}} \, [\Omega]$

⑶ 동축 케이블(고주파에서 사용)　$Z_0 = \sqrt{\frac{L}{C}} = \frac{1}{2\pi} \sqrt{\frac{\mu}{\epsilon}} \ln \frac{b}{a} = 60 \sqrt{\frac{\mu_s}{\epsilon_s}} \ln \frac{b}{a} [\Omega]$

11) 진공 및 매질 중에서의 전자파

⑴ 진공 중에서의 파장　$\lambda_0 = \frac{v_0}{f} = \frac{1}{f \sqrt{\epsilon_0 \mu_0}} = \frac{c}{f} [\text{m}]$　(c : 광속)

⑵ 매질 중에서의 파장　$\lambda = \frac{v}{f} = \frac{c}{f \sqrt{\epsilon_s \mu_s}} = \frac{\lambda_o}{\sqrt{\epsilon_s \mu_s}} [\text{m}]$

⑶ 진공 중에서의 전파속도　$v_0 = \frac{1}{\sqrt{\epsilon_0 \mu_0}} = 3 \times 10^8 = c \, [\text{m/s}]$ (광속)

⑷ 매질 중에서의 전파속도　$v = \frac{1}{\sqrt{\epsilon_0 \mu_0}} \times \frac{1}{\sqrt{\epsilon_s \mu_s}} = \frac{c}{\sqrt{\epsilon_s \mu_s}} [\text{m/s}]$

12) 도체 내의 전자파

⑴ 전파정수 $\gamma = \alpha + j\beta = \sqrt{\frac{\omega\sigma\mu}{2}} + j\sqrt{\frac{\omega\sigma\mu}{2}}$　(σ : 도전율, μ : 투자율)

⑵ $\alpha = \beta = \sqrt{\frac{\omega\sigma\mu}{2}}$　(α : 감쇠정수, β : 위상정수)

⑶ 도체에서의 전자파는 지수함수적으로 감쇠 진동한다.

⑷ 도체에서의 전자파는 도전율 σ 및 주파수 f가 큰 도체일수록 감쇠가 크고 진입하기 어려우며, 완전도체에서는 전혀 진입할 수 없다.

(5) 전파속도 $v = \sqrt{\dfrac{2\omega}{\sigma\mu}}$ [m/s]

(6) 도체내의 전자파 침투깊이 또는 표피두께 $\delta = \dfrac{1}{\sqrt{\pi f \sigma \mu}}$

13) 유전체에서의 전파속도는 주파수 f와 무관하며 매질의 특성 ϵ, μ에 관계된다.

$$v = f\lambda = \dfrac{1}{\sqrt{\epsilon\mu}}[\text{m/s}]$$

14) 완전 유전체에서 전자파는 무감쇠 진동을 한다.

전파정수 $\gamma = \alpha + j\beta = 0 \mp j\omega\sqrt{\epsilon\mu}$ (감쇠정수 $\alpha = 0$)

15) 정재파비(VSWR : voltage standing wave ratio)

(1) 정재파비 $S = \dfrac{1+반사계수}{1-반사계수}$

(2) 데시벨[dB]로 표시하면 $S = 20\log_{10}\dfrac{1+\Gamma}{1-\Gamma}[\text{dB}]$

16) 정자계 에너지와 포인팅 벡터

(1) 전계 에너지 $w_e = \dfrac{1}{2}\boldsymbol{D}\cdot\boldsymbol{E} = \dfrac{1}{2}\epsilon E^2\,[\text{J/m}^3]$

(2) 자계 에너지 $w_m = \dfrac{1}{2}\boldsymbol{B}\cdot\boldsymbol{H} = \dfrac{1}{2}\mu H^2\,[\text{J/m}^3]$

(3) 단위 체적당의 전 에너지 밀도 $w = w_e + w_m = \dfrac{1}{2}(\epsilon E^2 + \mu H^2)\,[\text{J/m}^3]$

17) 고유 임피던스, 전계 및 자계의 관계식

$$\eta = \sqrt{\dfrac{\mu}{\epsilon}}\ ,\ \ E = \sqrt{\dfrac{\mu}{\epsilon}}\,H = \eta H$$

18) 전력 밀도 P의 크기

$$P = wv = \epsilon E^2 \cdot \dfrac{1}{\sqrt{\epsilon\mu}} = \mu H^2 \cdot \dfrac{1}{\sqrt{\epsilon\mu}} = EH\,[\text{W/m}^2]$$

19) 포인팅 벡터(Poynting vector) 또는 방사 벡터 P

$$\boldsymbol{P} = \boldsymbol{E}\times\boldsymbol{H} = EH\sin\theta = EH\sin 90° = EH\,[\text{W/m}^2]$$

출제예상문제

01 기 23-3
높은 주파수의 전자파가 전파될 때 일기가 좋은 날보다 비오는 날 전자파의 감쇄가 심한 원인은?

① 도전율 관계임   ② 유전율 관계임

③ 투자율 관계임   ④ 분극률 관계임

풀이 진공이 아닌 이상 일반 공기는 무시할 수 있을 정도의 도전율을 갖고 있으나 **비오는 날(즉, 습도 상승)은 도전성이 증가하며 감쇠가 더 심하게 나타난다.**

02 산기 24-2
전속밀도의 시간적 변화율을 무엇이라 하는가?

① 전계의 세기   ② 변위전류밀도

③ 에너지밀도   ④ 유전율

풀이 • 변위 전류 : 전속 밀도의 시간적 변화에 의한 것으로 하전체에 의하지 않는 전류

(변위 전류 $J_d = \dfrac{dD}{dt}$)

03 기 20-4, 기 19-3, 기 17-3
변위전류와 관계가 가장 깊은 것은?

① 도체   ② 반도체

③ 자성체   ④ 유전체

풀이 **변위 전류** I_d (displacement current)
진공 또는 유전체 내에서 전속밀도의 시간적 변화에 의하여 발생하는 전류

기 16-1

04 변위전류밀도와 관계없는 것은?

① 전계의 세기   ② 유전율

③ 자계의 세기   ④ 전속밀도

풀이 $i_D = \dfrac{I_D}{S} = \dfrac{\partial D}{\partial t} = \epsilon \dfrac{\partial E}{\partial t}$ [A/m²]

여기서, i_D : 변위전류밀도 [A/m²], I_D : 변위전류 [A], ϵ : 유전율 [F/m]

E : 전계의 세기 [V/m], D : 전속밀도 [C/m²]

산기 22-1, 산기 23-2

05 자유공간의 변위전류가 만드는 것은?

① 전계   ② 전속

③ 자계   ④ 분극지력선

풀이 rot $H = J + i_d$

J : 전도 전류 밀도, i_d : 변위 전류 밀도

자유 공간에서 전도 전류 밀도 $J = 0$이므로, 변위 전류 밀도 $i_d = $ rot H가 된다.

따라서, **변위 전류는 회전 자계를 형성시킨다.**

기 23-3

06 그림에서 축전기를 $\pm Q$로 대전한 후 스위치 k를 닫고 도선에 전류 i를 흘리는 순간의 축전기 두 판 사이의 변위전류는?

① $+ Q$판에서 $- Q$판 쪽으로 흐른다.

② $- Q$판에서 $+ Q$판 쪽으로 흐른다.

③ 왼쪽에서 오른쪽으로 흐른다.

④ 오른쪽에서 왼쪽으로 흐른다.

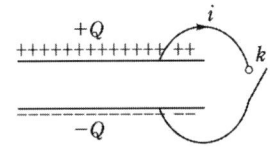

풀이 스위치 k를 닫으면 축전기의 방전상태와 같다. 따라서 방전시에는 도체를 흐르는 **전도전류**는 $+ Q$에서 $- Q$로 흘러들어가고 축전기의 유전체 내에서는 $- Q$에서 $+ Q$로 전도전류와 동등한 **변위전류**가 흐르게 된다.

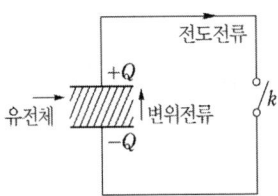

기 22-2

07 그림은 커패시터의 유전체 내에 흐르는 변위전류를 보여준다. 커패시터의 전극 면적을 S [m²], 전극에 축적된 전하를 q[C], 전극의 표면전하 밀도를 σ[C/m²], 전극 사이의 전속밀도를 D[C/m²]라 하면 변위전류밀도 i_d[A/m²]는?

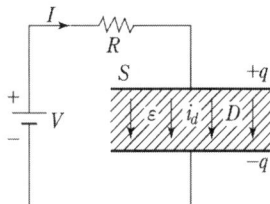

① $\dfrac{\partial \boldsymbol{D}}{\partial t}$

② $\dfrac{\partial q}{\partial t}$

③ $S\dfrac{\partial \boldsymbol{D}}{\partial t}$

④ $\dfrac{1}{S}\dfrac{\partial \boldsymbol{D}}{\partial t}$

풀이 **변위 전류**(displacement current) : 진공 또는 유전체 내에서 **전속밀도의 시간적 변화**에 의하여 발생하는 전류

$$i_d = \frac{I_D}{S} = \frac{\partial D}{\partial t} = \frac{\partial(\epsilon E)}{\partial t}$$

여기서, i_d : 변위전류밀도[A/m²], I_D : 변위전류[A]
$\quad\quad\quad \epsilon$: 유전율[F/m], E : 전계의 세기[V/m]
$\quad\quad\quad D$: 전속밀도[C/m²]

기 21-3

08 간격 d[m], 면적 S[m²]의 평행판 전극 사이에 유전율이 ϵ인 유전체가 있다. 전극 간에 $v(t) = V_m \sin\omega t$의 전압을 가했을 때, 유전체 속의 변위전류밀도[A/m²]는?

① $\dfrac{\epsilon \omega V_m}{d}\cos\omega t$

② $\dfrac{\epsilon \omega V_m}{d}\sin\omega t$

③ $\dfrac{\epsilon V_m}{\omega d}\cos\omega t$

④ $\dfrac{\epsilon V_m}{\omega d}\sin\omega t$

풀이 • $v = V_m \sin\omega t$

• 전계 $E = \dfrac{v}{d} = \dfrac{V_m}{d}\sin\omega t$

• 전속밀도 $D = \epsilon E = \dfrac{\epsilon V_m}{d}\sin\omega t$

• 변위 전류 밀도 $i_d = \dfrac{\partial D}{\partial t} = \dfrac{\epsilon}{d}V_m\dfrac{\partial}{\partial t}\sin\omega t = \dfrac{\epsilon}{d}\omega V_m\cos\omega t$ [A/m²]

기 16-1

09 극판 간격 d[m], 면적 S[m²], 유전율 ϵ[F/m]이고, 정전 용량이 C[F]인 평행판 콘덴서에 $v = V_m \sin\omega t$[V]의 전압을 가할 때의 변위전류[A]는?

① $\omega C V_m \cos\omega t$

② $C V_m \sin\omega t$

③ $-C V_m \sin\omega t$

④ $-\omega C V_m \cos\omega t$

풀이 변위 전류 밀도

$$i_d = \frac{\partial \boldsymbol{D}}{\partial t} = \epsilon \frac{\partial \boldsymbol{E}}{\partial t} = \epsilon \frac{\partial}{\partial t}\left(\frac{v}{d}\right) = \frac{\epsilon}{d}\omega V_m \cos\omega t = \frac{\epsilon}{d}\omega V_m \cos\omega t [\text{A/m}^2]$$

$$\therefore \text{변위 전류 } I_d = i_d S = \frac{\epsilon S}{d}\omega V_m \cos\omega t = \omega C V_m \cos\omega t \ [\text{A}]$$

기 18-2

10 반지름 a[m]의 원형 단면을 가진 도선에 전도전류 $i_c = I_c \sin 2\pi f t$[A]가 흐를 때 변위전류밀도의 최대값 J_d는 몇 [A/m²]가 되는가? (단, 도전율은 σ[S/m]이고, 비유전율은 ϵ_r이다.)

① $\dfrac{f\epsilon_r I_c}{4\pi \times 10^9 \sigma a^2}$

② $\dfrac{\epsilon_r I_c}{4\pi f \times 10^9 \sigma a^2}$

③ $\dfrac{f\epsilon_r I_c}{9\pi \times 10^9 \sigma a^2}$

④ $\dfrac{f\epsilon_r I_c}{18\pi \times 10^9 \sigma a^2}$

풀이 전도전류밀도 $i_c = \sigma E$, $i_c = \dfrac{I_c}{\sqrt{2}\,A} = \dfrac{I_c}{\sqrt{2}\,(\pi a^2)}$에서

$$E = \frac{I_c}{\sqrt{2}\,A\,\sigma} = \frac{I_c}{\sqrt{2}\,(\pi a^2)\sigma}$$

변위전류밀도 $i_d = \dfrac{\partial D}{\partial t} = \dfrac{\partial (\epsilon E)}{\partial t} = j\omega\epsilon E = j2\pi f\epsilon_0 \epsilon_r E$에서

변위전류밀도 최대값 J_d는

$$J_d = \sqrt{2}\,(2\pi f)\epsilon_0 \epsilon_r E = \sqrt{2}\,(2\pi f)\epsilon_0 \epsilon_r \frac{I_c}{\sqrt{2}\,(\pi a^2)\sigma}$$

$$\therefore J_d = 2\epsilon_0 \frac{f\epsilon_r I_c}{a^2 \sigma} = \frac{2}{4\pi \times 9 \times 10^9}\frac{f\epsilon_r I_c}{\sigma a^2} = \frac{f\epsilon_r I_c}{18\pi \times 10^9 \sigma a^2}$$

11 기 18-3

$\sigma = 1[\mho/\text{m}]$, $\epsilon_s = 6$, $\mu = \mu_0$인 유전체에 교류전압을 가할 때 변위전류와 전도전류의 크기가 같아지는 주파수는 약 몇 [Hz] 인가?

① 3.0×10^9 ② 4.2×10^9

③ 4.7×10^9 ④ 5.1×10^9

풀이 변위 전류와 전도 전류의 크기가 같아지는 주파수

$$f = \frac{\sigma}{2\pi\epsilon} = \frac{\sigma}{2\pi\epsilon_0\epsilon_s}[\text{Hz}]에서$$

$$f = \frac{1}{2\pi \times 8.855 \times 10^{-12} \times 6} = 3 \times 10^9[\text{Hz}]$$

12 기 20-3, 산기 24-3

공기 중에서 2[V/m]의 전계의 세기에 의한 변위전류밀도의 크기를 2[A/m²]으로 흐르게 하려면 전계의 주파수는 약 몇 [MHz]가 되어야 하는가?

① 9000 ② 18000

③ 36000 ④ 72000

풀이 변위전류밀도 $i_d = \omega\epsilon E[\text{A/m}^2]$에서

$$\omega = 2\pi f = \frac{i_d}{\epsilon E}$$

$$\therefore f = \frac{i_d}{2\pi\epsilon_o\epsilon_s E} = \frac{2}{2\pi \times 8.85 \times 10^{-12} \times 1 \times 2} \times 10^{-6} = 17983[\text{MHz}]$$

13 기 22-1

공기 중에서 1[V/m]의 전계의 세기에 의한 변위전류밀도의 크기를 2[A/m²]으로 흐르게 하려면 전계의 주파수는 몇 [MHz]가 되어야 하는가?

① 9000 ② 18000

③ 36000 ④ 72000

풀이 변위전류밀도 $i_d = \omega\epsilon E[\text{A/m}^2]$에서

$$\omega = 2\pi f = \frac{i_d}{\epsilon E}$$

$$\therefore f = \frac{i_d}{2\pi\epsilon_o\epsilon_s E} = \frac{2}{2\pi \times \dfrac{1}{4\pi \times 9 \times 10^9} \times 1 \times 1} \times 10^{-6} = 36000[\text{MHz}]$$

$$(\because \epsilon_0 = \frac{10^7}{4\pi C_0^2} = \frac{10^7}{4\pi \times (3 \times 10^8)^2} = \frac{1}{4\pi \times 9 \times 10^9})$$

산기 22-1

14 투자율 $\mu = \mu_0$, 굴절률 $n = 2$, 전도율 $\sigma = 0.5$의 특성을 갖는 매질내부의 한 점에서 전계가 $E = 10\cos(2\pi f t)a_x$로 주어질 경우 전도 전류밀도와 변위 전류밀도의 최대값의 크기가 같아지는 전계의 주파수 f[GHz]는?

① 1.75
② 2.25
③ 5.75
④ 10.25

풀이▶ 전도전류밀도 $i_c = \sigma E$, 변위전류밀도 $i_d = \omega \epsilon E$와 $i_c = i_d$로부터

$\sigma E = \omega \epsilon E$, $\sigma = 2\pi f \epsilon$

주파수 f는

$$\therefore f = \frac{\sigma}{2\pi\epsilon} = \frac{\sigma}{2\pi(n^2\epsilon_0)} = \frac{0.5}{2\pi \times 2^2 \times 8.85 \times 10^{-12}}$$

$$= 2.25 \times 10^9 [\text{Hz}] = 2.25 [\text{GHz}]$$

산기 23-1

15 유전체 중을 흐르는 전도전류 i_σ와 변위전류 i_d를 같게 하는 주파수를 임계주파수 f_c, 임의의 주파수를 f라 할 때 유전손실 $\tan\delta$는?

① $\dfrac{f_c}{2f}$
② $\dfrac{f}{2f_c}$
③ $\dfrac{f_c}{f}$
④ $\dfrac{f}{f_c}$

풀이▶ 전도전류 $i_\sigma = \sigma E$, 변위전류 $i_d = \omega \epsilon E$ 일 때

$i_\sigma = i_d$를 만족시키는 임계주파수 f_c는

$\sigma E = \omega \epsilon E = 2\pi f_c \epsilon E$ 에서 임계주파수 $f_c = \dfrac{\sigma}{2\pi\epsilon}$

따라서 유전손실 $\tan\delta = \dfrac{i_\sigma}{i_d} = \dfrac{\sigma E}{\omega \epsilon E} = \dfrac{\sigma}{2\pi f \epsilon} = \dfrac{\sigma}{2\pi\epsilon} \cdot \dfrac{1}{f} = \dfrac{f_c}{f}$

산기 25-2

16 $\nabla \cdot J = -\dfrac{\partial \rho}{\partial t}$ 에 대한 설명으로 옳지 않은 것은?

① "−" 부호는 전류가 폐곡면에서 유출되고 있음을 뜻한다.

② 단위 체적당 전하밀도의 시간당 증가 비율이다.

③ 전류가 정상전류가 흐르면 폐곡면에 통과하는 전류는 0 (ZERO)이다.

④ 폐곡면에서 수직으로 유출되는 전류밀도는 미소체적인 한 점에서 유출되는 단위 체적당 전류가 된다.

풀이 전류의 연속 방정식 $\nabla \cdot J = -\dfrac{\partial \rho}{\partial t}$ 으로부터 전류밀도의 발산은 **체적 전하밀도의 단위시간 당**

감소(−)비율을 의미하고, 정상전류에서는 $\dfrac{\partial \rho}{\partial t} = 0(\rho \ 일정)$이므로 $\nabla \cdot J = 0$ 이다.

산기 25-3

17 전류의 연속 방정식으로 옳은 것은

① $\nabla \times H = J + \dfrac{\partial D}{\partial t}$ ② $\nabla \times E = -\dfrac{\partial B}{\partial t}$

③ $\nabla \cdot J = -\dfrac{\partial \rho}{\partial t}$ ④ $\nabla \cdot D = \rho$

풀이 ① $\nabla \times H = J + \dfrac{\partial D}{\partial t}$: 암페어 주회적분 법칙의 미분형

② $\nabla \times E = -\dfrac{\partial B}{\partial t}$: 패러데이법칙의 미분형

③ $\nabla \cdot J = -\dfrac{\partial \rho}{\partial t}$: 전류의 연속방정식

④ $\nabla \cdot D = \rho$: 가우스정리의 미분형

즉, 거시적으로 임의의 공간에서 폐곡면에서 유출하는 전류는 폐곡면 내 전하의 감소량과 같고, 이를 미소적인 해석은 단위체적에서 발산하는 전류는 전하량의 시간적 감소량과 같다. 이것을 수학적으로 표현하면

$$\nabla \cdot J = -\dfrac{\partial \rho}{\partial t}$$

이고, 이 관계식을 전류의 연속방정식이라 한다.

산기 24-1
18 맥스웰(Maxwell) 전자방정식의 물리적 의미 중 틀린 것은?

① 자계의 시간적 변화에 따라 전계의 회전이 발생한다.

② 전도전류와 변위전류는 자계를 발생시킨다.

③ 고립된 자극이 존재한다.

④ 전하에서 전속선이 발산한다.

> **풀이** 맥스웰의 전자방정식 중 $\nabla \cdot B = 0$의 의미
> • **독립된 자극은 존재하지 않고** 항상 N, S극이 존재함을 의미

기 18-3
19 맥스웰의 전자방정식에 대한 의미를 설명한 것으로 틀린 것은?

① 자계의 회전은 전류밀도와 같다.

② 자계는 발산하며, 자극은 단독으로 존재한다.

③ 전계의 회전은 자속밀도의 시간적 감소율과 같다.

④ 단위체적 당 발산 전속 수는 단위체적 당 공간전하 밀도와 같다.

> **풀이** 맥스웰의 전자방정식 중 $\nabla \cdot B = \operatorname{div} B = 0$의 의미
> • **독립된 자극은 존재하지 않고** 항상 N, S극이 존재함을 의미
> • 발산의 원천이 없기 때문에 자속선의 새로운 발생이나 소멸이 없는 연속을 의미

기 17-2
20 원통좌표계에서 전류밀도 $j = Kr^2 a_z$[A/m^2]일 때 암페어의 법칙을 사용한 자계의 세기 H [AT/m]는? (단, K는 상수이다.)

① $H = \dfrac{K}{4}r^4 a_\phi$ 　　　　　　　② $H = \dfrac{K}{4}r^3 a_\phi$

③ $H = \dfrac{K}{4}r^4 a_z$ 　　　　　　　④ $H = \dfrac{K}{4}r^3 a_z$

> **풀이** $\operatorname{rot} H = \left(\dfrac{1}{r}\dfrac{\partial H_z}{\partial \phi} - \dfrac{\partial H_\phi}{\partial z}\right)a_r + \left(\dfrac{\partial H_r}{\partial z} - \dfrac{\partial H_z}{\partial r}\right)a_\phi + \left(\dfrac{1}{r}\dfrac{\partial (rH_\phi)}{\partial r} - \dfrac{1}{r}\dfrac{\partial H_r}{\partial \phi}\right)a_z = Kr^2 a_z$
>
> $\dfrac{1}{r}\dfrac{\partial (rH_\phi)}{\partial r} - \dfrac{1}{r}\dfrac{\partial H_r}{\partial \phi} = Kr^2$
>
> $\therefore H = \dfrac{K}{4}r^3 a_\phi$

기 17-3

21 공간 도체내의 한 점에 있어서 자속이 시간적으로 변화하는 경우에 성립하는 식은?

① $\nabla \times E = \dfrac{\partial H}{\partial t}$　　　　　　② $\nabla \times E = -\dfrac{\partial H}{\partial t}$

③ $\nabla \times E = \dfrac{\partial B}{\partial t}$　　　　　　④ $\nabla \times E = -\dfrac{\partial B}{\partial t}$

풀이　• $\nabla \times \boldsymbol{E} = \mathrm{rot}\ \boldsymbol{E} = \mathrm{Curl}\ \boldsymbol{E} = -\dfrac{\partial B}{\partial t}$(회전)

　　　• $\nabla \cdot \boldsymbol{E} = \mathrm{div}\ \boldsymbol{E}$(발산)다.

기 17-1

22 일반적인 전자계에서 성립되는 기본방정식이 아닌 것은? (단, i는 전류밀도, ρ는 공간전하밀도이다.)

① $\nabla \times \boldsymbol{H} = i + \dfrac{\partial \boldsymbol{D}}{\partial t}$　　　　② $\nabla \times \boldsymbol{E} = -\dfrac{\partial \boldsymbol{B}}{\partial t}$

③ $\nabla \cdot \boldsymbol{D} = \rho$　　　　　　④ $\nabla \cdot \boldsymbol{B} = \mu \boldsymbol{H}$

풀이　전자계에서 성립하는 기본 방정식

맥스웰 전자방정식	의　미
$\mathrm{rot}\ \boldsymbol{E} = \nabla \times \boldsymbol{E} = -\dfrac{\partial B}{\partial t} = -\mu\dfrac{\partial H}{\partial t}$	패러데이 법칙
$\mathrm{rot}\ \boldsymbol{H} = \nabla \times \boldsymbol{H} = i_c + \dfrac{\partial D}{\partial t}$	암페어 주회적분 법칙
$\mathrm{div}\ \boldsymbol{D} = \nabla \cdot \boldsymbol{D} = \rho$	가우스 법칙(정전계)
$\mathrm{div}\ \boldsymbol{B} = \nabla \cdot \boldsymbol{B} = 0$	가우스 법칙(정자계)

산기 23-1, 산기 25-2ㄴㄴ

23 맥스웰 전자계의 기초 방정식으로 틀린 것은?

① $\mathrm{rot}\ \boldsymbol{H} = i_c + \dfrac{\partial \boldsymbol{D}}{\partial t}$　　　　② $\mathrm{rot}\ \boldsymbol{E} = -\dfrac{\partial \boldsymbol{B}}{\partial t}$

③ $\mathrm{div}\ \boldsymbol{D} = \rho$　　　　　　④ $\mathrm{div}\ \boldsymbol{B} = -\dfrac{\partial \boldsymbol{D}}{\partial t}$

풀이　맥스웰 방정식의 미분형

　　① $\mathrm{rot}\ \boldsymbol{H} = i + \dfrac{\partial \boldsymbol{D}}{\partial t}$: 암페어의 주회적분 법칙

　　② $\mathrm{rot}\ \boldsymbol{E} = -\dfrac{\partial \boldsymbol{B}}{\partial t}$: Faraday 법칙

　　③ $\mathrm{div}\ \boldsymbol{D} = \rho$: 가우스의 법칙

　　④ $\mathrm{div}\ \boldsymbol{B} = 0$: **고립된 자하는 없다.**

정답　21. ④　22. ④　23. ④

24 다음 중 맥스웰의 전자 방정식으로 옳지 않은 것은?

① $\mathrm{rot}\,\boldsymbol{H} = i + \dfrac{\partial \boldsymbol{D}}{\partial t}$ ② $\mathrm{rot}\,\boldsymbol{E} = -\dfrac{\partial \boldsymbol{B}}{\partial t}$

③ $\mathrm{div}\,\boldsymbol{B} = \phi$ ④ $\mathrm{div}\,\boldsymbol{D} = \rho$

> **풀이** 맥스웰의 전자 방정식
>
> • $\mathrm{rot}\,\boldsymbol{E} = -\dfrac{\partial \boldsymbol{B}}{\partial t}$ • $\mathrm{rot}\,\boldsymbol{H} = i + \dfrac{\partial \boldsymbol{D}}{\partial t}$
>
> 보조 방정식
>
> • $\mathrm{div}\,\boldsymbol{D} = \rho$ • $\mathrm{div}\,\boldsymbol{B} = 0$

25 맥스웰방정식 중 틀린 것은?

① $\displaystyle\oint_s \boldsymbol{B} \cdot d\boldsymbol{S} = \rho_s$

② $\displaystyle\oint_s \boldsymbol{D} \cdot d\boldsymbol{S} = \int_v \rho dv$

③ $\displaystyle\oint_c \boldsymbol{E} \cdot dl = -\int_s \dfrac{\partial \boldsymbol{B}}{\partial t} \cdot d\boldsymbol{S}$

④ $\displaystyle\oint_c \boldsymbol{H} \cdot dl = \boldsymbol{I} + \int_s \dfrac{\partial \boldsymbol{D}}{\partial t} \cdot d\boldsymbol{S}$

> **풀이** 전자계에서 성립하는 기본 방정식
>
> | 맥스웰 전자방정식 | | 의 미 |
> |---|---|---|
> | **미 분 형** | **적 분 형** | |
> | $\mathrm{rot}\,\boldsymbol{E} = -\dfrac{\partial \boldsymbol{B}}{\partial t}$ | $\displaystyle\oint_c \boldsymbol{E} \cdot dl = -\int_S \dfrac{\partial \boldsymbol{B}}{\partial t} \cdot d\boldsymbol{S}$ | 패러데이 법칙 |
> | $\mathrm{rot}\,\boldsymbol{H} = i_c + \dfrac{\partial \boldsymbol{D}}{\partial t}$ | $\displaystyle\oint_c \boldsymbol{H} \cdot dl = I + \int_S \dfrac{\partial \boldsymbol{D}}{\partial t} \cdot d\boldsymbol{S}$ | 암페어 주회적분 법칙 |
> | $\mathrm{div}\,\boldsymbol{D} = \rho$ | $\displaystyle\oint_S \boldsymbol{D} \cdot d\boldsymbol{S} = \int_v \rho\,dv = Q$ | 가우스 법칙 |
> | $\mathrm{div}\,\boldsymbol{B} = 0$ | $\displaystyle\oint_S \boldsymbol{B} \cdot d\boldsymbol{S} = 0$ | 가우스 법칙 |

기 23-3

26 맥스웰(Maxwell)의 전자 방정식 중 성립하지 않는 식은?

① div $\boldsymbol{D} = \rho$

② div $\boldsymbol{B} = 0$

③ rot $\boldsymbol{E} = \dfrac{\partial \boldsymbol{B}}{\partial t}$

④ rot $\boldsymbol{H} = J + \dfrac{\partial \boldsymbol{D}}{\partial t}$

풀이 전자계에서 성립하는 기본 방정식

맥스웰 전자방정식		의 미
미 분 형	적 분 형	
rot $\boldsymbol{E} = -\dfrac{\partial \boldsymbol{B}}{\partial t}$	$\oint_{c} \boldsymbol{E} \cdot dl = -\int_{S} \dfrac{\partial \boldsymbol{B}}{\partial t} \cdot d\boldsymbol{S}$	패러데이 법칙
rot $\boldsymbol{H} = i_{c} + \dfrac{\partial \boldsymbol{D}}{\partial t}$	$\oint_{c} \boldsymbol{H} \cdot dl = I + \int_{S} \dfrac{\partial \boldsymbol{D}}{\partial t} \cdot d\boldsymbol{S}$	암페어 주회적분 법칙
div $\boldsymbol{D} = \rho$	$\oint_{S} \boldsymbol{D} \cdot d\boldsymbol{S} = \int_{v} \rho\, dv = Q$	가우스 법칙
div $\boldsymbol{B} = 0$	$\oint_{S} \boldsymbol{B} \cdot d\boldsymbol{S} = 0$	가우스 법칙

산기 23-2

27 $\boldsymbol{E} = [(\sin x)a_x + (\cos x)a_y]e^{-y}$[V/m]인 전계가 자유공간 내에 존재한다. 공간 내의 모든 곳에서 전하밀도는 몇 [C/m³]인가?

① $\sin x$

② $\cos x$

③ e^{-y}

④ 0

풀이 가우스 정리의 미분형

$\rho = \nabla \cdot D = \nabla \cdot \epsilon_0 \boldsymbol{E}$

$\quad = \epsilon_0 \left(\dfrac{\partial}{\partial x} e^{-y} \sin x + \dfrac{\partial}{\partial y} e^{-y} \cos x \right)$

$\quad = \epsilon_0 (e^{-y} \cos x - e^{-y} \cos x) = 0$

기 19-2

28 전속밀도 $D = X^2 i + Y^2 j + Z^2 k$[C/m^2]를 발생시키는 점(1, 2, 3)에서의 체적 전하밀도는 몇 [C/m^3] 인가?

① 12

② 13

③ 14

④ 15

풀이 점 (1, 2, 3)의 전하밀도는 가우스 법칙에 의해

$$\rho = \mathrm{div} \boldsymbol{D} = \frac{\partial D_x}{\partial X} + \frac{\partial D_y}{\partial Y} + \frac{\partial D_z}{\partial Z}$$

$$= 2X + 2Y + 2Z$$

$$= 2 \times 1 + 2 \times 2 + 2 \times 3 = 12 [\text{C/m}^3]$$

기 19-3, 기 16-2

29 전자파의 특성에 대한 설명으로 틀린 것은?

① 전자파의 속도는 주파수와 무관하다.

② 전파 E_x를 고유임피던스로 나누면 자파 H_y가 된다.

③ 전파 E_x와 자파 H_y의 진동방향은 진행방향에 수평인 종파이다.

④ 매질이 도전성을 갖지 않으면 전파 E_x와 자파 H_y는 동위상이 된다.

풀이 ① 전자파 속도 $v = \dfrac{1}{\sqrt{\epsilon \mu}}$ 이므로 전자파 속도는 매질의 유전율과 투자율에 관계한다.

즉, 주파수와 무관하다.

② 특성 임피던스 $\eta = \dfrac{E_x}{H_y}$ 에서 $\therefore H_y = \dfrac{E_x}{\eta}$

③ E_x와 H_y 의 진동 방향은 진행 방향에 수직인 **횡파**이다.

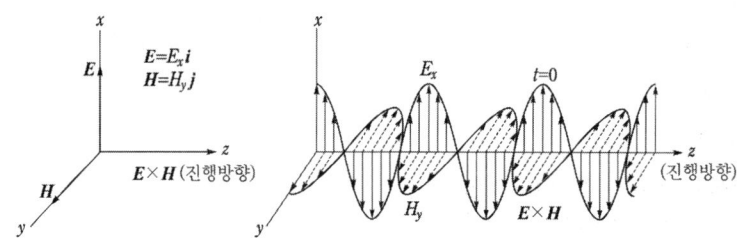

평면파의 전파와 자파의 상호 관계

④ E_x와 H_y는 동위상

30 산기 24-2
전계 및 자계가 z방향의 성분을 갖지 않고 동일한 전계와 자계를 합한 면이 z축에 수직이 되는 파를 무엇이라 하는가?

① 직선파
② 전자파
③ 굴절파
④ 평면파

풀이▷ **평면파**는 진행파의 **진행 방향에 대하여 수직**인 무한 평면내에서 진행파의 크기, 위상이 같은 파를 의미한다.

31 산기 25-3
횡전자파(TEM)의 특성은?

① 진행 방향의 E, H 성분이 모두 존재한다.
② 진행 방향의 E, H 성분이 모두 존재하지 않는다.
③ 진행 방향의 E 성분만 모두 존재하고, H 성분은 존재하지 않는다.
④ 진행 방향의 H 성분만 모두 존재하고, E 성분은 존재하지 않는다.

풀이▷ TEM(transverse electromagnetic : 횡전자파)는 전계 E 와 자계 H 가 모두 전파의 진행방향과 수직으로 존재하며, **진행방향의 성분은 존재하지 않는다.**

32 산기 24-3
전자파의 에너지 전달방향은?

① $\triangledown \times E$의 방향과 같다.
② $E \times H$의 방향과 같다.
③ 전계 E의 방향과 같다.
④ 자계 H의 방향과 같다.

풀이▷ 전자파의 진행 방향은 $E \times H$ 이고, 전자계에서 에너지(전력)의 흐름을 나타내는 **포인팅 벡터** $P = E \times H$ 이므로 P의 방향은 전자계의 에너지 흐름의 진행 방향과 같다.

산기 23-2

33 자유공간에서 특성 임피던스 $\sqrt{\dfrac{\mu_0}{\epsilon_0}}$ 의 값은?

① $\dfrac{1}{110\pi}\,[\Omega]$ ② $\dfrac{1}{120\pi}\,[\Omega]$

③ $110\pi\,[\Omega]$ ④ $120\pi\,[\Omega]$

풀이 특성 임피던스

$$Z_0 = \frac{E}{H} = \sqrt{\frac{\mu_0}{\epsilon_0}} = \sqrt{\frac{4\pi \times 10^{-7}}{\dfrac{1}{36\pi \times 10^9}}} = \sqrt{144\pi^2 \times 100} = 120\pi\,[\Omega]$$

기 21-3, 기 17-2

34 유전율 ϵ, 투자율 μ인 매질에서의 전파속도 v는?

① $\dfrac{1}{\sqrt{\epsilon\mu}}$ ② $\sqrt{\epsilon\mu}$

③ $\sqrt{\dfrac{\epsilon}{\mu}}$ ④ $\sqrt{\dfrac{\mu}{\epsilon}}$

풀이 전자파의 속도는 $v^2 = \dfrac{1}{\epsilon\mu}$에서

$$\therefore\ v = \frac{1}{\sqrt{\epsilon\mu}} = \frac{1}{\sqrt{\epsilon_0\mu_0}} \cdot \frac{1}{\sqrt{\epsilon_s\mu_s}} = c\frac{1}{\sqrt{\epsilon_s\mu_s}} = \frac{3 \times 10^8}{\sqrt{\epsilon_s\mu_s}}\,[\text{m/s}]$$

산기 24-1

35 전자계에서 전파속도와 관계없는 것은?

① 도전율   ② 유전율

③ 비투자율   ④ 주파수

풀이 전파 속도 $v = \dfrac{1}{\sqrt{\mu\epsilon}}\,[\text{m/s}]$

$v = f\lambda$(주파수, 파장)

두 식에서 **전파 속도** v는 유전율(ϵ), 투자율(μ), 주파수(f), 파장(λ)에 관계된다.

정답 33. ④ 34. ① 35. ①

36 기 22-3
비유전율 $\epsilon_r = 6$, 비투자율 $\mu_r = 1$, 도전율 $\sigma = 0$인 유전체 내에서의 전자파의 전파속도는 약 [m/s]인가?

① $1.22 \times 10^8 \, [\text{m/s}]$

② $1.22 \times 10^7 \, [\text{m/s}]$

③ $1.22 \times 10^6 \, [\text{m/s}]$

④ $1.22 \times 10^5 \, [\text{m/s}]$

풀이 전파속도

$$v = \frac{1}{\sqrt{\epsilon\mu}} = \frac{1}{\sqrt{\epsilon_0\mu_0}} \cdot \frac{1}{\sqrt{\epsilon_r\mu_r}} = c\frac{1}{\sqrt{\epsilon_r\mu_r}} = \frac{3\times10^8}{\sqrt{\epsilon_r\mu_r}}[\text{m/s}]$$

따라서, $v = \frac{3\times10^8}{\sqrt{6\times1}} = 1.22\times10^8[\text{m/s}]$

37 기 21-1, 기 20-3
비유전율이 2이고, 비투자율이 2인 매질 내에서의 전자파의 전파속도 $v[\text{m/s}]$와 진공 중의 빛의 속도 $v_0[\text{m/s}]$ 사이 관계는?

① $v = \frac{1}{2}v_0$

② $v = \frac{1}{4}v_0$

③ $v = \frac{1}{6}v_0$

④ $v = \frac{1}{8}v_0$

풀이 • 진공에서의 전파속도

$$v_0 = \frac{1}{\sqrt{\epsilon_0\mu_0}}$$

$$\left(\because \frac{1}{\sqrt{\epsilon_0\mu_0}} = \frac{1}{\sqrt{8.855\times10^{-12}\times4\pi\times10^{-7}}} = 3\times10^8 = v_0(\text{빛의 속도})[\text{m/s}]\right)$$

• 매질 속에서의 전파속도

$$v = \frac{1}{\sqrt{\epsilon\mu}} = \frac{1}{\sqrt{\epsilon_0\mu_0}\sqrt{\epsilon_r\mu_r}} = \frac{1}{\sqrt{\epsilon_r\mu_r}}v_0 = \frac{1}{\sqrt{2\times2}}v_0 = \frac{1}{2}v_0$$

기 20-4

38 진공 중에서 전자파의 전파속도[m/s]는?

① $C_0 = \dfrac{1}{\sqrt{\epsilon_0\,\mu_0}}$

② $C_0 = \sqrt{\epsilon_0\,\mu_0}$

③ $C_0 = \dfrac{1}{\sqrt{\epsilon_0}}$

④ $C_0 = \dfrac{1}{\sqrt{\mu_0}}$

풀이 ▶ • 매질 중에서의 전파속도 v

$$v = f\lambda = \frac{1}{\sqrt{\epsilon\mu}} = \frac{1}{\sqrt{\epsilon_0\mu_0}} \times \frac{1}{\sqrt{\epsilon_r\mu_r}}\,[\text{m/s}]$$

• 진공 중에서 전파속도 v_0는 (진공 중 에서 $\epsilon_r = \mu_r = 1$)

$$v_0 = \frac{1}{\sqrt{\epsilon_0\mu_0}} = 3 \times 10^8 = c\,(\text{빛의 속도})$$

여기서, μ_0 : 진공의 투자율, μ_r : 비투자율,

ϵ_0 : 진공의 유전율, ϵ_r : 비유전율

(참고 : $\dfrac{1}{\sqrt{\epsilon_0\mu_0}} = \dfrac{1}{\sqrt{8.855 \times 10^{-12} \times 4\pi \times 10^{-7}}} = 3 \times 10^8 = c\,(\text{광속})\,[\text{m/s}]$)

기 19-2

39 진공 중에서 빛의 속도와 일치하는 전자파의 전파속도를 얻기 위한 조건으로 옳은 것은?

① $\epsilon_r = 0,\ \mu_r = 0$

② $\epsilon_r = 1,\ \mu_r = 1$

③ $\epsilon_r = 0,\ \mu_r = 1$

④ $\epsilon_r = 1,\ \mu_r = 0$

풀이 ▶ 매질 중에서의 전파속도 v

$$v = f\lambda = \frac{1}{\sqrt{\epsilon\mu}} = \frac{1}{\sqrt{\epsilon_0\mu_0}} \times \frac{1}{\sqrt{\epsilon_r\mu_r}} = \frac{c}{\sqrt{\epsilon_r\mu_r}}\,[\text{m/s}]$$

에서 $\epsilon_r = \mu_r = 1$일 때 전파속도 $v = c = 3 \times 10^8$ (빛의 속도)가 된다.

(참고 : $\dfrac{1}{\sqrt{\epsilon_0\mu_0}} = \dfrac{1}{\sqrt{8.855 \times 10^{-12} \times 4\pi \times 10^{-7}}} = 3 \times 10^8 = c\,(\text{광속})\,[\text{m/s}]$)

정답 ▶ 38. ① 39. ②

산기 25-1

40 MKS 합리화 단위계에서 진공 중의 유전율 값으로 틀린 것은? 단, c [m/sec]는 진공 중 전자파 속도이다.

① $\dfrac{1}{120\pi c}$ ② $\dfrac{10^7}{4\pi c^2}$

③ $\dfrac{1}{36\pi \times 10^9}$ ④ $\dfrac{10^7}{14\pi c}$

풀이 매질 중 전파의 파장을 λ[m], 주파수를 f[Hz]라 할 때, 전파속도 v는

$$v = f\lambda = \frac{1}{\sqrt{\epsilon\mu}}\,[\text{m/s}]$$

이고, 주파수에 무관한 매질의 특성(ϵ, μ)에 의해 결정된다.

이 값은 진공 중에서

$$v_0 = \frac{1}{\sqrt{\epsilon_0 \mu_0}} = 3 \times 10^8 = c\,[\text{m/s}]\,(\text{광속})$$

따라서, 진공 중 유전율

$$\epsilon_0 = \frac{1}{\mu_0 c^2} = \frac{10^7}{4\pi c^2} = \frac{1}{120\pi c} = \frac{1}{36\pi \times 10^9}\,[\text{F/m}]$$

$$(\because \mu_0 = 4\pi \times 10^{-7},\ c = 3 \times 10^8)$$

기 17-2

41 유전율 $\epsilon = 8.855 \times 10^{-12}$[F/m]인 진공 중을 전자파가 전파할 때 진공 중의 투자율[H/m]은?

① 7.58×10^{-5} ② 7.58×10^{-7}

③ 12.56×10^{-5} ④ 12.56×10^{-7}

풀이 진공 중의 전자파 속도

$$c = \frac{1}{\sqrt{\epsilon_0 \mu_0}} = 3 \times 10^8\,[\text{m/s}]\text{에서}$$

$$\therefore \mu_0 = \frac{1}{\epsilon_0 c^2} = \frac{1}{8.855 \times 10^{-12} \times (3 \times 10^8)^2} = 12.55 \times 10^{-7}[\text{H/m}]$$

기 18-1

42 평면파 전파가 $E = 30\cos(10^9 t + 20z)j$[V/m]로 주어졌다면 이 전자파의 위상 속도는 몇 [m/s] 인가?

① 5×10^7

② $\dfrac{1}{3} \times 10^8$

③ 10^9

④ $\dfrac{2}{3}$

풀이 전파의 형태 $E = E_0\cos(\omega t + \beta z)$에서

전파 속도(위상 속도) $v = \dfrac{\omega}{\beta} = \dfrac{10^9}{20} = 5 \times 10^7$[m/s]

기 21-2

43 공기 중에서 전자기파의 파장이 3[m]라면 그 주파수는 몇 [MHz]인가?

① 100

② 300

③ 1000

④ 3000

풀이 공기중에서 $f\lambda = v_0 = 3 \times 10^8$

따라서 $f = \dfrac{v_0}{\lambda} = \dfrac{3 \times 10^8}{3} \times 10^{-6} = 100$[MHz]

산기 24-2

44 유전율 ϵ, 투자율 μ인 매질 중을 주파수 f[Hz]의 전자파가 전파되어 나갈 때의 파장은 몇 [m]인가?

① $f\sqrt{\epsilon\mu}$

② $\dfrac{1}{f\sqrt{\epsilon\mu}}$

③ $\dfrac{f}{\sqrt{\epsilon\mu}}$

④ $\dfrac{\sqrt{\epsilon\mu}}{f}$

풀이 전자파의 전파속도

$v = \dfrac{1}{\sqrt{\epsilon\mu}} = \dfrac{3 \times 10^8}{\sqrt{\epsilon_r \mu_r}}$ [m/s] 이므로

파장 $\lambda = \dfrac{v}{f} = \dfrac{\dfrac{1}{\sqrt{\epsilon\mu}}}{f} = \dfrac{1}{f\sqrt{\epsilon\mu}}$[m]

산기 23-3

45 100 [MHz]의 전자파의 파장은?

① 0.3[m]　　　　　　　　　　　② 0.6[m]

③ 3[m]　　　　　　　　　　　　④ 6[m]

풀이▶　$\lambda = \dfrac{v}{f} = \dfrac{3 \times 10^8}{100 \times 10^6} = 3[m]$

여기서, λ : 전파의 파장 [m], f : 주파수[Hz]

v : 전파속도(진공 중에서 $v = 3 \times 10^8$[m/s])

기 23-2, 산기 24-1

46 비유전율 $\epsilon_r = 4$, 비투자율 $\mu_r = 1$인 매질 내에서 주파수가 1 [GHz]인 전자기파의 파장은 몇 [m]인가?

① 0.1 [m]　　　　　　　　　　② 0.15 [m]

③ 0.25 [m]　　　　　　　　　　④ 0.4 [m]

풀이▶　전자파의 전파속도

$$v = \frac{1}{\sqrt{\epsilon \mu}} = \frac{1}{\sqrt{\epsilon_0 \mu_0}\sqrt{\epsilon_r \mu_r}} = \frac{1}{\sqrt{\epsilon_0 \mu_0}} \times \frac{1}{\sqrt{\epsilon_r \mu_r}}$$

여기서, $\dfrac{1}{\sqrt{\epsilon_0 \mu_0}} = \dfrac{1}{\sqrt{\dfrac{1}{4\pi \times 9 \times 10^9} \times 4\pi \times 10^{-7}}} = 3 \times 10^8$[m/sec]

$$v = \frac{3 \times 10^8}{\sqrt{\epsilon_r \mu_r}} = \frac{3 \times 10^8}{\sqrt{4 \times 1}} = 1.5 \times 10^8 \text{ [m/s]}$$

$$\lambda = \frac{v}{f} = \frac{1.5 \times 10^8}{1 \times 10^9} = 0.15 \text{ [m]}$$

산기 25-1

47 어떤 TV 방송의 전자파의 주파수를 190[MHz]의 평면파로 보고 $\mu_s = 1$, $\epsilon_s = 64$인 물속에서의 전파속도[m/s]와 파장[m]을 구하면?

① $v = 0.375 \times 10^8$, $\lambda = 0.19$

② $v = 2.33 \times 10^8$, $\lambda = 0.21$

③ $v = 0.87 \times 10^8$, $\lambda = 0.17$

④ $v = 0.425 \times 10^8$, $\lambda = 1.2$

풀이▶　• 전파속도 $v = \dfrac{c}{\sqrt{\epsilon_s \mu_s}} = \dfrac{3 \times 10^8}{\sqrt{64 \times 1}} = 0.375 \times 10^8$[m/s]

• 파장 $\lambda = \dfrac{v}{f} = \dfrac{0.375 \times 10^8}{190 \times 10^6} = 0.19$[m]

정답　45. ③　46. ②　47. ①

기 19-1

48 비투자율 $\mu_s = 1$, 비유전율 $\epsilon_s = 90$인 매질 내의 고유임피던스는 약 몇 $[\Omega]$인가?

① 32.5   ② 39.7

③ 42.3   ④ 45.6

풀이 고유 임피던스

$$Z_0 = \frac{E}{H} = \sqrt{\frac{\mu}{\epsilon}} = \sqrt{\frac{\mu_0}{\epsilon_0}} \cdot \sqrt{\frac{\mu_s}{\epsilon_s}}$$

$$= \sqrt{\frac{4\pi \times 10^{-7}}{8.855 \times 10^{-12}}} \cdot \sqrt{\frac{\mu_s}{\epsilon_s}} = 377\sqrt{\frac{\mu_s}{\epsilon_s}} = 377\sqrt{\frac{1}{90}} = 39.74[\Omega]$$

산기 22-1

49 비유전율이 9이고, 비투자율이 1인 매질내의 고유 임피던스는 약 몇 $[\Omega]$인가?

① 42   ② 84

③ 126   ④ 377

풀이 고유 임피던스

$$Z_0 = \frac{E}{H} = \sqrt{\frac{\mu}{\epsilon}} = \sqrt{\frac{\mu_0}{\epsilon_0}} \cdot \sqrt{\frac{\mu_s}{\epsilon_s}}$$

$$= \sqrt{\frac{4\pi \times 10^{-7}}{8.855 \times 10^{-12}}} \cdot \sqrt{\frac{\mu_s}{\epsilon_s}} = 377\sqrt{\frac{\mu_s}{\epsilon_s}} = 377\sqrt{\frac{1}{9}} = 125.67[\Omega]$$

기 22-2

50 $\epsilon_r = 81$, $\mu_r = 1$인 매질의 고유 임피던스는 약 몇 $[\Omega]$인가? (단, ϵ_r은 비유전율이고, μ_r은 비투자율이다.)

① 13.9   ② 21.9

③ 33.9   ④ 41.9

풀이 고유 임피던스

$$Z_0 = \frac{E}{H} = \sqrt{\frac{\mu}{\epsilon}} = \sqrt{\frac{\mu_0}{\epsilon_0}} \cdot \sqrt{\frac{\mu_r}{\epsilon_r}}$$

$$= \sqrt{\frac{4\pi \times 10^{-7}}{8.855 \times 10^{-12}}} \cdot \sqrt{\frac{\mu_r}{\epsilon_r}} = 377\sqrt{\frac{\mu_r}{\epsilon_r}} = 377\sqrt{\frac{1}{81}} = 41.89[\Omega]$$

기 23-1

51 최대 전계 $E_m = 6$[V/m]인 평면 전자파가 수중을 전파할 때 자계의 최대치는 약 몇 [AT/m]인가? (단, 물의 비유전율 $\epsilon_s = 80$, 비투자율 $\mu_s = 1$ 이다.)

① 0.071 [AT/m]

② 0.142 [AT/m]

③ 0.284 [AT/m]

④ 0.426 [AT/m]

풀이 $\dfrac{E}{H} = \sqrt{\dfrac{\mu}{\epsilon}} = \sqrt{\dfrac{\mu_0}{\epsilon_0}} \cdot \sqrt{\dfrac{\mu_s}{\epsilon_s}} = 377\sqrt{\dfrac{\mu_s}{\epsilon_s}} = 377\sqrt{\dfrac{1}{80}}$

$\dfrac{E_m}{H_m} = \dfrac{377}{\sqrt{80}}$

$\therefore \ H_m = \dfrac{\sqrt{80}\,E_m}{377} = \dfrac{\sqrt{80} \times 6}{377} = 0.142\,[\text{AT/m}]$

기 22-1

52 유전율이 $\epsilon = 2\epsilon_0$이고 투자율이 μ_0인 비도전성 유전체에서 전자파의 전계의 세기가 $E(z, t) = 120\pi\cos(10^9 t - \beta z)\hat{y}$[V/m]일 때, 자계의 세기 H[A/m]는? (단, $\hat{x}$, $\hat{y}$는 단위벡터이다.)

① $-\sqrt{2}\cos(10^9 t - \beta z)\hat{x}$

② $\sqrt{2}\cos(10^9 t - \beta z)\hat{x}$

③ $-2\cos(10^9 t - \beta z)\hat{x}$

④ $2\cos(10^9 t - \beta z)\hat{x}$

풀이 ※ 전자파의 성질은 전계 E와 자계 H는 서로 직교하고, 동위상이며, 진행 방향은 $E \times H$의 방향이다. 주어진 전계의 순시값으로부터 전자파의 성질을 만족하는 자계의 방향과 크기를 구한다.

① 전자파의 진행 방향은 위상, 즉 $10^9 t - \beta z$에서 $+z$ 방향이고, $E \times H$도 $+z$방향으로 진행한다. 따라서 자계 H는 전계 E가 $\hat{y}$ 축이므로 $-\hat{x}$ 축이어야 하고, 자계 H의 위상은 전계 E와 동위상이므로 $10^9 t - \beta z$를 만족해야 한다.

② 전계와 자계의 관계에 의한 자계의 크기 H_x

$\eta = \dfrac{E_y}{H_x} = \sqrt{\dfrac{\mu}{\epsilon}}$ 의 관계에서

$H_x = \sqrt{\dfrac{\epsilon}{\mu}}\,E_y = \sqrt{\dfrac{2\epsilon_0}{\mu_0}} \times 120\pi = \sqrt{2}\,[\text{A/m}]$

$\left(\because \ \eta_0 = \sqrt{\dfrac{\mu_0}{\epsilon_0}} = 120\pi \text{ 에서 } \sqrt{\dfrac{\epsilon_0}{\mu_0}} = \dfrac{1}{120\pi}\right)$

③ 위의 결과로부터 자계의 순시값은 다음과 같이 나타낼 수 있다.

$H = -H_x\cos(\omega t - \beta z)\hat{x} = -\sqrt{2}\cos(10^9 t - \beta z)\hat{x}$

정답 51. ②   52. ①

기 18-3

53 유전율이 $\epsilon = 4\epsilon_0$이고 투자율이 μ_0인 비도전성 유전체에서 전자파의 전계의 세기가 $E(z,\ t) = a_y 377\cos(10^9 t - \beta z)$[V/m]일 때의 자계의 세기 H는 몇 [A/m] 인가?

① $-a_z 2\cos(10^9 t - \beta z)$

② $-a_x 2\cos(10^9 t - \beta z)$

③ $-a_z 7.1 \times 10^4 \cos(10^9 t - \beta z)$

④ $-a_x 7.1 \times 10^4 \cos(10^9 t - \beta z)$

풀이 ※ 전자파의 성질은 전계 E와 자계 H는 서로 직교하고, 동위상이며, 진행 방향은 $E \times H$의 방향이다. 주어진 전계의 순시값으로부터 전자파의 성질을 만족하는 자계의 방향과 크기를 구한다.

① 전자파의 진행 방향은 z방향이고, 전계 E가 a_y의 방향으로 주어졌으므로 $E \times H$ 방향을 만족하려면 자계 H는 $-a_x$방향이어야 한다.

② 전계와 자계의 크기 관계
$$H_x = \sqrt{\frac{\epsilon}{\mu}} E_y = \sqrt{\frac{4\epsilon_0}{\mu_0}} \times 377 = 2 \times \frac{1}{377} \times 377 = 2[\text{A/m}]$$

③ 자계의 순시값
$$H(z,\ t) = -a_x 2\cos(10^9 t - \beta z)[\text{A/m}]$$

기 23-2

54 특성임피던스가 각각 η_1, η_2인 두 매질의 경계면에 전자파가 수직으로 입사할 때 전계가 무반사로 되기 위한 가장 알맞은 조건은?

① $\eta_2 = 0$

② $\eta_1 = 0$

③ $\eta_1 = \eta_2$

④ $\eta_1 \cdot \eta_2 = 1$

풀이 전자파의 반사계수 $R = \dfrac{\eta_2 - \eta_1}{\eta_1 + \eta_2}$ 에서

무반사가 되기 위한 조건은 $R = \dfrac{\eta_2 - \eta_1}{\eta_1 + \eta_2} = 0$ 이다.

∴ $\eta_1 = \eta_2$

산기 24-3

55 도전성을 가진 매질내의 평면파에서 전송계수 γ를 표현한 것으로 알맞은 것은? (단, α는 감쇠정수, β는 위상정수 이다.)

① $\gamma = \alpha + j\beta$　　　　　　　　② $\gamma = \alpha - j\beta$

③ $\gamma = j\alpha + \beta$　　　　　　　　④ $\gamma = j\alpha - \beta$

> **풀이** $\gamma = \alpha + j\beta$
> 여기서, α : 감쇠정수,　β : 위상정수

기 16-3

56 손실 유전체에서 전자파에 관한 전파정수 γ로서 옳은 것은?

① $j\omega \sqrt{\mu\epsilon} \sqrt{j\dfrac{\sigma}{\omega\epsilon}}$　　　　　② $j\omega \sqrt{\mu\epsilon} \sqrt{1 - j\dfrac{\sigma}{2\omega\epsilon}}$

③ $j\omega \sqrt{\mu\epsilon} \sqrt{1 - j\dfrac{\sigma}{\omega\epsilon}}$　　　　④ $j\omega \sqrt{\mu\epsilon} \sqrt{1 - j\dfrac{\omega\epsilon}{\sigma}}$

> **풀이** $r^2 = j\omega\mu(\sigma + j\omega\epsilon)$
> $r = \pm \sqrt{j\omega\mu(\sigma + j\omega\epsilon)}$
> $\therefore r = \sqrt{j\omega\mu(\sigma + j\omega\epsilon)} = j\omega \sqrt{\epsilon\mu} \sqrt{1 - j\dfrac{\sigma}{\omega\epsilon}}$

기 16-3

57 전계와 자계와의 관계에서 고유임피던스는?

① $\sqrt{\epsilon\mu}$　　　　　　　　　　② $\sqrt{\dfrac{\mu}{\epsilon}}$

③ $\sqrt{\dfrac{\epsilon}{\mu}}$　　　　　　　　　　④ $\dfrac{1}{\sqrt{\epsilon\mu}}$

> **풀이** • 고유 임피던스 $\eta = \dfrac{E}{H} = \sqrt{\dfrac{\mu}{\epsilon}}$
> • 자유 공간에서 $\epsilon = \epsilon_0, \mu = \mu_0$이므로
> $\eta = \dfrac{E}{H} = \sqrt{\dfrac{\mu_0}{\epsilon_0}}$

산기 22-3, 산기 24-3

58 전계와 자계와의 관계식으로 옳은 것은?

① $\sqrt{\epsilon} H = \sqrt{\mu} E$

② $\sqrt{\epsilon\mu} = EH$

③ $\sqrt{\mu} H = \sqrt{\epsilon} E$

④ $\epsilon\mu = EH$

풀이 고유 임피던스

$$\eta = \frac{E}{H} = \sqrt{\frac{\mu}{\epsilon}} [\Omega] \text{에서} \quad \sqrt{\mu} H = \sqrt{\epsilon} E$$

기 18-2, 산기 22-1

59 전계 $E = \sqrt{2} E_e \sin\omega\left(t - \dfrac{x}{c}\right)$[V/m]의 평면전자파가 있다. 진공 중에서 자계의 실효값은 몇 [A/m] 인가?

① $0.707 \times 10^{-3} E_e$

② $1.44 \times 10^{-3} E_e$

③ $2.65 \times 10^{-3} E_e$

④ $5.37 \times 10^{-3} E_e$

풀이 자유공간 또는 진공 중에서

고유임피던스 $\eta_0 = \dfrac{E_e}{H_e} = \sqrt{\dfrac{\mu_0}{\epsilon_0}} = \sqrt{\dfrac{4\pi \times 10^{-7}}{8.85 \times 10^{-12}}} = 377[\Omega]$ 이므로

$$H_e = \frac{1}{377} E_e = 2.65 \times 10^{-3} E_e \text{[A/m]}$$

기 21-2

60 전계 $E = \sqrt{2} E_e \sin\omega\left(t - \dfrac{x}{c}\right)$[V/m]의 평면전자파가 있다. 진공 중에서 자계의 실효값은 몇 [A/m]인가?

① $\dfrac{1}{4\pi} E_e$

② $\dfrac{1}{36\pi} E_e$

③ $\dfrac{1}{120\pi} E_e$

④ $\dfrac{1}{360\pi} E_e$

풀이 고유 임피던스 $\eta = \dfrac{E}{H} = \sqrt{\dfrac{\mu}{\epsilon}}$ 에서 $\eta = \dfrac{E_e}{H_e} = \sqrt{\dfrac{\mu_0}{\epsilon_0}} = 120\pi$

따라서, 자계의 실효값 $H_e = \dfrac{1}{120\pi} E_e$

(참고 : $\mu_0 = 4\pi \times 10^{-7}$, $\dfrac{1}{4\pi\epsilon_0} = 9 \times 10^9$, $\sqrt{\dfrac{\mu_0}{\epsilon_0}} = \sqrt{\dfrac{4\pi \times 10^{-7}}{\dfrac{1}{4\pi \times 9 \times 10^9}}} = 120\pi$)

기 20–1,2, 기 17–3

61 전계 및 자계의 세기가 각각 E[V/m], H[AT/m]일 때, 포인팅 벡터 P[W/m²]의 표현으로 옳은 것은?

① $P = \dfrac{1}{2}E \times H$　　　　　② $P = E \, \text{rot} \, H$

③ $P = E \times H$　　　　　　　④ $P = H \, \text{rot} \, E$

> **풀이**　포인팅 벡터(Poynting vector) P
> 전자계 내의 한 점을 통과하는 에너지 흐름의 단위 면적당 전력 또는 전력 밀도를 표시하는 벡터
> $$P = E \times H [\text{W/m}^2]$$

산기 23–1, 산기 25–3

62 전계 E[V/m] 및 자계 H[AT/m]의 에너지가 자유공간 사이를 C[m/s]의 속도로 전파될 때 단위 시간에 단위 면적을 지나는 에너지[W/m²]는?

① $\dfrac{1}{2}EH$　　　　　　　② EH

③ EH^2　　　　　　　　　④ E^2H

> **풀이**　단위 면적당 전력 = 포인팅 Vector
> $$P = E \times H = EH [\text{W/m}^2]$$

기 17–1

63 전계 E[V/m], 자계 H[AT/m]의 전자계가 평면파를 이루고, 자유공간으로 단위 시간에 전파될 때 단위 면적당 전력밀도[W/m²]의 크기는?

① EH^2　　　　　　　　　② EH

③ $\dfrac{1}{2}EH^2$　　　　　　　④ $\dfrac{1}{2}EH$

> **풀이**　전력밀도 P
> $$P = wv = \epsilon E^2 \cdot \frac{1}{\sqrt{\epsilon \mu}} = \mu H^2 \cdot \frac{1}{\sqrt{\epsilon \mu}}$$
> $$= \sqrt{\frac{\mu}{\epsilon}} H^2 = \sqrt{\frac{\mu}{\epsilon}} H \cdot H = EH [\text{W/m}^2] \ (\because \epsilon E^2 = \mu H^2)$$
> $\left(E = \sqrt{\dfrac{\mu}{\epsilon}} H = \eta H, \ \text{고유임피던스} \ \eta = \sqrt{\dfrac{\mu}{\epsilon}}, \ \text{전파속도} \ v = f\lambda = \dfrac{1}{\sqrt{\epsilon \mu}} \right.$
> 여기서, w : 에너지 밀도[J/m³], v : 전파속도[m/s])

기 21-1

64 방송국 안테나 출력이 W[W]이고 이로부터 진공 중에 r[m] 떨어진 점에서 자계의 세기의 실효치는 약 몇 [A/m]인가?

① $\dfrac{1}{r}\sqrt{\dfrac{W}{377\pi}}$ ② $\dfrac{1}{2r}\sqrt{\dfrac{W}{377\pi}}$

③ $\dfrac{1}{2r}\sqrt{\dfrac{W}{188\pi}}$ ④ $\dfrac{1}{r}\sqrt{\dfrac{2W}{377\pi}}$

풀이 ▶ 전력밀도 $P=\dfrac{W}{S}=\dfrac{W}{4\pi r^2}$[W/m²]

공기 중에서 $E=\sqrt{\dfrac{\mu_0}{\epsilon_0}}\,H=377H$ 이므로

$$P=EH=377H^2=\dfrac{W}{4\pi r^2}\,[\text{W/m}^2]$$

$$\therefore\ H=\dfrac{1}{2r}\cdot\sqrt{\dfrac{W}{377\pi}}\,[\text{A/m}]$$

PART 2

실전 모의고사

실전 모의고사 **1**회

01 간격 d[m]인 2개의 평행판 전극 사이에 유전율 ϵ의 유전체가 있다. 전극사이에 전압 $V_m \cos\omega t$[V]를 가했을 때 변위전류 밀도는 몇 [A/m²]인가?

① $\dfrac{\epsilon}{d} V_m \cos\omega t$

② $-\dfrac{\epsilon}{d} \omega V_m \sin\omega t$

③ $-\dfrac{\epsilon}{d} \omega V_m \cos\omega t$

④ $\dfrac{\epsilon}{d} V_m \sin\omega t$

02 전류 4π[A]가 흐르고 있는 무한직선도체에 의해 자계가 4[A/m]인 점은 직선도체로부터 거리가 몇 [m]인가?

① 0.5[m]

② 1[m]

③ 3[m]

④ 4[m]

03 쌍극자 모멘트가 M[C·m]인 전기 쌍극자에 의한 임의의 점 P에서의 전계의 크기는 전기 쌍극자의 중심에서 축방향과 점 P를 잇는 선분 사이의 각이 얼마일 때 최대가 되는가?

① 0

② $\dfrac{\pi}{2}$

③ $\dfrac{\pi}{3}$

④ $\dfrac{\pi}{4}$

04 그림과 같이 비투자율이 μ_{s1}, μ_{s2}인 각각 다른 자성체를 접하여 놓고 θ_1을 입사각이라 하고, θ_2를 굴절각이라 한다. 경계면에 자하가 없는 경우 미소 폐곡면을 취하여 이곳에 출입하는 자속수를 구하면?

① $\displaystyle\int_l \boldsymbol{B} \cdot n\, dl = 0$

② $\displaystyle\int_S \boldsymbol{B} \cdot n\, dS = 0$

③ $\displaystyle\int_S \boldsymbol{B} \cdot dS = 0$

④ $\displaystyle\int_S \boldsymbol{B} \cdot n \sin\theta\, dS = 0$

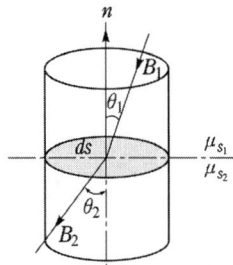

05 무손실 매질에서 고유임피던스 $\eta = 60\pi$, **비투자율** $\mu_s = 1$, **자계** $H = -0.1\cos(\omega t - z)\hat{x}$ $+ 0.5\sin(\omega t - z)\hat{y}$[AT/m]일 때 전파속도 [m/s]는?

① 0.5×10^8　　　　　　　　② 1.5×10^8

③ 3×10^8　　　　　　　　④ 6×10^8

06 무한 평면도체로부터 거리 a[m]인 곳에 점전하 Q[C]가 있을 때 도체 표면에 유도되는 최대 전하밀도는 몇 [C/m²]인가?

① $\dfrac{Q}{2\pi\epsilon_0\, a^2}$　　　　　　　② $\dfrac{Q}{4\pi a^2}$

③ $-\dfrac{Q}{2\pi a^2}$　　　　　　　④ $\dfrac{Q}{4\pi\epsilon_0\, a^2}$

07 진공 중에서 e[C]의 전하가 B [Wb/m²]의 자계 안에서 자계와 수직방향으로 v[m/s]의 속도로 움직일 때 받는 힘[N]은?

① $\dfrac{evB}{\mu_0}$　　　　　　　② $\mu_0 evB$

③ evB　　　　　　　④ $\dfrac{eB}{v}$

08 그림과 같이 내구에 $+Q$[C], 외구에 $-Q$[C]의 전하로 두 개의 동심구 도체가 있다. 구 사이가 진공으로 되어 있을 때 동심구 사이의 정전 용량 C[F]는?

① $2\pi\epsilon_0 \dfrac{ab}{b-a}$

② $4\pi\epsilon_0 \dfrac{ab}{b-a}$

③ $2\pi\epsilon_0 \cdot \dfrac{1}{\ln\left(\dfrac{b}{a}\right)}$

④ $4\pi\epsilon_0 \cdot \dfrac{1}{\ln\left(\dfrac{b}{a}\right)}$

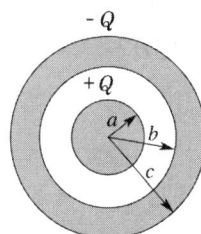

09 $\nabla \cdot i = 0$에 대한 설명이 아닌 것은?

① 도체 내에 흐르는 전류는 연속이다.
② 도체 내에 흐르는 전류는 일정하다.
③ 단위시간당 전하의 변화가 없다.
④ 도체 내에 전류가 흐르지 않는다.

10 W_1과 W_2의 에너지를 갖는 두 콘덴서를 병렬 연결한 경우의 총 에너지 W와의 관계로 옳은 것은? 단, $W_1 \neq W_2$ 이다.

① $W_1 + W_2 = W$

② $W_1 + W_2 > W$

③ $W_1 - W_2 = W$

④ $W_1 + W_2 < W$

11 그림과 같이 $q_1 = 6 \times 10^{-8}$[C], $q_2 = -12 \times 10^{-8}$[C]의 두 전하가 서로 100[cm] 떨어져 있을 때 전계 세기가 0 이 되는 점은?

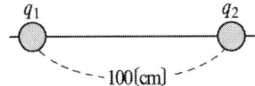

① q_1과 q_2의 연장선상 q_1으로부터 왼쪽으로 약 24.1[m] 지점이다.
② q_1과 q_2의 연장선상 q_1으로부터 오른쪽으로 약 14.1[m] 지점이다.
③ q_1과 q_2의 연장선상 q_1으로부터 왼쪽으로 약 2.41[m] 지점이다.
④ q_1과 q_2의 연장선상 q_1으로부터 오른쪽으로 약 1.41[m] 지점이다.

12 한 변의 길이가 3[m]인 정삼각형 회로에 2[A]의 전류가 흐를 때 정삼각형 중심에서의 자계의 크기는 몇 [AT/m]인가?

① $\dfrac{1}{\pi}$

② $\dfrac{2}{\pi}$

③ $\dfrac{3}{\pi}$

④ $\dfrac{4}{\pi}$

13 도전도 $k = 6 \times 10^{17}$ [℧/m], 투자율 $\mu = \dfrac{6}{\pi} \times 10^{-7}$ [H/m]인 평면도체 표면에 10 [kHz]의 전류가 흐를 때, 침투되는 깊이 δ[m]는?

① $\dfrac{1}{6} \times 10^{-7}$ [m]

② $\dfrac{1}{8.5} \times 10^{-7}$ [m]

③ $\dfrac{36}{\pi} \times 10^{-10}$ [m]

④ $\dfrac{36}{\pi} \times 10^{-6}$ [m]

14 $x > 0$인 영역에 비유전율 $\epsilon_{r1} = 3$인 유전체, $x < 0$인 영역에 비유전율 $\epsilon_{r2} = 5$인 유전체가 있다. $x < 0$인 영역에서 전계 $E_2 = 20a_x + 30a_y - 40a_z$ [V/m]일 때 $x > 0$인 영역에서의 전속밀도는 몇 [C/m²]인가?

① $10(10a_x + 9a_y - 12a_z)\epsilon_0$

② $20(5a_x - 10a_y + 6a_z)\epsilon_0$

③ $50(2a_x + 3a_y - 4a_z)\epsilon_0$

④ $50(2a_x - 3a_y + 4a_z)\epsilon_0$

15 전계 및 자계의 세기가 각각 E [V/m], H [AT/m]일 때, 포인팅 벡터 P [W/m²]의 표현으로 옳은 것은?

① $P = \dfrac{1}{2} E \times H$

② $P = E \operatorname{rot} H$

③ $P = E \times H$

④ $P = H \operatorname{rot} E$

16 와전류와 관련된 설명으로 틀린 것은?

① 단위체적당 와류손의 단위는 [W/m³] 이다.

② 와전류는 교번자속의 주파수와 최대자속밀도에 비례한다.

③ 와전류손은 히스테리시스손과 함께 철손이다.

④ 와전류손을 감소시키기 위하여 성층철심을 사용한다.

17 감자력이 0인 것은?

① 구 자성체

② 환상 철심

③ 타원 자성체

④ 굵고 짧은 막대 자성체

18 비유전율 $\epsilon_s = 5$인 유전체 중에서 전속밀도가 4×10^{-4}[C/m²]일 때 분극의 세기는 몇 [C/m²]인가?

① 1.6×10^{-4}

② 2.4×10^{-4}

③ 3.2×10^{-4}

④ 4.8×10^{-4}

19 반지름 $r = 1$ [m]인 도체구의 표면 전하밀도가 $\dfrac{10^{-8}}{9\pi}$ [C/m²]이 되도록 하는 도체구의 전위는 몇 [V]인가?

① 10

② 20

③ 40

④ 80

20 전속 밀도 $D = 3xi + 2yj + zk$ [C/m²]를 발생하는 전하 분포에서 1 [mm³] 내의 전하는 얼마인가?

① 3[nC]

② 3[μC]

③ 6[nC]

④ 6[C]

실전 모의고사 2회

01 그림과 같이 평행한 무한장 직선의 두 도선에 I[A], $4I$[A]인 전류가 각각 흐른다. 두 도선 사이 점 P에서의 자계의 세기가 0이라면 $\dfrac{a}{b}$는?

① 2

② 4

③ $\dfrac{1}{2}$

④ $\dfrac{1}{4}$

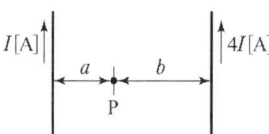

02 유전율 $\epsilon_0\epsilon_s$의 유전체 내에 있는 전하 Q에서 나오는 전기력선 수는?

① Q개

② $\dfrac{Q}{\epsilon_0\epsilon_s}$개

③ $\dfrac{Q}{\epsilon_0}$개

④ $\dfrac{Q}{\epsilon_s}$개

03 반지름 $a > b$(단위 : m)인 동심구 도체의 정전 용량은 몇 [F]인가?

① $\dfrac{2\pi\epsilon_0 ab}{a-b}$

② $\dfrac{4\pi\epsilon_0 ab}{a-b}$

③ $\dfrac{8\pi\epsilon_0 ab}{a-b}$

④ $\dfrac{16\pi\epsilon_0 ab}{a-b}$

04 접지된 구도체와 점전하 간에 작용하는 힘은?

① 항상 흡인력이다.

② 항상 반발력이다.

③ 조건적 흡인력이다.

④ 조건적 반발력이다.

05 그림과 같은 환상 솔레노이드 내의 철심 중심에서의 자계의 세기 H [AT/m]는? (단, 환상 철심의 평균 반지름은 r [m], 코일의 권수는 N회, 코일에 흐르는 전류는 I[A]이다.)

① $\dfrac{NI}{\pi r}$

② $\dfrac{NI}{2\pi r}$

③ $\dfrac{NI}{4\pi r}$

④ $\dfrac{NI}{2r}$

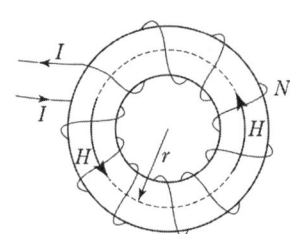

06 인덕턴스의 단위와 같지 않은 것은? (여기서, [Wb] : 자속의 단위, [A] : 전류의 단위, [V] : 전압의 단위, [J] : 에너지의 단위, [s] : 시간의 단위 이다.]

① $\left[\dfrac{\text{J}}{\text{A}}\cdot\dfrac{1}{\text{s}}\right]$

② $\left[\dfrac{\text{V}}{\text{A}}\cdot\text{s}\right]$

③ $\left[\dfrac{\text{Wb}}{\text{A}}\right]$

④ $\left[\dfrac{\text{J}}{\text{A}^2}\right]$

07 간격 d[m]인 2개의 평행판 전극 사이에 유전율 ϵ의 유전체가 있다. 전극사이에 전압 $V_m\cos\omega t$[V]를 가했을 때 변위전류 밀도는 몇 [A/m²]인가?

① $\dfrac{\epsilon}{d}V_m\cos\omega t$

② $-\dfrac{\epsilon}{d}\omega V_m\sin\omega t$

③ $-\dfrac{\epsilon}{d}\omega V_m\cos\omega t$

④ $\dfrac{\epsilon}{d}V_m\sin\omega t$

08 공기 중에서 전계의 진행파 진폭이 10[mV/m]일 때 자계의 진행파 진폭은 몇 [mAT/m]인가?

① 26.5×10^{-1}

② 26.5×10^{-3}

③ 26.5×10^{-5}

④ 26.5×10^{-6}

09 다음 중 기자력(Magnetomotive Force)에 대한 설명으로 옳지 않은 것은?

① 전기회로의 기전력에 대응한다.

② 코일에 전류를 흘렸을 때 전류밀도와 코일의 권수의 곱의 크기와 같다.

③ 자기회로의 자기저항과 자속의 곱과 동일하다.

④ SI단위는 암페어[A]이다.

10 평균 반지름(r)이 20[cm], 단면적(S)이 6[cm^2]인 환상 철심에서 권선수(N)가 500회인 코일에 흐르는 전류(I)가 4[A]일 때 철심 내부에서의 자계의 세기(H)는 약 몇 [AT/m]인가?

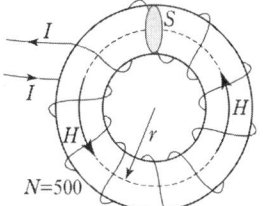

① 1590

② 1700

③ 1870

④ 2120

11 유전율이 ϵ_1과 ϵ_2인 두 유전체가 경계를 이루어 평행하게 접하고 있는 경우 유전율이 ϵ_1인 영역에 전하 Q가 존재할 때 이 전하와 ϵ_2인 유전체 사이에 작용하는 힘에 대한 설명으로 옳은 것은?

① $\epsilon_1 > \epsilon_2$인 경우 반발력이 작용한다.

② $\epsilon_1 > \epsilon_2$인 경우 흡인력이 작용한다.

③ ϵ_1과 ϵ_2에 상관없이 반발력이 작용한다.

④ ϵ_1과 ϵ_2에 상관없이 흡인력이 작용한다.

12 그림과 같은 회로에서 스위치를 최초 A에 연결하여 일정전류 I_o [A]를 흘린 다음, 스위치를 급히 B로 전환할 때 저항 $R[\Omega]$에는 1 [s]간에 얼마만한 열량[cal]이 발생하는가?

① $\dfrac{1}{8.4}LI_o^2$

② $\dfrac{1}{4.2}LI_o^2$

③ $\dfrac{1}{2}LI_o^2$

④ LI_o^2

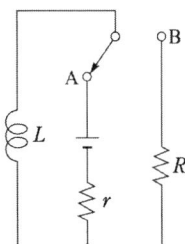

13 유전체에 대한 경계조건에 대한 설명이 옳지 않은 것은?

① 표면전하 밀도란 구속전하의 표면밀도를 말하는 것이다.

② 완전 유전체 내에서는 자유전하는 존재하지 않는다.

③ 경계면에 외부전하가 있으면, 유전체의 내부와 외부의 전하는 평형 되지 않는다.

④ 특수한 경우를 제외하고 경계면에서 표면전하 밀도는 영(zero)이다.

14 z축 상에 놓인 길이가 긴 직선 도체에 10[A]의 전류가 $+z$ 방향으로 흐르고 있다. 이 도체 주위의 자속밀도가 $3\hat{x} - 4\hat{y}$[Wb/m²]일 때 도체가 받는 단위 길이당 힘[N/m]은? (단, $\hat{x}$, $\hat{y}$는 단위벡터이다.)

① $-40\hat{x} + 30\hat{y}$

② $-30\hat{x} + 40\hat{y}$

③ $30\hat{x} + 40\hat{y}$

④ $40\hat{x} + 30\hat{y}$

15 진공 중에서 점(1, 3)[m]의 위치에 -2×10^{-9}[C]의 점전하가 있을 때 점(2, 1)[m]에 있는 1[C]의 점전하에 작용하는 힘은 몇 [N]인가? (단, $\hat{x}$, $\hat{y}$는 단위벡터이다.)

① $-\dfrac{18}{5\sqrt{5}}\hat{x} + \dfrac{36}{5\sqrt{5}}\hat{y}$

② $-\dfrac{36}{5\sqrt{5}}\hat{x} + \dfrac{18}{5\sqrt{5}}\hat{y}$

③ $-\dfrac{36}{5\sqrt{5}}\hat{x} - \dfrac{18}{5\sqrt{5}}\hat{y}$

④ $\dfrac{18}{5\sqrt{5}}\hat{x} + \dfrac{36}{5\sqrt{5}}\hat{y}$

16 길이 1[m]의 철심($\mu_r = 1000$) 자기 회로에 1[mm]의 공극이 생겼다면 전체의 자기 저항은 약 몇 배로 증가되는가? 단, 각부의 단면적은 일정하다.

① 1.5

② 2

③ 2.5

④ 3

17 그림과 같은 직사각형의 평면 코일이 $B = \dfrac{0.05}{\sqrt{2}}(a_x + a_y)$[Wb/m²]인 자계에 위치하고 있다. 이 코일에 흐르는 전류가 5[A] 일 때 z축에 있는 코일에서의 토크는 약 몇 [N·m]인가?

① $2.66 \times 10^{-4} a_x$

② $5.66 \times 10^{-4} a_x$

③ $2.66 \times 10^{-4} a_z$

④ $5.66 \times 10^{-4} a_z$

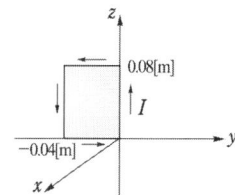

18 내부 원통의 반지름이 a, 외부 원통의 반지름이 b인 동축 원통 콘덴서의 내외 원통 사이에 공기를 넣었을 때 정전용량이 C_1이었다. 내외 반지름을 모두 3배로 증가시키고 공기 대신 비유전율이 3인 유전체를 넣었을 경우의 정전용량 C_2는?

① $C_2 = \dfrac{C_1}{9}$

② $C_2 = \dfrac{C_1}{3}$

③ $C_2 = 3 C_1$

④ $C_2 = 9 C_1$

19 진공 중에서 빛의 속도와 일치하는 전자파의 전파속도를 얻기 위한 조건으로 옳은 것은?

① $\epsilon_r = 0$, $\mu_r = 0$

② $\epsilon_r = 1$, $\mu_r = 1$

③ $\epsilon_r = 0$, $\mu_r = 1$

④ $\epsilon_r = 1$, $\mu_r = 0$

20 진공 중 반지름이 a[m]인 무한길이의 원통도체 2개가 간격 d[m]로 평행하게 배치되어 있다. 두 도체 사이의 정전용량[C]을 나타낸 것으로 옳은 것은?

① $\pi\epsilon_0 \ln\dfrac{d-a}{a}$

② $\dfrac{\pi\epsilon_0}{\ln\dfrac{d-a}{a}}$

③ $\pi\epsilon_0 \ln\dfrac{a}{d-a}$

④ $\dfrac{\pi\epsilon_0}{\ln\dfrac{a}{d-a}}$

실전 모의고사 **3**회

01 정전계와 정자계의 대응관계가 성립되는 것은?

① $\operatorname{div}\boldsymbol{D} = \rho_v \rightarrow \operatorname{div}\boldsymbol{B} = \rho_m$

② $\nabla^2 V = -\dfrac{\rho_v}{\epsilon_0} \rightarrow \nabla^2 A = -\dfrac{i}{\mu_0}$

③ $W = \dfrac{1}{2}CV^2 \rightarrow W = \dfrac{1}{2}LI^2$

④ $F = 9\times10^9 \dfrac{Q_1 Q_2}{r^2}\boldsymbol{a}_r \rightarrow F = 6.33\times10^{-4}\dfrac{m_1 m_2}{r^2}\boldsymbol{a}_r$

02 그림과 같이 같은방향으로 전류가 흐르는 A, B 두 개의 원형 코일이 있다. A의 반지름이 1[m], 권수가 1회, B는 반지름 2[m], 권수가 2회 이다. A와 B 의 코일중심을 겹쳐 놓으면 중심에서의 자계는 A코일만 있을 때의 2배가 된다고 할 때 $\dfrac{I_B}{I_A}$ 의 비는? (A에 흐르는 전류는 I_A, B에에 흐르는 전류는 I_B라고 한다.)

① 1
② 2
③ 3
④ 4

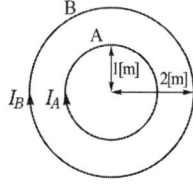

03 정전계에 대한 설명으로 옳은 것은?

① 전계에너지가 항상 ∞인 전기장을 의미한다.
② 전계에너지가 항상 0인 전기장을 의미한다.
③ 전계에너지가 최소로 되는 전하분포의 전계를 의미한다.
④ 전계에너지가 최대로 되는 전하분포의 전계를 의미한다.

04 히스테리시스 곡선의 기울기는 다음의 어떤 값에 해당하는가?

① 투자율
② 유전율
③ 자화율
④ 감자율

05 다음 중 거리 r에 반비례하는 것은?

① 한 개의 점전하에 의한 전계
② 무한장 직선전하에 의한 전계
③ 전기 쌍극자에 의한 전계
④ 한 장의 무한 평판 도체

06 대전된 도체의 표면 전하밀도는 도체 표면의 모양에 따라 어떻게 되는가?

① 곡률 반지름이 크면 커진다.
② 곡률 반지름이 크면 작아진다.
③ 표면 모양에 관계없다.
④ 평면일 때 가장 크다.

07 그림과 같이 정전용량이 C_0[F]가 되는 평행판 공기콘덴서에 판면적의 1/3 되는 공간에 비유전률이 ϵ_s인 유전체를 채웠을 때 정전용량은 몇 [F] 인가?

① $\dfrac{2\epsilon_s}{3}C_o$

② $\dfrac{3}{1+2\epsilon_s}C_o$

③ $\dfrac{1+\epsilon_s}{3}C_o$

④ $\dfrac{2+\epsilon_s}{3}C_o$

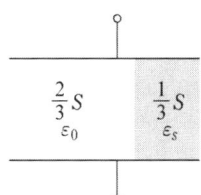

08 N회 감긴 원통 코일의 단면적이 S[m²]이고 길이가 l[m]이다. 이 코일의 권수를 반으로 줄이고 인덕턴스는 일정하게 유지하려면 어떻게 하면 되는가?

① 길이를 $\dfrac{1}{4}$로 한다.

② 단면적을 2배로 한다.

③ 전류의 세기를 2배로 한다.

④ 전류의 세기를 4배로 한다.

09 어떤 막대 철심이 있다. 단면적이 0.4[m²]이고, 길이가 0.8[m], 비투자율이 20이다. 이 철심의 자기 저항은 몇 [AT/Wb]인가?

① 3.86×10^4 ② 7.96×10^4

③ 3.86×10^5 ④ 7.96×10^5

10 10 [mH]의 두 개의 자기 인덕턴스가 있다. 결합 계수를 0.1로부터 0.9까지 변화시킬 수 있다면 이것을 접속시켜 얻을 수 있는 합성 인덕턴스의 최대값과 최소값의 비는?

① 9 : 1   ② 13 : 1

③ 16 : 1   ④ 19 : 1

11 전자장에 대한 설명으로 틀린 것은?

① 대전된 입자에서 전기력선이 발산 또는 흡수한다.

② 전류(전하이동)는 순환형의 자기장을 이루고 있다.

③ 자석은 독립적으로 존재하지 않는다.

④ 운동하는 전자는 자기장으로부터 힘을 받지 않는다.

12 내구의 반지름이 $a = 5$[cm], 외구의 반지름이 $b = 10$[cm]이고, 공기로 채워진 동심구형 커패시터의 정전용량은 약 몇 [pF]인가?

① 11.1   ② 22.2

③ 33.3   ④ 44.4

13 반지름 a [m]인 원형코일에 전류 I[A]가 흘렀을 때 코일 중심에서의 자계의 세기[AT/m]는?

① $\dfrac{I}{4\pi a}$ ② $\dfrac{I}{2\pi a}$

③ $\dfrac{I}{4a}$ ④ $\dfrac{I}{2a}$

14 규소강판과 같은 자심재료의 히스테리시스 곡선의 특징은?

① 보자력이 큰 것이 좋다.
② 보자력과 잔류자기가 모두 큰 것이 좋다.
③ 히스테리시스 곡선의 면적이 큰 것이 좋다.
④ 히스테리시스 곡선의 면적이 작은 것이 좋다.

15 대자석 위쪽에 동축도체 원판을 놓고 회로의 한 끝은 원판의 주변에 접촉시켜 회전하도록 해 놓은 그림과 같은 패러데이 원판 실험을 할 때 검류계에 전류가 흐르지 않는 경우는?

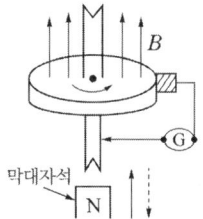

① 자석만을 일정한 방향으로 회전시킬 때
② 원판만을 일정한 방향으로 회전시킬 때
③ 자석을 축 방향으로 전진시킨 후 후퇴시킬 때
④ 원판과 자석을 동시에 같은 방향, 같은 속도로 회전시킬 때

16 합성 수지($\epsilon_s = 4$)중에서 전자파의 속도는 몇 [m/s]인가? 단, $\mu_s = 1$이다.

① 1.5×10^7 ② 1.5×10^8
③ 3×10^7 ④ 3×10^8

17 정현파 자속의 주파수를 3배로 높이면 유기기전력은?

① 2배로 감소   ② 2배로 증가
③ 3배로 감소   ④ 3배로 증가

18 공기 중에서 코로나방전이 3.5[kV/mm] 전계에서 발생한다고 하면, 이때 도체의 표면에 작용하는 힘은 약 몇 [N/m²] 인가?

① 27

② 54

③ 81

④ 108

19 자계가 비보존적인 경우를 나타내는 것은? (단, j는 공간상에 0이 아닌 전류 밀도를 의미한다.)

① $\nabla \cdot B = 0$

② $\nabla \cdot B = j$

③ $\nabla \times H = 0$

④ $\nabla \times H = j$

20 $E = i + 2j + 3k$[V/cm]로 표시되는 전계가 있다. 0.01[μC]의 전하를 원점으로부터 $3i$[m]로 움직이는데 필요한 일은 몇 [J]인가?

① 3×10^{-8}

② 3×10^{-7}

③ 3×10^{-6}

④ 3×10^{-5}

실전 모의고사 풀이 및 정답

1 실전 모의고사

 해답

01. ② 02. ① 03. ① 04. ② 05. ② 06. ③ 07. ③
08. ② 09. ④ 10. ② 11. ③ 12. ③ 13. ① 14. ①
15. ③ 16. ② 17. ② 18. ③ 19. ③ 20. ③

01 • $v = V_m \cos\omega t$

• 전계 $E = \dfrac{v}{d} = \dfrac{V_m}{d}\cos\omega t$

• 전속밀도 $D = \epsilon E = \dfrac{\epsilon V_m}{d}\cos\omega t$

• 변위 전류 밀도 $i_d = \dfrac{\partial D}{\partial t} = \dfrac{\epsilon}{d}V_m\dfrac{\partial}{\partial t}\cos\omega t$

$$= -\dfrac{\epsilon}{d}\omega V_m \sin\omega t \, [\text{A/m}^2]$$

02

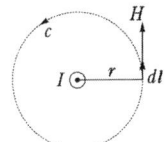

무한장 직선 전류에 의한 자계의 세기

$H = \dfrac{I}{2\pi r}\,[\text{AT/m}]$에서

$r = \dfrac{I}{2\pi H} = \dfrac{4\pi}{2\pi \times 4} = 0.5[\text{m}]$

03 $E = \dfrac{M}{4\pi\epsilon_0 r^3}\left(\sqrt{1+3\cos^2\theta}\right)$에서

점 P의 **전계는** $\theta = 0°$**일 때 최대이고** $\theta = 90°$**일 때 최소**가 된다.

04 경계면에 자하가 없으므로 경계면에서 자속은 연속을 한다. 즉, 자속의 연속성

• 미시적 표현 : $\text{div } \boldsymbol{B} = \nabla \cdot \boldsymbol{B} = 0$

• 거시적 표현 : $\displaystyle\int_s \boldsymbol{B} \cdot \boldsymbol{n}\,dS = 0$

05 전파속도 $v = \dfrac{1}{\sqrt{\epsilon\mu}}$, 고유임피던스 $\eta = \sqrt{\dfrac{\mu}{\epsilon}}$

고유임피던스 $\eta = \sqrt{\dfrac{\mu}{\epsilon}}$에서

유전율 $\epsilon = \dfrac{\mu}{\eta^2} = \dfrac{\mu_0\mu_s}{\eta^2} = \dfrac{(4\pi\times10^{-7})\times1}{(60\pi)^2}$

$$= 3.54\times10^{-11}[\text{F/m}]$$

$\therefore$ 전파속도 $v = \dfrac{1}{\sqrt{\epsilon\mu}}$

$$= \dfrac{1}{\sqrt{3.54\times10^{-11}\times4\pi\times10^{-7}\times1}}$$

$$= 1.499\times10^8[\text{m/s}]$$

$\therefore v = 1.5\times10^8\,[\text{m/s}]$

별해

$\eta = \sqrt{\dfrac{\mu}{\epsilon}} = \sqrt{\dfrac{\mu_0}{\epsilon_0}}\sqrt{\dfrac{\mu_s}{\epsilon_s}} = 120\pi\sqrt{\dfrac{\mu_s}{\epsilon_s}}$

$\epsilon_s = \dfrac{(120\pi)^2\mu_s}{\eta^2} = \dfrac{(120\pi)^2\times1}{(60\pi)^2} = 4$

$\therefore v = \dfrac{1}{\sqrt{\epsilon\mu}} = \dfrac{1}{\sqrt{\epsilon_0\mu_0}\sqrt{\epsilon_s\mu_s}} = \dfrac{3\times10^8}{\sqrt{\epsilon_s\mu_s}}$

$$= \dfrac{3\times10^8}{\sqrt{4\times1}} = \dfrac{3}{2}\times10^8 = 1.5\times10^8[\text{m/s}]$$

06

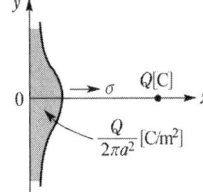

무한 평면 도체상의 기준 원점으로부터 $x[\text{m}]$인 곳의 유기 전하 밀도$[\text{C/m}^2]$는

$\sigma = D = \epsilon_0 E = -\dfrac{Q\cdot a}{2\pi(a^2+x^2)^{3/2}}\,[\text{C/m}^2]$

이다. 따라서, $x = 0$일 때 ρ는 최대가 되므로

$$\therefore \sigma_{max} = [\sigma]_{x=0} = -\frac{Q}{2\pi a^2} \, [\text{C/m}^2]$$

07 자계 내에서 운동하는 전하 e가 받는 힘 F는

$$F = e\,v\,B\sin\theta$$

자계와 수직방향 이므로

$\theta = 90°$, 즉 $\sin 90° = 1$ 이므로

$F = e\,v\,B \, [\text{N}]$ 이다.

08 동심구에 $\pm Q[\text{C}]$를 줄 때

전위차는 $V = \dfrac{Q}{4\pi\epsilon_0}\left(\dfrac{1}{a} - \dfrac{1}{b}\right)$이므로

$$\therefore C = \frac{Q}{V} = \frac{4\pi\epsilon_0}{\dfrac{1}{a} - \dfrac{1}{b}} = 4\pi\epsilon_0 \frac{ab}{b-a} \, [\text{F}]$$

09 $\nabla \cdot i = \text{div}\, i = -\dfrac{\partial \rho}{\partial t}$에서 **정상 전류가 흐를 때**

전하의 축적 또는 소멸이 없을 것이므로 $\dfrac{\partial \rho}{\partial t} = 0$, 즉 div

$i = 0$가 된다.

이 결과 ①, ②, ③의 의미를 가진다.

10 전위가 다르게 충전된 콘덴서를 병렬로 접속시
전위차가 같아지도록 높은 전위 콘덴서의 전하가 낮
은 전위 콘덴서 쪽으로 이동하며 이에 따른 **전하의 이
동(전류)으로 도선에서 전력 소모가 발생하므로**
$W_1 + W_2 > W$ **의 관계가 된다.**

11 두 전하의 부호가 다르므로 전계의 세기가 0이 되는
점은 전하의 절대값이 작은 쪽의 외부가 된다. 즉, q_1으
로부터 왼쪽이 된다.

$$E = \frac{1}{4\pi\epsilon_0}\left\{\frac{6\times10^{-8}}{x^2} - \frac{12\times10^{-8}}{(x+1)^2}\right\} = 0$$

$$\frac{6\times10^{-8}}{x^2} = \frac{12\times10^{-8}}{(x+1)^2}$$

$$2x^2 = (x+1)^2$$

$$\sqrt{2}\,x = x+1$$

$$\therefore x = \frac{1}{\sqrt{2}-1} \fallingdotseq 2.41 \, [\text{m}]$$

12

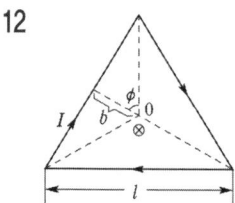

그림에서 한 변의 전류에 의한 자계는

$$H_1 = \frac{I}{4\pi b}(\sin\phi_1 + \sin\phi_2) = \frac{I}{4\pi b}\sin\phi \times 2$$

$$= \frac{I}{2\pi b} \times \frac{\sqrt{3}}{2}$$

삼각형 중심의 자계는

$$\therefore H = 3H_1 = \frac{3\sqrt{3}}{4}\frac{I}{\pi b}$$

$$= \frac{3\sqrt{3}}{4} \times \frac{I}{\pi\left(\dfrac{l}{2\sqrt{3}}\right)} = \frac{9I}{2\pi l} \, [\text{AT/m}]$$

$$\left(\because \tan30° = \frac{b}{l/2}, \; b = \frac{l}{2}\tan30° = \frac{l}{2\sqrt{3}}\right)$$

$\therefore$ 정삼각형 중심의 자계

$$H = \frac{9I}{2\pi l} = \frac{9\times2}{2\pi\times3} = \frac{3}{\pi} \, [\text{AT/m}]$$

13 • **표피 효과** : 도체 내부에 교류 전류가 흐르면 전
류 밀도는 도체 중심부에서 작아지고 표면으로
갈수록 커지는 현상이 나타나는데 이것을 표피
효과라 한다.

• 표피 두께(침투 깊이)

$$\delta = \sqrt{\frac{2}{\omega k \mu}} = \sqrt{\frac{1}{\pi f k \mu}}$$

$$= \sqrt{\frac{1}{\pi \times 10 \times 10^3 \times 6 \times 10^{17} \times \dfrac{6}{\pi} \times 10^{-7}}}$$

$$= \frac{1}{6} \times 10^{-7} \, [\text{m}]$$

14 경계면에 대해 a_x 성분은 법선 성분이고 a_y, a_z 성분은 접선 성분에 해당된다.

- 경계조건에 의하여 법선 성분 $D_{1x} = D_{2x}$ 이므로

$$\epsilon_0\epsilon_{r1}E_{1x} = \epsilon_0\epsilon_{r2}E_{2x}$$

$$\therefore E_{1x} = \frac{\epsilon_{r2}}{\epsilon_{r1}}E_{2x} = \frac{5}{3}20a_x = \frac{100}{3}a_x$$

- 경계조건에 의하여 접선 성분
$E_{1y} = E_{2y}$, $E_{1z} = E_{2z}$ 이므로

$$\therefore E_{1y} = 30a_y, \quad E_{1z} = -40a_z$$

- 비유전율 ϵ_{r1} 인 영역에서의 전계 E_1

$$E_1 = \frac{100}{3}a_x + 30a_y - 40a_z \,[\text{V/m}]$$

- 비유전율 ϵ_{r1} 인 영역에서의 전속밀도 D_1

$$D_1 = \epsilon_0\epsilon_{r1}E_1 = \epsilon_0 \times 3 \times \left[\frac{100}{3}a_x + 30a_y - 40a_z\right]$$
$$= (100a_x + 90a_y - 120a_z)\epsilon_0$$
$$= 10(10a_x + 9a_y - 12a_z)\epsilon_0 \,[\text{C/m}^2]$$

15 포인팅 벡터(Poynting vector) P 전자계 내의 한 점을 통과하는 에너지 흐름의 단위 면적당 전력 또는 전력 밀도를 표시하는 벡터

$$P = E \times H \,[\text{W/m}^2]$$

16 • 무부하손인 철손 = 와류손 + 히스테리시스손
- 와류손 $W_e = K_e(t \cdot f \cdot K_f \cdot B_m)^2 \,[\text{W}]$
여기서, K_e : 재료에 따라 정해지는 정수,
　　t : 철심의 두께
　　f : 주파수
　　K_f : 파형률
　　B_m : 최대 자속밀도
- 와류손을 감소시키기 위해서 성층철심(두께 t를 감소)을 사용한다.

따라서, **와류손은 주파수 f와 최대자속밀도 B_m의 제곱**에 비례한다.

17 감자력 $H' = \dfrac{N}{\mu_0}J$ 에서 감자력 $H' = 0$이 되기 위해서는 **감자율 N이 0**이 되어야 한다.

따라서, **자극이 존재하지 않는 환상 철심**이 이에 해당한다.

참고로 구 자성체의 감자율 $N = \dfrac{1}{3}$ 이고,

　　원통 자성체의 감자율 $N = \dfrac{1}{2}$ 이다.

그리고, 가늘고 긴 막대 자성체가 자계와 평행으로 놓여 있을 때 감자율은 거의 0에 가깝지만, 수직으로 놓여 있으면 감자율은 1에 가까운 값이 된다.

18 분극의 세기

$$P = D - \epsilon_0 E = D - \epsilon_0\left(\frac{D}{\epsilon_0\epsilon_s}\right)$$
$$= D - \frac{D}{\epsilon_s} = \left(1 - \frac{1}{\epsilon_s}\right)D$$

여기서, $E = \dfrac{D}{\epsilon} = \dfrac{D}{\epsilon_0\epsilon_s}$

$$\therefore P = \left(1 - \frac{1}{5}\right) \times 4 \times 10^{-4} = 3.2 \times 10^{-4}[\text{C/m}^2]$$

19 도체구의 표면전위 $V = \dfrac{Q}{4\pi\epsilon_0 r}\,[\text{V}]$ 에서

도체구 표면의 총전하는 $Q = \sigma S = \sigma(4\pi r^2)[\text{C}]$ 이므로 도체구의 표면전위 V_a는

$$\therefore V_a = \frac{Q}{4\pi\epsilon_0 r} = \frac{\sigma 4\pi r^2}{4\pi\epsilon_0 r} = \frac{\sigma 4\pi r}{4\pi\epsilon_0}$$
$$= 9 \times 10^9 \times \frac{10^{-8}}{9\pi} \times 4\pi \times 1 = 40[\text{V}]$$

20 전하 밀도 ρ는

$$\rho = \text{div}\,D = \frac{\partial D_x}{\partial x} + \frac{\partial D_y}{\partial y} + \frac{\partial D_z}{\partial z}$$
$$= 3 + 2 + 1 = 6[\text{C/m}^3]$$

이므로 $1[\text{mm}^3]$ 내의 전하량[nC]은

$$\therefore \rho\triangle v = 6 \times 10^{-9}[\text{C}] = 6[\text{nC}]$$

2 실전 모의고사

🔒 **해답**

01. ④ 02. ② 03. ② 04. ① 05. ② 06. ① 07. ②
08. ② 09. ② 10. ① 11. ① 12. ① 13. ① 14. ④
15. ① 16. ② 17. ④ 18. ③ 19. ② 20. ②

---

01 I와 $4I$ 도선에 의한 자계의 방향은 서로 반대이므로 크기가 같으면 $H=0$가 된다.

I 도선에 의한 자계 $H_I = \dfrac{I}{2\pi a}$ [AT/m] ($\otimes$ 방향)

$4I$ 도선에 의한 자계 $H_{4I} = \dfrac{4I}{2\pi b}$ [AT/m] ($\odot$ 방향)

$H_I = H_{4I}$ 이므로

$$\frac{I}{2\pi a} = \frac{4I}{2\pi b} \qquad \therefore \ \frac{a}{b} = \frac{1}{4}$$

02 • 점전하 Q[C]로부터 나오는 **총 전기력선 수는**

$$\frac{Q}{\epsilon} = \frac{Q}{\epsilon_o \epsilon_s}$$ 개로 유전율 ϵ에 따라 변한다.

• 전속 Ψ는 매질에 관계없이 전하 Q[C]일 때 Q 개의 전속선이 나온다. $\Psi = Q$ [C]

03 동심구 도체의 정전 용량

• $C = \dfrac{4\pi\epsilon_0}{\dfrac{1}{a} - \dfrac{1}{b}} \ (a < b)$

• $C = \dfrac{4\pi\epsilon_0}{\dfrac{1}{b} - \dfrac{1}{a}} \ (a > b) = \dfrac{4\pi\epsilon_0 ab}{a - b}$

04 **접지 구도체**에는 항상 점전하(Q)와 반대 극성인 전하($Q' = -\dfrac{a}{d}Q$[C])가 유도되므로 **항상 흡인력이 작용**한다.

05 환상솔레노이드 내부자계는

$$\oint_c H \cdot dl = H \cdot 2\pi r = NI$$

$$\therefore \ H = \frac{NI}{2\pi r} \text{[AT/m]}$$

(참고 : 솔레노이드 외부에서의 자계는 적분로로 취한 원주와는 쇄교하는 전류가 없기 때문에 **외부의 자계의 세기 $H=0$이 된다.**)

06 $e = -N\dfrac{d\phi}{dt} = -L\dfrac{di}{dt}$ 이므로

$$[\text{V}] = \left[\frac{\text{Wb}}{\text{s}}\right] = \left[\text{H} \cdot \frac{\text{A}}{\text{s}}\right]$$

$$\therefore \ [\text{H}] = \left[\frac{\text{Wb}}{\text{A}}\right] = \left[\frac{\text{V}}{\text{A}} \cdot \text{s}\right] = \left[\frac{\text{VAs}}{\text{A}^2}\right] = \left[\frac{\text{J}}{\text{A}^2}\right]$$

07 • $v = V_m \cos\omega t$

• 전계 $E = \dfrac{v}{d} = \dfrac{V_m}{d}\cos\omega t$

• 전속밀도 $D = \epsilon E = \dfrac{\epsilon V_m}{d}\cos\omega t$

• 변위 전류 밀도 $i_d = \dfrac{\partial D}{\partial t} = \dfrac{\epsilon}{d}V_m\dfrac{\partial}{\partial t}\cos\omega t$

$$= -\frac{\epsilon}{d}\omega V_m\sin\omega t \ [\text{A/m}^2]$$

08 $E = \eta_0 H$ 에서

$$H = \frac{E}{\eta_0} = \frac{1}{377} \times E = \frac{1}{377} \times 10 \times 10^{-3}$$

$$= 26.5 \times 10^{-6} [\text{AT/m}]$$

$$= 26.5 \times 10^{-3} [\text{mAT/m}]$$

참고 • 진공(공기) : $E = \eta_0 H$,

$$\eta_0 = \sqrt{\frac{\mu_0}{\epsilon_0}} = \sqrt{\frac{4\pi \times 10^{-7}}{8.85 \times 10^{-12}}} = 377 [\Omega]$$

• 매질 : $E = \eta H$, $\eta = \sqrt{\dfrac{\mu}{\epsilon}} = \sqrt{\dfrac{\mu_0\mu_s}{\epsilon_0\epsilon_s}}$

09 기자력 $F = NI\,[\text{AT}]$
즉, **기자력은 전류와 코일 권수의 곱의 크기와 같다.**

10 철심 내부에서의 자계의 세기
$$H = \frac{NI}{2\pi r} = \frac{500 \times 4}{2\pi \times 0.2} = 1591.55\ [\text{AT/m}]$$

11 매질 ϵ_1중의 전계는 모든 매질을 ϵ_1로 하고 Q의 대칭점(거리 $2a$)에 $Q' = -\dfrac{\epsilon_2 - \epsilon_1}{\epsilon_2 + \epsilon_1}Q$의 전하가 있는 경우와 같다. 즉, Q에 작동하는 힘 F는 거리 $2a$가 떨어진 경우의 쿨롱력과 같으며
$$F = \frac{1}{4\pi\epsilon_1} \cdot \frac{QQ'}{(2a)^2} = -\frac{Q^2}{16\pi\epsilon_1 a^2} \cdot \frac{\epsilon_2 - \epsilon_1}{\epsilon_2 + \epsilon_1}\ [\text{N}]$$
$\therefore \epsilon_1 > \epsilon_2$이면 F는 (+)가 되어 반발력이 작용한다.

[별해] 유전체의 경계면에서 작용하는 힘은 유전율이 큰 쪽에서 작은 쪽으로 작용한다. 따라서 $\epsilon_1 > \epsilon_2$일 때 ϵ_1에서 ϵ_2의 방향으로 힘이 작용하므로 매질 ϵ_1중의 전하 Q를 기준으로 하면 반발력이 작용한다.

12 코일 L에 축적된 에너지
$$W = \frac{1}{2}LI_o^2\,[\text{J}]\text{이 저항에서 열로 소모되므로}$$
$$W = \frac{1}{2}LI_o^2\,[\text{J}] = \frac{1}{4.2} \times \frac{1}{2}LI_o^2 = \frac{1}{8.4}LI_o^2$$
$$\left(\because 1[\text{J}] = \frac{1}{4.2}[\text{cal}]\right)$$

13 **표면전하밀도는 분극전하의 표면밀도**를 말한다.

14 $\boldsymbol{I} = 10\hat{z}$, $\boldsymbol{B} = 3\hat{x} - 4\hat{y}$에서 전류 도체가 받는 단위 길이당 힘은 $\boldsymbol{F} = \boldsymbol{I} \times \boldsymbol{B}$ 이므로
3차 행렬식의 계산에 의해
$$\boldsymbol{F} = \boldsymbol{I} \times \boldsymbol{B} = \begin{vmatrix} \hat{x} & \hat{y} & \hat{z} \\ 0 & 0 & 10 \\ 3 & -4 & 0 \end{vmatrix} = 40\hat{x} + 30\hat{y}\ [\text{N/m}]$$

15 $\boldsymbol{r} = (2-1)\hat{x} + (1-3)\hat{y} = \hat{x} - 2\hat{y}$
$$r = \sqrt{1^2 + (-2)^2} = \sqrt{5}\ [\text{m}]$$
단위벡터 $\boldsymbol{r}_0 = \dfrac{\boldsymbol{r}}{r} = \dfrac{\hat{x} - 2\hat{y}}{\sqrt{5}}$
$$\therefore \boldsymbol{F} = \frac{1}{4\pi\epsilon_0} \cdot \frac{Q_1 Q_2}{r^2} \cdot \boldsymbol{r}_0$$
$$= 9 \times 10^9 \times \frac{-2 \times 10^{-9} \times 1}{(\sqrt{5})^2} \times \frac{\hat{x} - 2\hat{y}}{\sqrt{5}}$$
$$= -\frac{18}{5\sqrt{5}}\hat{x} + \frac{36}{5\sqrt{5}}\hat{y}\ [\text{N}]$$

16 공극이 없는 경우의 자기저항 R 과 공극이 있는 경우의 자기저항 R_m의 비는
$$\frac{R_m}{R} = 1 + \frac{\mu l_g}{\mu_0 l} = 1 + \frac{l_g}{l}\mu_r = 1 + \frac{1}{1000} \times 1000 = 2$$
$$\therefore R_m = 2R$$

17 $\boldsymbol{I} = 5a_z$, $\boldsymbol{B} = 0.03536(a_x + a_y)$
z축상의 전류 도체가 받는 힘
$$\boldsymbol{F} = (\boldsymbol{I} \times \boldsymbol{B})\,l$$
$$\boldsymbol{I} \times \boldsymbol{B} = 5 \times 0.03536(a_z \times a_x + a_z \times a_y)$$
$$= 0.1768(a_y - a_x)$$
$$\therefore \boldsymbol{F} = (\boldsymbol{I} \times \boldsymbol{B})\,l = 0.1768 \times 0.08(-a_x + a_y)$$
$$= 0.01414(-a_x + a_y)\ [\text{N}]$$
토크 $\boldsymbol{T} = \boldsymbol{r} \times \boldsymbol{F}$ 이고 $\boldsymbol{r} = 0.04a_y$ 이므로
$$\boldsymbol{T} = 5.66 \times 10^{-4}(-a_y \times a_x + a_y \times a_y)$$
$$= 5.66 \times 10^{-4}\{-(-a_z)\}$$
$$= 5.66 \times 10^{-4}a_z\,[\text{N} \cdot \text{m}]$$

18 단위길이당 정전용량
$$C = \frac{2\pi\epsilon_0\epsilon_s}{\ln\dfrac{b}{a}}\ [\text{F/m}]\text{에서}$$
공기의 $\epsilon_s = 1$ 이므로
$$C_1 = \frac{2\pi\epsilon_0}{\ln\dfrac{b}{a}}, \quad C_2 = \frac{2\pi\epsilon_0 \times 3}{\ln\dfrac{3b}{3a}} = \frac{3 \times 2\pi\epsilon_0}{\ln\dfrac{b}{a}} = 3C_1$$

19 매질 중에서의 전파속도 v

$$v = f\lambda = \frac{1}{\sqrt{\epsilon\mu}} = \frac{1}{\sqrt{\epsilon_0\mu_0}} \times \frac{1}{\sqrt{\epsilon_r\mu_r}}$$

$$= \frac{c}{\sqrt{\epsilon_r\mu_r}} [\text{m/s}]$$

에서 $\epsilon_r = \mu_r = 1$일 때 전파속도 $v = c = 3 \times 10^8$ (빛의 속도)가 된다.

참고> $\dfrac{1}{\sqrt{\epsilon_0\mu_0}} = \dfrac{1}{\sqrt{8.855 \times 10^{-12} \times 4\pi \times 10^{-7}}}$

$$= 3 \times 10^8 = c \,(\text{광속}) \, [\text{m/s}])$$

20

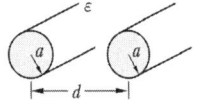

① 두 도체 사이의 전위차 V

$$V = \frac{\lambda}{\pi\epsilon_0} \ln\frac{d-a}{a} [\text{V}]$$

여기서, λ : 선전하 밀도 [C/m]

② 평행 원통 도체 사이의 정전용량 C는

$$C = \frac{\lambda}{V} = \frac{\pi\epsilon_0}{\ln\dfrac{d-a}{a}} [\text{F/m}]$$

여기서, $d \gg a$를 고려하면

$$C \fallingdotseq \frac{\pi\epsilon_0}{\ln\dfrac{d}{a}} [\text{F/m}]$$

3 실전 모의고사

 해답 •

01. ③ 02. ① 03. ③ 04. ① 05. ② 06. ② 07. ④
08. ① 09. ② 10. ④ 11. ④ 12. ① 13. ④ 14. ④
15. ④ 16. ② 17. ④ 18. ② 19. ④ 20. ③

01 정전계와 정자계의 대응관계

① div $\boldsymbol{D} = \rho_v \rightarrow$ div $\boldsymbol{B} = 0$

② $\nabla^2 V = -\dfrac{\rho_v}{\epsilon_0} \rightarrow \nabla^2 A = -\mu_0 i$

④ $F = 9 \times 10^9 \dfrac{Q_1 Q_2}{r^2} \boldsymbol{a}_r \rightarrow F = 6.33 \times 10^4 \dfrac{m_1 m_2}{r^2} \boldsymbol{a}_r$

($\therefore$ 정전 에너지 $W = \dfrac{1}{2}CV^2$

$\rightarrow$ 자계 에너지 $W = \dfrac{1}{2}LI^2$)

02 코일 중심의 자계는 $\dfrac{I}{2a}$ [AT/m] 이므로

• A코일에 의한 자계 $= \dfrac{I_A}{2 \times 1}$ [AT/m]

• B코일에 의한 자계 $= \dfrac{2I_B}{2 \times 2}$ [AT/m]

(B의 권선수는 2회이므로 2배가 된다.)

A, B 코일 중심을 겹쳐 두면 중심에서의 자계는 A코일만 있을 때의 2배가 되므로

$$2 \times \frac{I_A}{2 \times 1} = \frac{I_A}{2 \times 1} + \frac{2I_B}{2 \times 2} \text{ 에서}$$

$$I_A = \frac{1}{2}I_A + \frac{1}{2}I_B \qquad \frac{1}{2}I_A = \frac{1}{2}I_B$$

$$\therefore \frac{I_B}{I_A} = 1$$

03 • 전계(전기장, 전장) : 전기력이 미치는 공간을 말한다.

• **정전계 : 전계 에너지가 최소로 되는 전하분포의 전계**

04 강자성체에서 B와 H는 비선형 관계이고 **투자율** $\mu = \dfrac{dB}{dH}$로 일정한 값이 아니며 $B-H$ **곡선의 기울기를 의미**한다.

05 ① 한 개의 점전하에 의한 전계

$$E = \frac{Q}{4\pi\epsilon_0 r^2} [\text{V/m}] \propto \frac{1}{r^2}$$

② 무한장 직선전하에 의한 전계

$$E = \frac{\lambda}{2\pi\epsilon_0 r}[\text{V/m}] \propto \frac{1}{r}$$

③ 전기쌍극자에 의한 전계

$$E = \frac{M\sqrt{1+3\cos^2\theta}}{4\pi\epsilon_0 r^3}[\text{V/m}] \propto \frac{1}{r^3}$$

④ 한 장의 무한 평판도체의 전계

$$E = \frac{\sigma}{2\epsilon_0}[\text{V/m}]$$

06

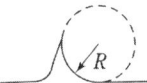

전하는 뾰족한 부분에 모인다.
그런 부분은 곡률 반경이 작다.
따라서, **곡률 반경이 클수록 전하밀도는 낮다.**

07 유전체 채우기 전 $C_0 = \epsilon_0 \dfrac{S}{d}$

유전체 채운 후 $C_1 = \epsilon_0 \dfrac{\frac{2}{3}S}{d} = \dfrac{2}{3}C_0$

$$C_2 = \epsilon_0 \epsilon_s \frac{\frac{1}{3}S}{d} = \frac{1}{3}\epsilon_s C_0$$

병렬 접속이므로

$$C_0' = C_1 + C_2 = \frac{2}{3}C_0 + \frac{1}{3}\epsilon_s C_0 = \frac{1}{3}(2+\epsilon_s)C_0$$

가 된다.

08 코일의 자기 인덕턴스 $L = \dfrac{\mu S N^2}{l}[\text{H}]$이므로 권

수를 $\dfrac{1}{2}$로 하면 L은 $\left(\dfrac{1}{2}\right)^2 = \dfrac{1}{4}$배로 되므로 단면적

S를 4배 또는 길이 l을 $\dfrac{1}{4}$배로 하면 인덕턴스 L은

일정하게 된다.

09 자기저항

$$R_m = \frac{l}{\mu_0 \mu_s S} = \frac{0.8}{4\pi \times 10^{-7} \times 20 \times 0.4}$$

$$= 7.96 \times 10^4 [\text{AT/Wb}]$$

10 결합 계수 $k = 0.9$일 때

합성 인덕턴스 L_+, L_-의 최대값, 최소값은

$$k = 0.9, \quad M = k\sqrt{L_1 L_2} = 0.9\sqrt{10 \times 10} = 9[\text{mH}]$$

$$L_{+MAX} = L_1 + L_2 + 2M$$
$$= 10 + 10 + 2 \times 9 = 38[\text{mH}]$$

$$L_{-MIN} = L_1 + L_2 - 2M$$
$$= 10 + 10 - 2 \times 9 = 2[\text{mH}]$$

$$L_{+MAX} : L_{-MIN} = 38 : 2 = 19 : 1$$

11 **로렌츠의 힘** : 전계와 자계가 동시에 존재 할 때 입자
에 작용하는 힘으로
• 전계에서의 힘 $F = qE[\text{N}]$
• **자계에서의 힘** $F = q(v \times B)[\text{N}]$
따라서, 전자장 내에서 운동전하는

$$F = qE + q(v \times B) = q(E + v \times B)[\text{N}]$$

의 힘을 받는다.

12 공기로 채워진 동심 구 도체 사이의 정전용량

$$C = \frac{Q}{V} = \frac{4\pi\epsilon_0}{\dfrac{1}{a} - \dfrac{1}{b}} = 4\pi\epsilon_0 \cdot \frac{ab}{b-a}$$

(여기서, a : 내구의 반지름[m]
b : 외구의 반지름[m])

$$\therefore C = \frac{1}{9 \times 10^9} \times \frac{5 \times 10^{-2} \times 10 \times 10^{-2}}{(10-5) \times 10^{-2}}$$

$$= 11.1 \times 10^{-12}[\text{F}] = 11.1[\text{pF}]$$

13 원형코일 중심의 자계의 세기

$H = \dfrac{NI}{2a}[\text{AT/m}]$에서 $N = 1$이므로 $H = \dfrac{I}{2a}[\text{AT/m}]$

14 • 영구 자석 : 히스테리시스 곡선의 면적이 크
고, 잔류 자기와 보자력이 모두 클 것.
• **전자석** : 히스테리시스 곡선의 면적이 작고, 잔류
자기는 크고 보자력은 작을 것.

15 기전력$\left(e=-\dfrac{d\phi}{dt}\right)$은 자속이 시간적으로 변화가 일어날 때 발생하기 때문에 자속이 자석 또는 원판의 회전에 의해 증감 또는 끊기게 되면 변화가 발생하여 기전력이 발생하고 전류가 흐르게 된다. 그러므로 **원판과 자석을 동시에 같은 방향, 같은 속도로 회전시키면 자속의 변화가 발생하지 않으므로** 전류가 흐르지 않는다.

16 $v=\dfrac{c}{\sqrt{\epsilon_s\mu_s}}=\dfrac{3\times10^8}{\sqrt{\epsilon_s\mu_s}}=\dfrac{3\times10^8}{\sqrt{4\times1}}$

$\quad=1.5\times10^8[\mathrm{m/s}]$

17 유기기전력

$e=-\omega N\phi_m\sin(\omega t-\pi)$

$\quad=-2\pi f N\phi_m\sin(\omega t-\pi)$ 에서 $e\propto f$

따라서, **주파수를 3배로 높이면 유기기전력은 3배로 증가**한다.

18 전계 $E=3.5[\mathrm{kV/mm}]=\dfrac{3.5\times10^3}{10^{-3}}[\mathrm{V/m}]$

$\qquad\qquad=3.5\times10^6[\mathrm{V/m}]$

도체 표면에 작용하는 힘(정전응력)

$f=\dfrac{1}{2}\epsilon_0 E^2\,[\mathrm{N/m^2}]$에서

$f=\dfrac{1}{2}\times8.85\times10^{-12}\times(3.5\times10^6)^2$

$\quad=54.21\,[\mathrm{N/m^2}]$

19 자계가 **비보존적인 경우는 회전하는 계**를 의미하므로

$\nabla\times\boldsymbol{H}=\mathrm{rot}\,\boldsymbol{H}=\mathrm{curl}\,\boldsymbol{H}=\boldsymbol{j}$

20 $W=\boldsymbol{F}\cdot\boldsymbol{r}=Q\boldsymbol{E}\cdot\boldsymbol{r}$

$\quad=0.01\times10^{-6}\times(\boldsymbol{i}+2\boldsymbol{j}+3\boldsymbol{k})\times10^2\cdot(3\boldsymbol{i})$

$\quad(\boldsymbol{i}\cdot\boldsymbol{i}=\boldsymbol{j}\cdot\boldsymbol{j}=\boldsymbol{k}\cdot\boldsymbol{k}=1$ 이고

$\quad\boldsymbol{i}\cdot\boldsymbol{j}=\boldsymbol{j}\cdot\boldsymbol{k}=\boldsymbol{k}\cdot\boldsymbol{i}=0,$

$\quad\boldsymbol{j}\cdot\boldsymbol{i}=\boldsymbol{k}\cdot\boldsymbol{j}=\boldsymbol{i}\cdot\boldsymbol{k}=0)$

$=0.01\times10^{-6}\times3\times10^2$

$=0.03\times10^{-4}=3\times10^{-6}[\mathrm{J}]$

전기자기

발 행	2025년 11월 28일
저 자	검정연구회
발 행 인	이지연
발 행 처	엔트미디어
주 소	서울시 강서구 강서로 47-8 302호 (화곡동 평인빌딩)
전 화	(02) 2608-8339
팩 스	(02) 2608-8314
등록번호	839-91-00430
I S B N	979-11-92810-72-0 13560
가 격	12,000원

저자와의
협의에
따라
인지생략